"十四五"国家重点出版物出版规划项目

智能机器人基础理论与关键技术丛书

多模式移动操作机器人

丁希仑 著

科学出版社
北京

内 容 简 介

本书内容涵盖了轮腿复合与腿臂融合多模式移动操作机器人的机构设计、运动规划与控制方法等相关技术；介绍了四足变拓扑构型机器人和径向对称圆周分布六足机器人，展示了多种轮腿复合、腿臂融合机构与模块化仿生足的设计；阐释了多模式移动操作机器人的步态规划、操作规划、模式切换与轮腿协同路径规划方法；演绎了基于质心运动学的移动操作控制方法、基于惯性中心在 SE(3)上指数坐标的多足机器人动力学控制方法及其自适应步态控制技术。

本书理论联系实际，展示了可实现机器人在复杂环境中高效稳定运动与灵巧作业的方法及途径，可供机械工程、控制科学与工程、机器人工程等专业的高年级本科生、研究生与相关科研人员参考。

图书在版编目(CIP)数据

多模式移动操作机器人 / 丁希仑著. —北京：科学出版社，2023.11

(智能机器人基础理论与关键技术丛书)

“十四五”国家重点出版物出版规划项目

ISBN 978-7-03-076439-3

Ⅰ. ①多… Ⅱ. ①丁… Ⅲ. ①移动式机器人 Ⅳ. ①TP242

中国国家版本馆CIP数据核字(2023)第177451号

责任编辑：裴 育 陈 婕 纪四稳 / 责任校对：任苗苗
责任印制：赵 博 / 封面设计：有道文化

科学出版社 出版
北京东黄城根北街 16 号
邮政编码：100717
http://www.sciencep.com
北京中石油彩色印刷有限责任公司印刷
科学出版社发行 各地新华书店经销
*
2023 年 11 月第 一 版 开本：720 × 1000 1/16
2024 年 2 月第二次印刷 印张：15 1/4
字数：300 000

定价：118.00 元

(如有印装质量问题，我社负责调换)

前 言

我国幅员辽阔，自然环境和地形复杂多样，地震和山体滑坡等地质灾害频发，抢险救灾任务繁重；西南地区山地居多，陆疆边防形势严峻，巡逻作战危险困难；航天事业快速发展，深空探测与飞行器在轨维护任务紧迫，作业环境极端苛刻。这些场合多为地质地貌复杂多变的非结构环境，工况极端恶劣，同时作业任务需求多样，亟需环境适应性好、运动高效稳定的特种机器人装备。而现有的移动操作机器人多采用构型简单的轮式、履带式或足式等移动机构并在其上简单安装机械手等功能属具，移动和操作模式单一，存在环境适应性差、运动能效低和动态稳定性劣的问题，难以满足复杂多变环境与极端恶劣工况下的稳定移动和灵活作业的任务需求，因此，必须研制具有“一机多能”的多模式移动操作机器人。该研究面临结构简单与“一机多能”的机构设计、运动模式多变与环境约束复杂的运动规划、快速灵活与稳定可靠的动力学控制三大技术挑战。

针对以上难题，作者及北京航空航天大学空间机器人实验室团队在国家高技术研究发展计划(简称 863 计划)、国家重点基础研究发展计划(简称 973 计划)、国家重点研发计划、国家自然科学基金、探月工程等项目支持下，从 2002 年开始，经过 20 多年产学研联合攻关，在腿臂融合多模式移动操作机器人的变拓扑机构设计、多模式移动混合运动规划、腿臂融合协调运动规划以及动力学稳定控制等方面取得了重要理论创新与关键技术突破，迄今为止发明并研制出六足轮腿星球探测机器人、四足腿臂融合空间站维护维修机器人、轮履复合式双臂手抢险救灾机器人、操作一体化腿臂复合式六足防暴拆爆机器人等系列多模式移动操作机器人，解决了非结构环境下作业的移动稳定性和操作灵活性问题，为我国多模式移动操作机器人的实用化研究奠定了良好的理论与实践基础。本书以四足腿臂融合空间站维护维修机器人、四足变拓扑多功能仿生机器人、六足轮腿星球探测机器人 NOROS、四足被动轮滑机器人为研究对象，详细阐述多模式移动操作机器人的变拓扑机构设计理论与方法、混合运动规划方法和动力学稳定控制技术，建立高性能腿臂融合多模式移动操作机器人设计的基础理论体系，同时，通过仿真和样机实验验证相关理论和技术的可行性，为多模式移动操作机器人的发展提供了理论基础和技术支撑。

全书各章节的内容简介如下：

第 1 章介绍多模式移动操作机器人的相关研究背景，指出目前该领域发展所存在的难点、挑战与需解决的关键技术。

第 2 章揭示马适应高速运动的腿肢结构大承载死点支撑效应，以及昆虫适应复杂地形行走的肢体结构高灵活性运动机理，介绍径向对称圆周分布六足机器人、四足变拓扑机器人等机构构型。

第 3 章展示可实现“一机多能”的轮腿复合机构设计、机器人腿臂融合分支机构设计与多功能模块化操作属具的设计方案。

第 4 章阐述岩羊、骆驼、水牛等动物适应特殊地形地质环境行走的大附着力高效移动机理，介绍能够实现机器人适应硬质地面、软质地面、沙地可靠附着稳定行走的系列模块化仿生机械足。

第 5 章阐述四足变拓扑机器人的构型切换及仿生步态规划方法，介绍仿山羊四足机器人的仿生爬坡步态。

第 6 章阐述 NOROS 机器人的运动步态规划、轮腿运动模式切换规划方法，介绍存在腿分支或关节发生故障时的六足机器人容错步态，以及机器人在发生翻倒时的自恢复运动规划。

第 7 章介绍 NOROS 机器人的序列运动等价机构模型，以及基于该模型的稳定工作空间与步幅分析，进而提出六足机器人的腿臂融合移动操作规划方法。

第 8 章阐述轮腿多模式协同运动路径规划方法，包含轮式与腿式运动的通过性分析、基于 Anytime RRT 的轮腿混合运动规划方法。

第 9 章介绍机器人的质心运动学公式，详细阐述机器人质心运动学模型的建立方法，给出质心运动学模型在四足被动轮滑机器人和六足腿臂融合机器人运动控制中的应用实例，介绍其应用方法。

第 10 章阐述机器人在三维特殊欧氏群(简称 SE(3))上惯性中心的概念，进而介绍基于惯性中心的机器人动力学建模方法与其在四足步行机器人和四足被动轮滑机器人控制中的应用。

第 11 章介绍不需要视觉、雷达信息和先验地图的多足机器人自适应步态控制技术，以及虚拟支撑平面的概念和基于指数映射在 SE(3)空间的机身轨迹规划，展示该技术在六足机器人与四足机器人中的实际应用。

本书所述的理论、技术及相关的成果是在国家自然科学基金创新研究群体项目“机器人仿生基础理论与关键技术”(编号 T2121003)、国家重点研发计划“智能机器人”重点专项项目“不同介质表面的攀附机理与机器人仿生创新设计”(编号 2019YFB1309600)和 863 计划项目“轮腿式多足机器人群体系统技术研究与应用”(编号 2006AA04Z207)等的支持下完成的。

由于作者水平有限，书中难免存在疏漏或不足之处，恳请各位学者与专家指正。

目　录

第1章 绪　　论

传统的地面移动机器人主要有轮式、履带式和足式三种，目前的地面移动操作机器人都是基于以上三种移动方式展开研究的。绝大多数移动操作机器人的结构特点是直接在移动底盘上添加机械臂，从而使移动机器人具备一定的操作能力，同时移动底盘可扩展机械臂的工作空间，其典型代表如图 1.1 所示。

轮式机器人在较为平坦的路面上能快速行进，相对于其他类型的移动机器人具有更高的能效比。美国加利福尼亚大学和喷气推进实验室(Jet Propulsion Laboratory，JPL)联合研制的火星探测机器人 Sample Return Rover(SRR)[1]和勇气号火星车(图 1.1(a))[2]都是移动操作机器人，其中 SRR 的移动底盘为四轮结构，勇气号火星车为六轮结构，两台机器人都配备了用于操作的单臂。德国宇航中心研制的 Rollin'Justin 移动操作机器人(图 1.1(b))，通过在其轮式底盘上加装七自由度拟人双臂的方式进行移动操作[3]。然而，这类机器人对路面的连续性及与地表接触力学性能的一致性要求较高，遇到湿滑路面易打滑，遇到泥沼路面易沉陷，并且在有转弯空间限制和障碍物的条件下灵活性也较差。

履带式机器人可以大幅减少路况对机器人的限制，其接地比压小，地形通过性和爬坡能力较强。中国科学院沈阳自动化研究所研制的“灵蜥”系列排爆机器人(图 1.1(c))，采用履带式移动底盘，地面适应能力强，加装四自由度机械臂以实现操作功能，最大伸展时的极限载荷为 8kg，可以满足特殊作业条件下的排爆、运输等工作要求[4]。日本京都大学研制的 FUHGA2 机器人(图 1.1(d))由两个主履带和四个副履带实现移动，由一个六自由度臂实现操作[5]。履带式机器人没有自定位轮机转向机构，靠左右履带的速度差实现转弯，转弯阻力大，不能准确地确定回转半径，且速度相对较慢，效率低。

相对于轮式机器人和履带式机器人，足式机器人通过仿生肢体机构按序交替接触在地面移动，行进时具有非连续的足地接触点，机体与外部环境是相互不接触的，质心可控性强，受地面影响小，具有更加良好的地形适应性。足式机器人在崎岖的地形下可以实现连续行走，转弯空间大且灵活，越障能力强，体现出良好的运动性能。美国波士顿动力公司研制的四足移动操作机器人 SpotMini(图 1.1(e))，其系统有 17 个自由度，其中 5 个自由度位于其本体前端的机械臂上，其余 12 个自由度平均分布于行走的四肢[6]；加装的机械臂不仅可以操纵物体，还可以在 SpotMini 跌倒时辅助它重新站立。苏黎世联邦理工学院研制的 Anymal-C 四足机器人(图 1.1(f))，其顶部也加装了机械臂，可完成开门等操作[7]。

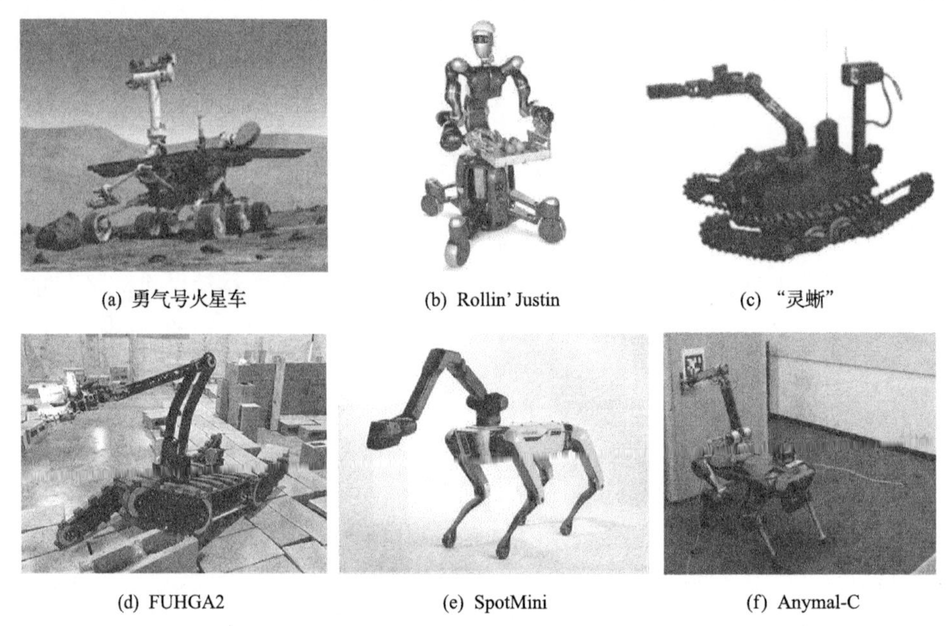

(a) 勇气号火星车　(b) Rollin' Justin　(c) “灵蜥”

(d) FUHGA2　(e) SpotMini　(f) Anymal-C

图 1.1　加装机械臂的移动操作机器人[2-7]

以上三种类型的机器人虽然能分别完成移动和操作任务，但这些加装独立机械臂的移动平台普遍体积重量大、负载低、系统结构过于复杂。因此，针对足式机器人，可对其移动机构和操作机构进行一体化设计，这样既克服了现有机器人移动和操作机构功能相对独立的缺点，又能有效解决独立设计带来的体积重量大、负载低、系统结构复杂的缺点；可以通过对机器人的多分支腿的协调运动规划，实现机器人的腿臂复用肢体功能，完成一些简单的操作任务，这类机器人已具有肢体机器人的雏形，其典型代表如图 1.2 所示。例如，南洋理工大学研制的 LAVA 机器人(图 1.2(a))，它的腿不仅用于机器人的移动，而且通过抬起双腿的规划实现了夹持操作[8]，但这种方法只能夹持特定形状的物体，不具备复杂操作的能力。日本大阪大学研制的六足机器人 Asterisk，在肢体机构的末端设计了操作器，可以实现任意单腿作业，但存在操作精度低、系统控制复杂以及肢体末端没有对外界信息感知的问题[9]。美国 JPL 研制的 LEMUR 六足机器人(图 1.2(b))，两条前腿各有 4 个自由度，其余腿各有 3 个自由度，能重构整合不同的机械工具以完成不同的任务[10]，但它缺乏手足切换的能力，足与属具的功能不能很好地融合。美国 JPL 面向星球探测研制的 ATHLETE 六轮腿机器人(图 1.2(c))，它的足端为主动轮，轮子中心装有可更换的工具[11]，然而这种在足式机器人末端直接加装操作属具的方式会影响机器人行走时的动态特性和地形适应性，也对操作的工作空间和灵活性造成不利影响。德国宇航中心研制的六足机器人 SpaceClimber(图 1.2(d))也采用以上类似的方案[12]，使用腿分支进行操作，但操作功能单一、移动效率低。

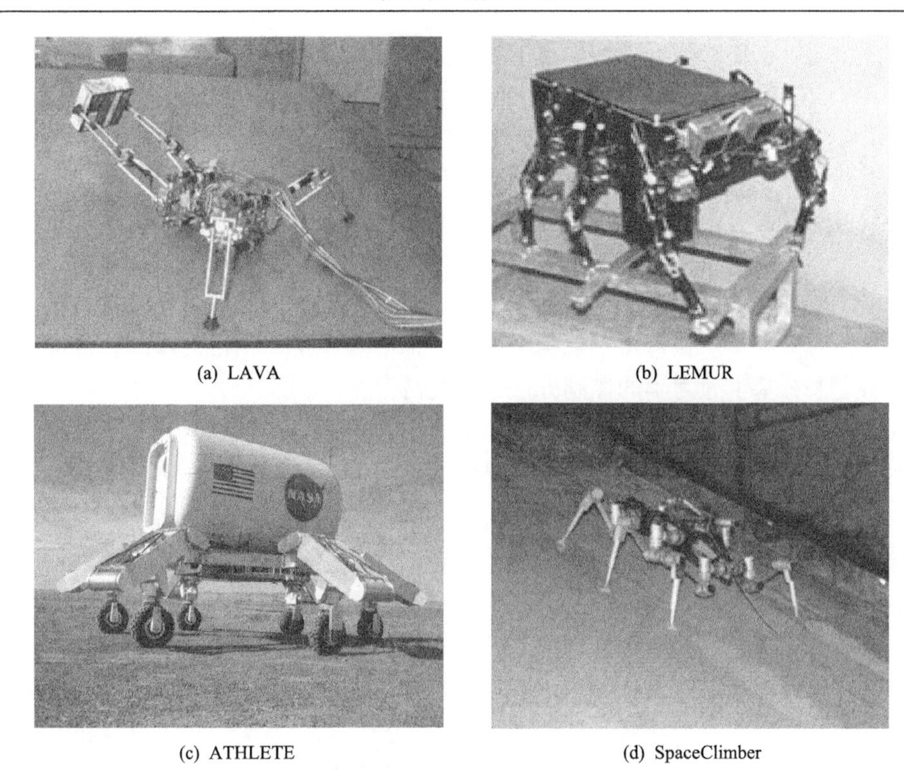

(a) LAVA (b) LEMUR

(c) ATHLETE (d) SpaceClimber

图 1.2 采用腿臂融合方案的移动操作机器人[8, 10-12]

移动机器人的运动规划问题是指在给定机器人的运动学描述、环境模型、初始和目标状态情况下，求解出一系列的理想运动控制指令，机器人可以通过有序执行这些控制指令成功地从当前状态运动到目标状态，且不与环境发生碰撞。复杂的运动规划问题具有较高维数的位形空间，对位形空间进行精确的描述常常面临着“指数爆炸”的难题。轮腿协同运动机器人通过结合腿式、轮式运动各自的优点，旨在保证机器人地形通过性的前提下，提高运动能效。传统的运动规划方法大多针对单独的轮式或腿式运动，并未考虑如何提供最优轮腿协同运动策略，因此在实际应用中，单靠操作人员的判断难以获得最优的轮腿运动组合方式。所以对于多模式移动操作机器人，需要以通过性和运动能效函数为运动指标，建立涵盖坡度、粗糙度、台阶障碍高度等信息的复杂地形环境模型与涵盖机器人立足点、本体高度、能量稳定裕度等参数的不同运动模式的模型，进而解决多模式移动操作机器人混合运动规划的多运动模式、多参变量强耦合、复杂变约束问题。传统的基于笛卡儿空间的足端轨迹规划方法难以适用，具有挑战性。机器人在非结构环境下的动态行走不仅要进行高效运动规划，还需要对机身进行动态稳定性控制，其控制方法主要分为基于静力学的控制方法、基于动力学模型的控制方法和无模型控制方法。基于静力学的控制是早期移动机器人控制的主要思路，即机器人在运动过程中的重心在地面上的投影必须保持在支撑足末端形成的多边形之内，以保证机器人的稳定性。在这种控制模式下，常用静态稳定裕度(重心在地面上的投影与地面支撑多边形边界的最短距离)来评判机器人的稳定性[13]。零力矩点是机器人惯性力与重力的合力与地面的交点，当零力矩点位于支撑多边形内时，机器人可以保持稳定[14]。美国波士顿动力公司的四足机器人 Little-dog 使用零力矩点作为稳定性判据，实现了崎岖路面行走[15]。然而，在实际动态行走中，机器人基本上不存在支撑多边形，因此不适用基于支撑多边形的静力学控制方法。此外，机器人机身必须在每步中加速和减速，需要考虑机身惯性的影响，从能量消耗的角度来看基于静力学的控制方法也不经济。

相比于基于静力学的控制方法，后两种方法更适合于多足机器人的高速运动控制。基于动力学模型的控制方法主要包括虚拟模型控制(virtual model control，VMC)[16]和整体控制(whole-body control，WBC)[17]。在 VMC 中，将机器人本体与接触点间的机械结构等价为虚拟构件，如弹簧阻尼或弹簧负载倒立摆(spring-loaded inverted pendulum，SLIP)[18]，然后以虚拟模型作为控制模型调控机器人运动。但是使用的简化模型由于缺乏对质心等惯性参数的准确描述，不可避免地会对机器人的动态性能产生不利影响，如灵活性、柔顺性、稳定性和能效性等。在 WBC 中，通过优化算法分配地面反作用力和关节力，使浮动基机身达到期望状态，但 WBC 动力学中求逆次数过多，其计算量非常庞大，难以实时保证动态行走的稳定性。

由于多足机器人动力学的精确建模难，一些研究者采用无模型控制方法对它进行运动控制。无模型控制方法主要包括中枢模式发生器(central pattern generator，CPG)控制[19]、仿真到真实环境的强化学习(reinforcement learning，RL)[20]控制等。这一类控制方法高度依赖多传感器信息对环境和自身状态的识别，导致其硬件配置要求与计算成本高。复杂非结构环境中运动的多足机器人还是一个复杂变约束系统，采用这类方法需要机器人不断地试错与学习。CPG 由多层神经元与脊髓中的振荡器耦合组成，模仿动物脊髓对肢体发出的信号，并通过传感器反馈进行调整[21]，但其抗干扰能力较差，无法应对大的外界扰动。从仿真到现实的 RL 控制最近被开发用于多足机器人的控制，如在 ANYmal 上的应用[20]，但在仿真中，真实环境与机器人参数难以准确表达，因此基于 RL 的控制还无法应用于地形复杂多变的环境中。

综上所述，多模式移动操作机器人的研究面临兼具结构简单与“一机多能”的机构设计、运动模式多变与环境约束复杂的高效运动规划、快速灵活与稳定可靠的动力学控制三大技术挑战。

第 2 章　移动操作机器人的变拓扑仿生构型设计

非结构环境下移动操作机器人面临复杂多变的地形地貌、时变的运动/力约束以及多样化的作业任务挑战，需集成高适应性的移动机构和多功能的操作装置。为了减少能耗、降低移动操作机器人的系统复杂度，需要满足结构简单的设计要求。同时，为了提高环境适应性与增强任务多样性，需要具备“一机多能”的特点，二者存在设计冲突，属于变拓扑、多构态的机构创成难题，也是国际机构学的学术前沿方向，传统的机构学理论和方法难以适用。动物的肢体结构对特定环境的适应性给了研究人员很好的启示，本章借鉴马肢体结构高承载的死点支撑效应，以及昆虫适应复杂地形的肢体结构高灵活性运动机理，并结合可重构原理，提出多模式移动操作机器人变拓扑仿生构型设计理论与方法。

2.1　马的肢体结构特点和死点支撑效应

马具有庞大的身躯，能够实现快速灵活的奔跑；昆虫具有很小的躯体结构，能够实现稳定灵活的操作。对马的肢体结构进行仿生学研究，揭示了仿哺乳动物式构型的高承载机理——死点支撑效应；根据昆虫的肢体结构特点，分析可知仿昆虫式构型具有高稳定的运动特性。由此，面向复杂环境的灵活作业需求，结合仿昆虫式和仿哺乳动物式构型的承载及运动机理，分别设计了径向对称圆周分布六足机器人机构构型和四足变拓扑机器人机构构型。

动物躯体通过肢体建立了与地面环境连接的桥梁。该桥梁的主要作用是在动物躯体与地面环境之间进行运动和力的传递，如图 2.1 所示：一方面，动物通过肢体之间的轮流着地——摆腿动作，实现了躯体的各种运动；另一方面，因动物

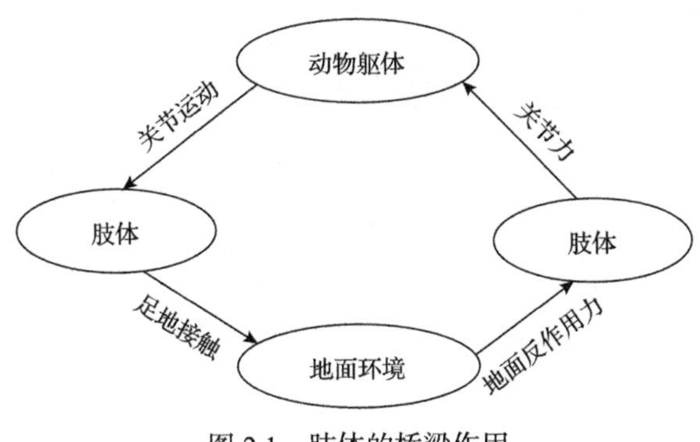

图 2.1　肢体的桥梁作用

躯干通过肩关节(髋关节)与前肢体(后肢体)相连，前肢体(后肢体)的足与地面进行接触，足地间的接触力通过肢体传到肩关节(髋关节)，再将作用力传递给动物躯干，关节力矩则通过一端附在躯干、另一端附在肢体上的肌肉传递。因此，肢体建立了动物躯体与地面环境之间运动和力传递的桥梁。

动物单肢体可通过自由度的冗余，在实现位置到达的基础上对关节受力进行优化。对于在矢状面内的运动，确定一个刚体的位置和姿态只需要三个独立变量，如刚体位置的 x 和 y 坐标，以及绕垂直于矢状面的 z 轴的转角 θ 。动物肢体在矢状面内运动的关节却不止三个，以马的前肢为例，从肢体近端至远端主要关节有肩关节、肘关节、腕关节和掌指关节，还有一些活动范围小的关节，如近指间关节和远指间关节，故动物肢体能以不同的姿态到达同一个点。因此，动物肢体在满足立足点和运动需求后，可以进行肢体姿势的调整，实现关节力矩的优化分配。从能量的角度来说，通过调整肢体姿势实现能耗最小[22]。

2.1.1 马前肢和后肢模型

为了分析肢体的特性，对肢体进行适当的简化，因此做出以下假设：只考虑马在矢状面内的运动和受力情况，忽略侧向运动和侧向力；肢体的关节被简化成轴线垂直于矢状面的转动副；相比于马的质量，肢体的质量很小，故肢体的质量可以忽略不计。

依据以上简化和假设，将肢体骨骼结构等效为连杆-关节结构，肢体的骨骼和关节与连杆-关节模型一一对应起来，即将骨骼看成刚体，用连杆来表示，肢体关节看成带有主动驱动的转动副。因此，马的前肢和后肢即可等效为一个五连杆的开链机构，两者的对应关系分别如表 2.1 和表 2.2 所示，其中与水平方向的夹角 θ_i (i=1,2,3,4)如图 2.2 和图 2.3 所示。

在图 2.2 和图 2.3 中，A 是马前肢的立足点，B 是马后肢的立足点，H 表示前肢肩关节离地的高度或者后肢髋关节离地的高度，L 表示立足点到前肢肩关节的

表 2.1　肢体骨骼与连杆的对应关系

五连杆机构	长度	前肢	后肢
连杆 1	l_1	指骨	趾骨
连杆 2	l_2	掌骨	跖骨
连杆 3	l_3	尺桡骨	胫腓骨
连杆 4	l_4	肱骨	股骨
连杆 5	l_5	肩胛骨	髋骨

表 2.2　肢体关节与转动副的对应关系

五连杆机构	与水平方向的夹角	前肢	后肢
转动副 1	θ_1	掌指关节	跖趾关节
转动副 2	θ_2	腕关节	跗跖关节
转动副 3	θ_3	肘关节	膝关节
转动副 4	θ_4	肩关节	髋关节

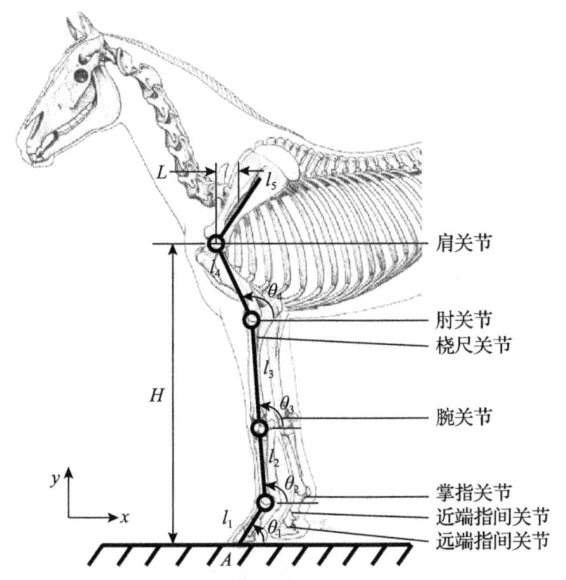

图 2.2　马前肢骨骼结构和对应的五连杆机构

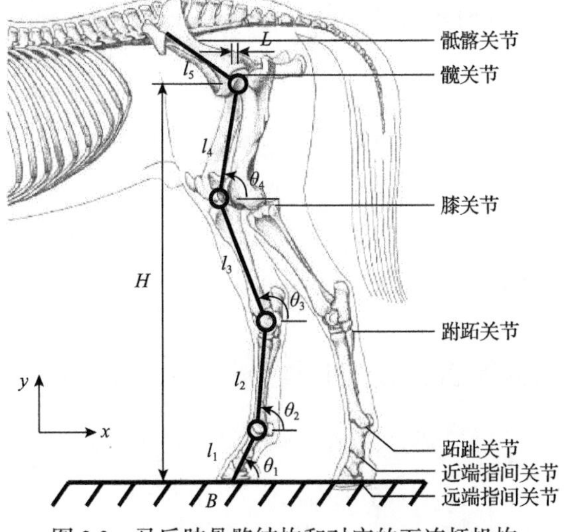

图 2.3　马后肢骨骼结构和对应的五连杆机构

水平距离或者立足点 B 到后肢髋关节的水平距离。马的前肢和后肢都可以等效成一个平面五连杆机构，尽管在尺寸和姿态上有所差异，但具有一些共同的特点。对其中任何一个的分析都可应用到另一个上面，故以前肢的分析作为实例，进行承载力的分析，但该方法同样适合后肢的分析。

马静止站立时，在外部作用力下保持平衡。对于肢体，其近端受到马身体由重力产生的作用力，其远端受到地面反作用力，肢体在两种外力下保持平衡。身体对于肢体在站立时是保持不动的，可将与身体相连肩胛骨看成固定的，即与肩胛骨等效的连杆是固定的，如图 2.4 所示。地面对肢体远端的反作用力用 F 来表示，施加在肢体各关节处的驱动力矩用 M_1、M_2、M_3 和 M_4 来表示。

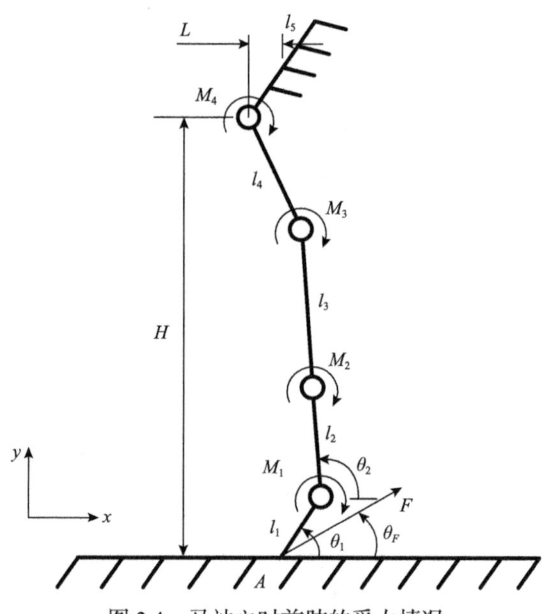

图 2.4　马站立时前肢的受力情况

前肢所等效的五连杆机构的每一个连杆在外力作用下也需保持平衡，连杆 $i(i=1,2,3,4)$ 的受力情况如图 2.5 所示。其中 $M_{i+1,i}$ 为连杆 $i+1$ 对连杆 i 施加的力矩，$M_{i-1,i}$ 为连杆 $i-1$ 对连杆 i 施加的力矩；$F_{i-1,ix}$ 和 $F_{i-1,iy}$ 分别为连杆 $i-1$ 对连杆 i 施加的力在 x 和 y 方向的分量，$F_{i+1,ix}$ 和 $F_{i+1,iy}$ 分别为连杆 $i+1$ 对连杆 i 施加的力在 x 和 y 方向上的分量。

第 i 个连杆在如上所述的外力下保持平衡，可列出力和力矩的平衡方程：

$$\begin{cases}F_{i+1,i}+F_{i-1,i}=0\\M_{i-1,i}+M_{i+1,i}+F_{i-1,i}\cdot l_i=0\end{cases}\tag{2.1}$$

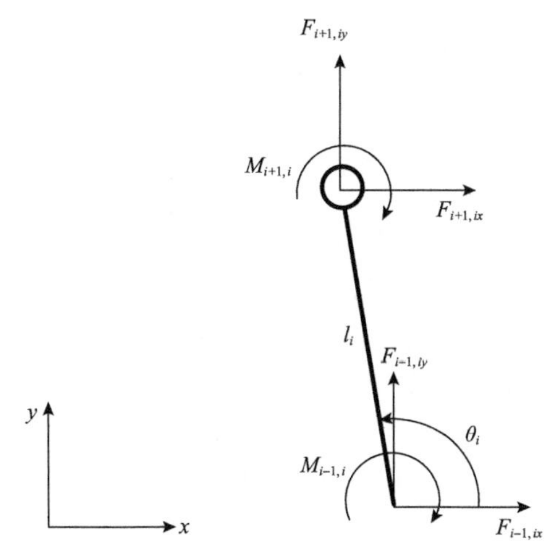

图 2.5　第 i 个连杆的受力分析

由牛顿第三定律，相邻两杆之间的作用力有如下关系：

$$\begin{cases} F_{i+1,i} = -F_{i,i+1} \\ M_{i+1,i} = -M_{i,i+1} \end{cases} \tag{2.2}$$

其中，$i = 1,2,3,4$。

另外，马静止站立时，需要保持肢体的远端与地面相接触，因此肢体需要满足以下几何约束：

$$\begin{cases} l_1\cos\theta_1 + l_2\cos\theta_2 + l_3\cos\theta_3 + l_4\cos\theta_4 = -L \\ l_1\sin\theta_1 + l_2\sin\theta_2 + l_3\sin\theta_3 + l_4\sin\theta_4 = H \end{cases} \tag{2.3}$$

结合式(2.1)～式(2.3)，可求得肢体各关节处的力和力矩为

$$\begin{cases} F_i = F_{i,i+1} = f_i(\theta_F, \theta_1, \theta_2) \\ M_i = M_{i,i+1} = m_i(\theta_F, \theta_1, \theta_2) \end{cases} \tag{2.4}$$

由式(2.4)可以看出，地面反作用力的大小及其与地面的夹角 θ_F、掌指关节的关节角度 θ_1 和腕关节的关节角度 θ_2 决定了各关节处的力和力矩。因此，不同的 θ_F、θ_1 和 θ_2 将得到不同的关节力和关节力矩。最理想的情况是，调节这三个参数的值，使得每个关节处的关节力矩为零，这样肢体将不需要肌肉消耗来维持稳定。实际上，同时让每个关节处的力矩为零几乎是不可能的，因为其中一个关节为零时，其他某一关节或多个关节处的关节力矩可能很大。因此，需要一个关节力矩的指标进行整体评价，定义全局力矩为

$$M = \alpha_1|M_1| + \alpha_2|M_2| + \alpha_3|M_3| + \alpha_4|M_4| = m(\theta_F, \theta_1, \theta_2) \tag{2.5}$$

其中，α_i为第 i 个关节的权重，有

$$\begin{cases}\alpha_i \geqslant 0,\ \ i=1,2,3,4 \\ \alpha_1+\alpha_2+\alpha_3+\alpha_4=1\end{cases} \tag{2.6}$$

α_i的值越大，表明所对应关节的权重越大，该关节的重要性越高。在本章的分析中，假定肢体的四个关节同等重要，即取$\alpha_1=\alpha_2=\alpha_3=\alpha_4=1/4$。因此，通过选择合适的$\theta_F$、$\theta_1$和$\theta_2$，使全局力矩的值最小，从而减少各关节处肌肉的能量消耗，即肢体主要通过肢体骨骼来承受身体的重量。

通过肌肉、韧带、肌腱等柔性结构实现能量的存储和释放，可将肢体等效为质量-弹簧模型，使运动具有高效性。同时，减少足落地碰撞对身体的冲击，可提高运动的稳定性。根据马的解剖学结果，可以获得马前肢的几何参数，如表 2.3 所示。

表 2.3　马前肢的几何参数

θ_1	θ_2	θ_3	θ_4	H	$l_1:L$	$l_2:L$	$l_3:L$	$l_4:L$	$H:L$
57.0°	94.4°	92.8°	117.3°	1400mm	2.15	3.26	4.69	3.68	13.00

结合前肢的几何参数和雅可比矩阵，可求得马前肢各关节处的关节力和关节力矩，最终表示为θ_F、θ_1和θ_2的函数，其中θ_F为地面反作用力与地面的夹角，θ_1和θ_2表示肢体的姿态，因此只要确定前肢地面反作用力和肢体的姿态，即可求得关节力和关节力矩。前肢的力分析主要从两方面来展开：一方面对于给定的肢体姿态，相当于给定θ_1和θ_2，同时给定变化的地面反作用力，来研究地面反作用力对关节力和关节力矩的影响；另一方面，在地面反作用力一定的情况下，改变肢体的姿态分析肢体姿态对关节力和关节力矩的影响。

2.1.2　地面反作用力对关节力和关节力矩的影响

给定一个平面开链机构，如果该机构的关节共线，且该线为连杆所在的直线，那么该机构处于死点状态。此时各旋转关节中心所在的线称为死点作用线。如果作用在该机构末端的作用力沿着死点作用线，那么此状态称为死点支撑状态，此时，该机构末端的外部作用力对各个关节的力矩为零。对于如图 2.6 所示的给定肢体姿态，因为各关节的旋转中心点不共线，该肢体不是处于死点支撑状态。因此，无论地面反作用力怎么变化，肢体各关节力矩都不可能同时为零，但可以找到一条接近死点支撑线的线，在此称为最佳支撑线，使得肢体的全局力矩指标最小。按照图 2.6 所示改变地面反作用力，那么对应的肢体各关节力矩以及肢体全局力矩指标随之改变。当肢体全局力矩指标最小时，地面反作用力方向所在的线就是该肢体姿态的最佳支撑线。

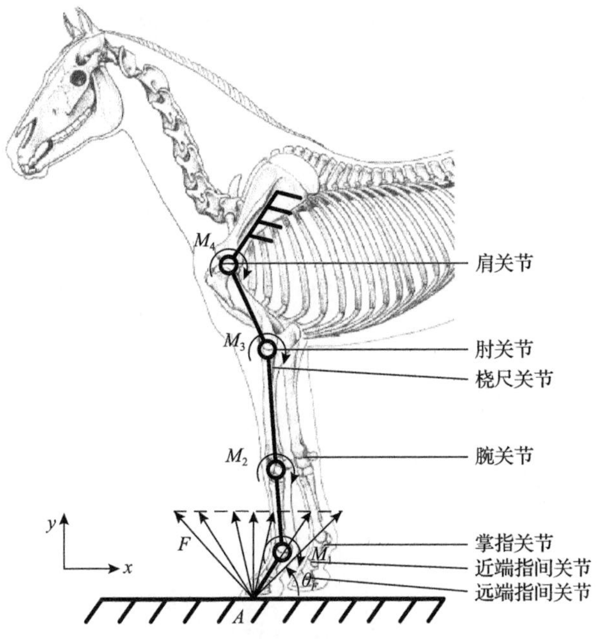

图 2.6 地面反作用力对关节力和关节力矩的影响

结合实际的情况，地面反作用力方向的变化范围为[20°, 160°]，那么肢体各关节力矩和全局力矩指标的变化如图 2.7 所示。由图可以看出，每个关节的关节力矩可以达到零值，但达到零值时所对应的地面反作用力是不同的，证明了在该肢体姿态下，无论怎么调节地面反作用力，各关节力矩不可能同时为零。表 2.4 列出了各关节力矩最小时所对应的地面反作用力。按照表 2.4 中的对应关系，将各关节力矩达到最小时的地面反作用力画出，如图 2.8 所示。容易看出，当某关节

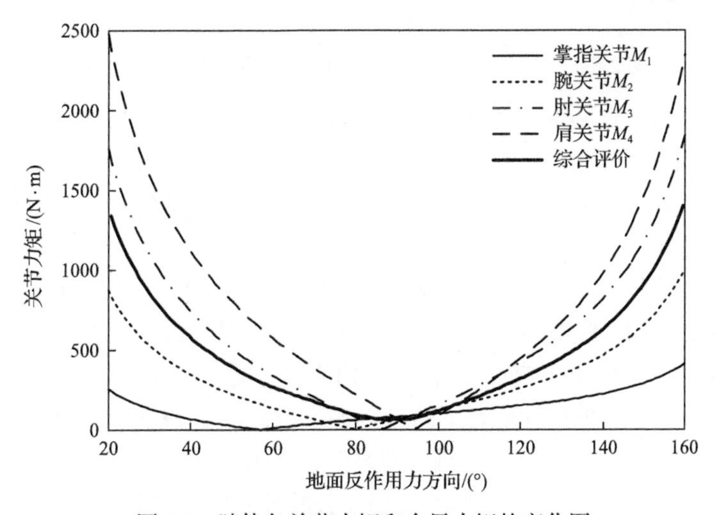

图 2.7 肢体各关节力矩和全局力矩的变化图

表 2.4　各关节力矩最小值和相对应的地面反作用力

关节力矩	θ_{Fi}
Min(M_1)	57°(θ_{F1})
Min(M_2)	80°(θ_{F2})
Min(M_3)	86°(θ_{F3})
Min(M_4)	94°(θ_{F4})
Min(M)	87°(θ_{FM})

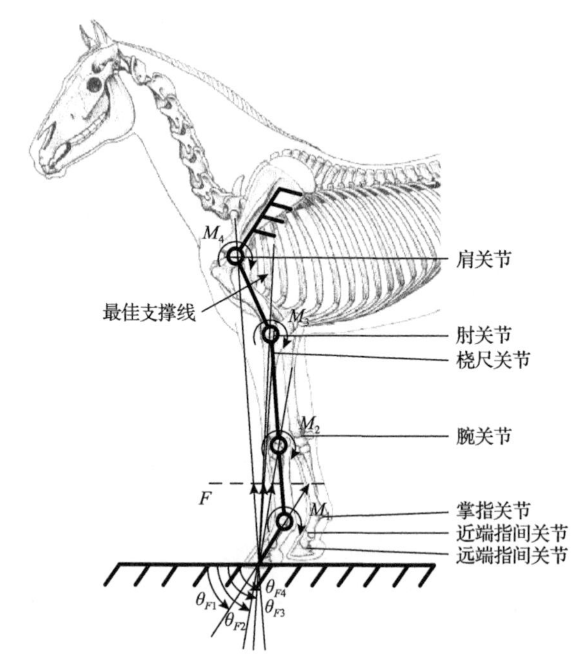

图 2.8　全局力矩指标最小时对应的地面反作用力示意图

力矩达到最小时，该地面反作用力的延长线通过该关节的旋转中心。如当腕关节力矩 M_2 最小时，此时地面反作用力方向与地面的夹角为 θ_{F2}，由 θ_{F2} 所决定的线通过腕关节的旋转中心，地面反作用力对腕关节的力臂为零，那么对腕关节的力矩大小也为零。

某一个关节的力矩最小并不是最理想的情况，可能会导致其他关节的力矩很大。为了保证达到肢体整体上的舒适，应该让全局力矩指标 M 达到最小。由表 2.4 得出，当地面反作用力的方向与地面的夹角为 θ_{FM} 时，全局力矩指标 M 的值最小。因此 θ_{FM} 所在的线为该肢体姿态下的最佳支撑线，如图 2.8 所示。当地面反作用力沿着该线时，该肢体感觉最轻松舒服，即整个肢体用最小的肌肉消耗维持肢体平衡，通过骨骼承受马身体的重量。图 2.9 给出了各肢体关节的关节力随地面反作用力的

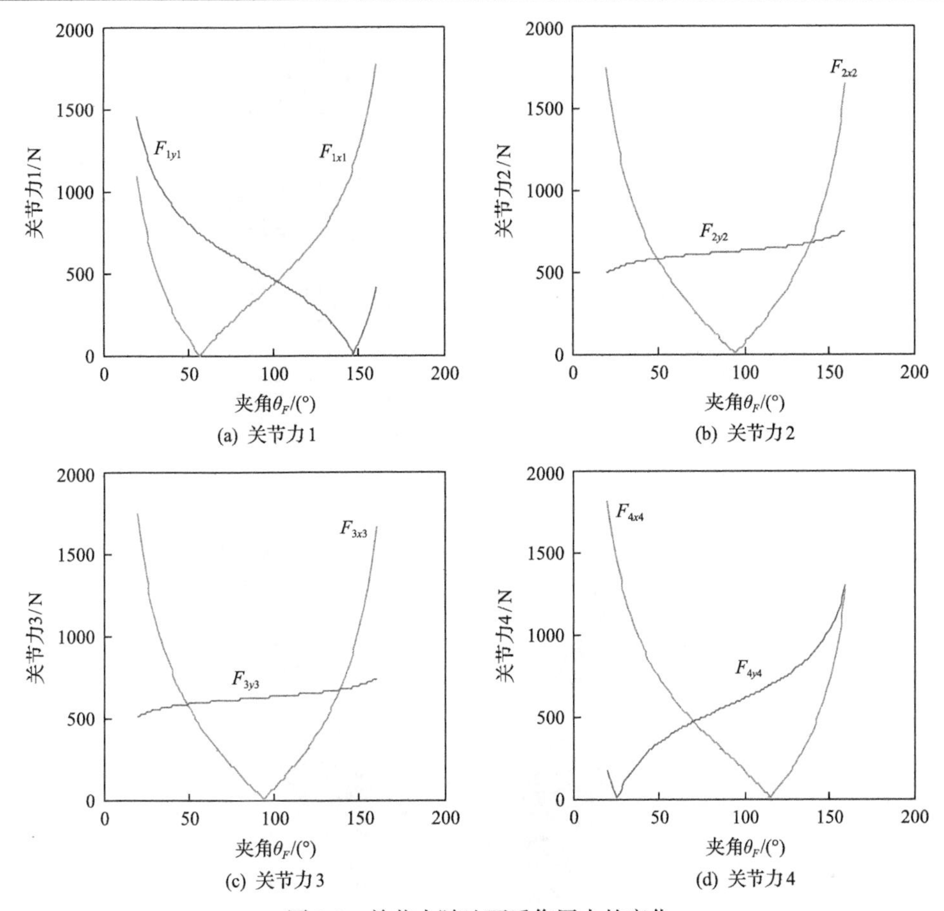

(a) 关节力 1　(b) 关节力 2　(c) 关节力 3　(d) 关节力 4

图 2.9　关节力随地面反作用力的变化

变化曲线，其中 $F_{ixi}(i=1,2,3,4)$ 表示第 i 关节处的作用力沿第 i 连杆长度方向的分量，F_{iyi} 表示第 i 关节处的作用力沿垂直于第 i 连杆长度方向的分量。骨骼上的作用力是另外一个研究问题，在此仅给出关节力在地面反作用力变化下的曲线。

2.1.3　肢体姿态对关节力和关节力矩的影响

如果肢体远端所受的地面反作用力不在死点支撑线上，那么马可以尝试调整肢体的姿态来减轻肌肉的负担，使肢体达到一种最佳支撑状态。下面说明在地面反作用力确定的前提下，如何找到最佳支撑的肢体姿态。

地面反作用力与地面的夹角为 70°，保持立足点不变，改变掌指关节角度 θ_1 和腕关节角度 θ_2 的大小，即改变肢体的姿态，那么肢体各关节力矩和肢体全局力矩指标的变化分别如图 2.10 和图 2.11 所示。图 2.10 中，平行于水平轴的线表示该关节的零力矩线，平行于竖直轴的线表示对于该关节力矩为零时的掌指关节或者腕关节的角度值。从图中明显得出，多个掌指关节和腕关节的角度值均可使某一

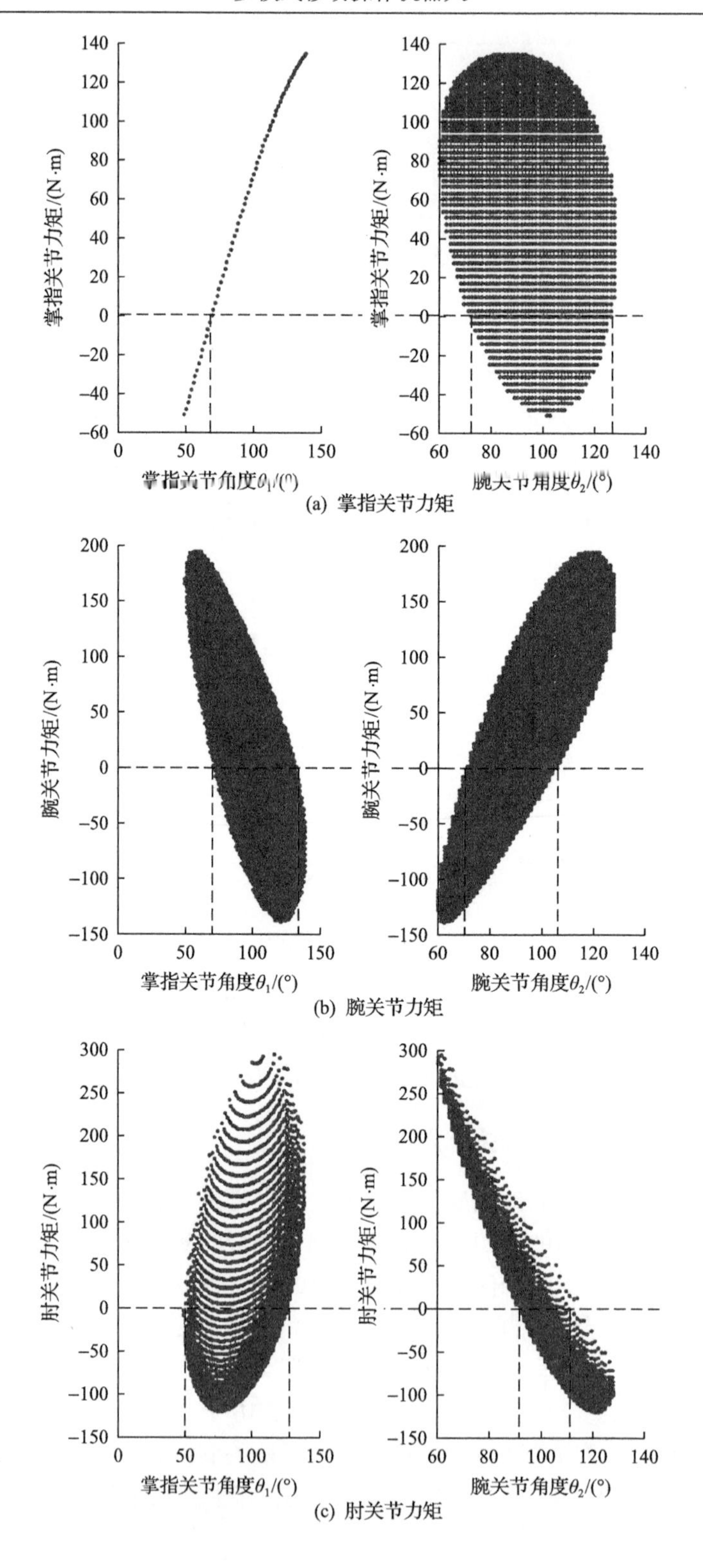

(a) 掌指关节力矩

(b) 腕关节力矩

(c) 肘关节力矩

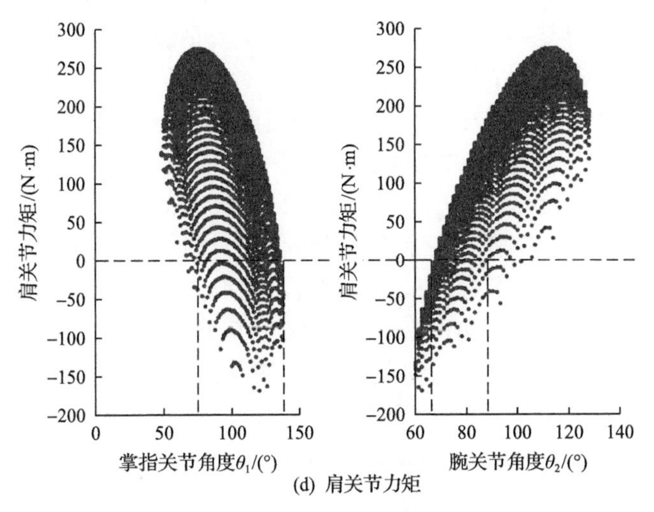

(d) 肩关节力矩

图 2.10　肢体各关节力矩变化图

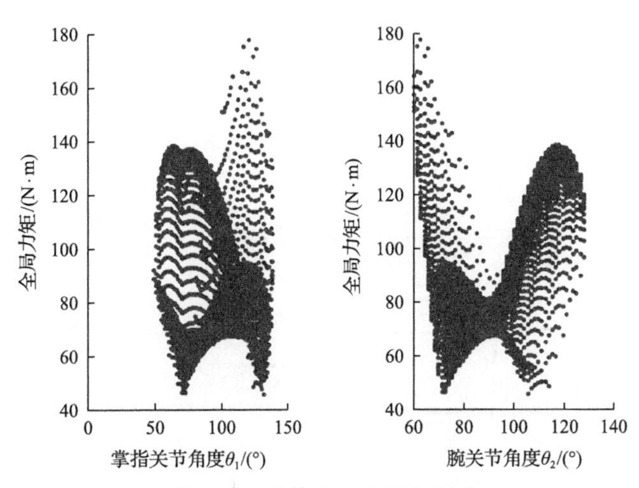

图 2.11　肢体全局力矩变化图

个关节力矩为零，如表 2.5 所示。其中 3N·m 和 4N·m 是由形态数据误差分别对各关节力矩和全局力矩指标造成的误差。

表 2.5　关节力矩对应的掌指关节和腕关节角度值

关节力矩	θ_1(掌指关节)	θ_2(腕关节)
M_1(0±3N·m)	[69.6°, 70.7°]	[71.8°, 125.7°]
M_2(0±3N·m)	[71.8°, 132.3°]	[70.7°, 105.9°]
M_3(0±3N·m)	[49.8°, 125.7°]	[91.6°, 111.4°]
M_4(0±3N·m)	[65.2°, 136.7°]	[67.4°, 101.5°]
M(46±4N·m)	[68.5°, 74.0°]∪[129.0° ,132.3°]	[70.7°, 74.0°]∪[104.8°, 108.1°]
Min(M)	70.7°	71.8°

存在多组值使得某一个关节的力矩最小，也就是说有多个肢体姿态使得该关节力矩最小。如当掌指关节的力矩为 0±3N·m 时，掌指关节和腕关节的取值可以为区间[69.6°, 70.7°]和区间[71.8°, 125.7°]内任意值的组合。如果存在掌指关节和腕关节的一组值，使得各关节力矩同时最小，那么此时肢体的姿态为最佳支撑姿态。但通过分析可知，[69.6°, 70.7°]∩[71.8°, 132.3°]∩[49.8°, 125.7°]∩[65.2°, 136.7°]的结果是空集，也就是不存在一个掌指关节值同时使得肢体各关节力矩最小。

因此，肢体全局力矩指标用来作为评价的标准，其值变化如图 2.11 所示。从图中可以得到，当掌指关节角度 θ_1 为 70.7°同时腕关节角度 θ_2 为 71.8°时，肢体全局力矩指标最小。根据站立时的约束关系，可得到肘关节角度 θ_3 和肩关节角度 θ_4 的角度值分别为 103.8°和 115.6°。该肢体的姿态如图 2.12 所示，为该地面反作用力下，肢体能够调整到的最佳支撑姿态。虽然此姿态不是死点支撑时的姿态，但是在该条件下最接近死点支撑时的姿态，称为最佳支撑姿态[23]。

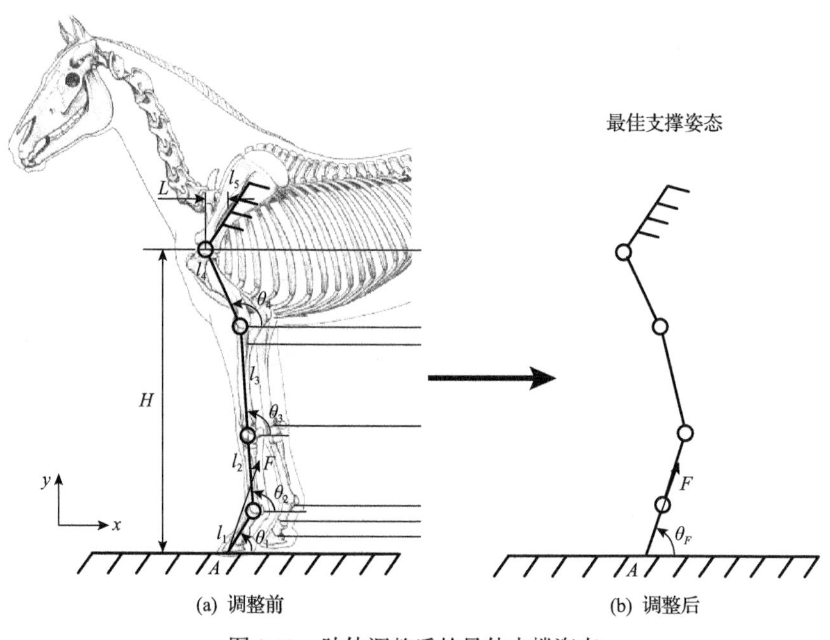

图 2.12 肢体调整后的最佳支撑姿态

2.2 径向对称圆周分布六足机器人的设计

2.2.1 六足机器人腿的布置方式

六足机器人由六条腿和本体组成，其构型主要包括本体与腿的布局和腿的构型两方面内容。目前，本体与腿的布局主要有两种方式(图 2.13)：一种是腿分成两组置于本体两侧，类似于昆虫身体与肢体的布局：另一种是腿以圆周均布的方式置于本体的四周。

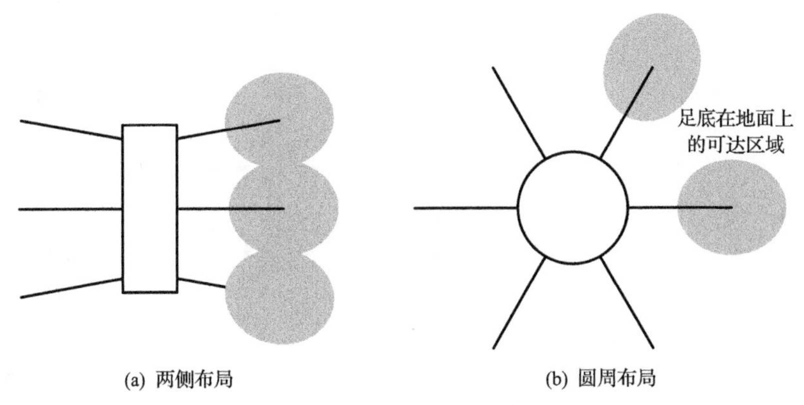

图 2.13　本体与腿的两种布局方式

两侧布局的方式会限制机器人的步长，同一侧的三条腿排在一起导致相邻两腿的足端在地面上的可达区域发生交叉，意味着行走时相邻两腿的足端可能发生碰撞冲突，通常通过限制机器人行走的步长来避免发生碰撞。径向对称圆周布局的方式并不存在该问题，其相邻两腿的足端在地面上的可达区域相距甚远，因此机器人可以使用更大的步长行走以提高速度。另外，径向对称圆周布局的方式可以通过控制腿与本体相连的关节使其变成两侧布局的方式，如图 2.14 所示，而两侧布局则不能完全变换到径向对称圆周布局的方式。因此，这里选用径向对称的圆周布局作为本体与腿之间的布置方式。

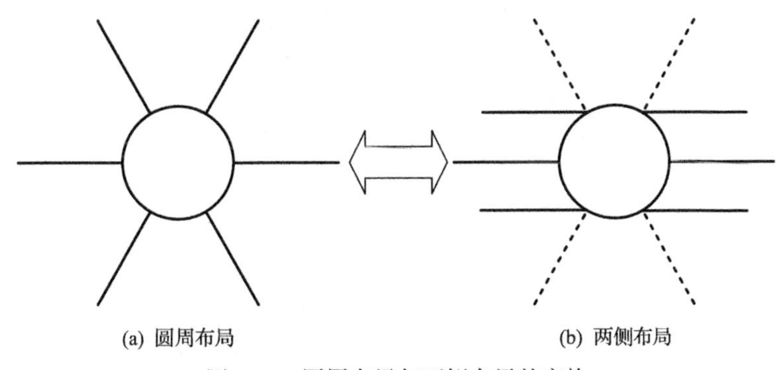

图 2.14　圆周布局与两侧布局的变换

2.2.2　支撑腿运动学

六足机器人由本体和六条结构相同的腿组成。机器人本体是一个规则的圆形，六条腿均布在本体的四周，每条腿通过髋关节与本体相连。通常，机器人的每条腿由髋部、大腿和小腿组成，三个关节分别是髋关节、膝关节和踝关节，其中髋关节的旋转轴垂直于本体，并将髋部和本体连接起来，另外两个关节相互平行，且垂直于髋关节的旋转轴，分别将腿的髋部、大腿和小腿依次连接，如图 2.15 所示。

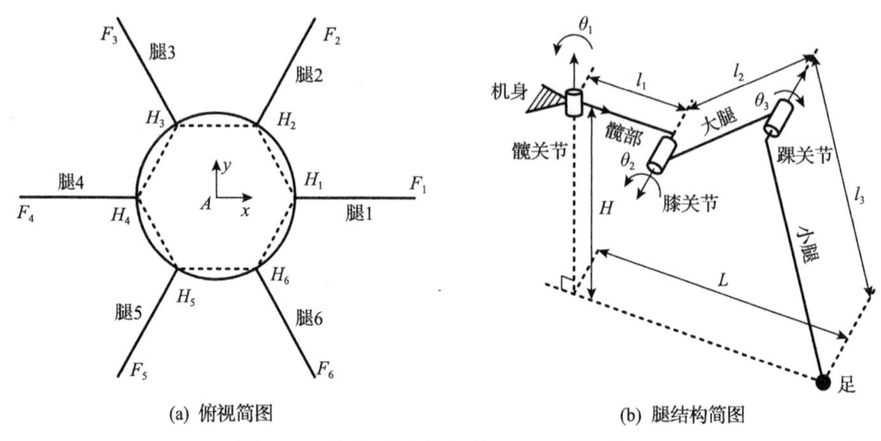

(a) 俯视简图　　(b) 腿结构简图

图 2.15　各腿分布俯视简图和腿结构简图

机器人在行走过程中，当腿的足端与地面接触时，称处于该状态的腿为站立腿，并假定接触点在腿离开地面之前都是不变的，即不发生滑动等现象。当腿提起足端离开地面时，足端在空中摆动，称处于该状态的腿为摆动腿。机器人的行走是通过各腿在两种状态之间来回切换实现的。站立腿和摆动腿因约束关系不同，其运动学分析也不一样。

图 2.16 给出了六足机器人站立腿的结构示意图。F_i 代表站立腿的立足点；H_i

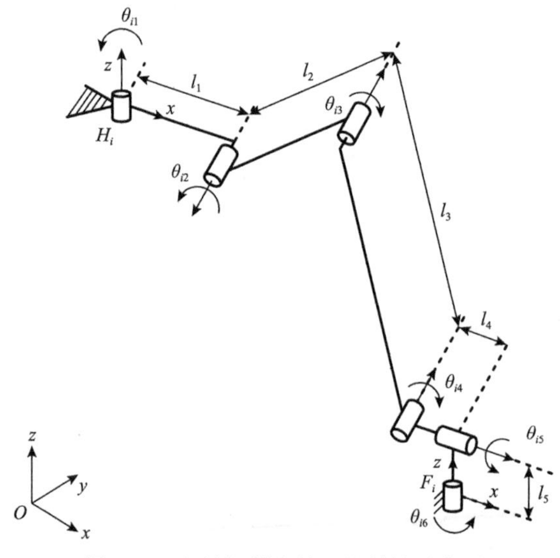

图 2.16　六足机器人站立腿结构示意图

表示机器人髋关节与本体的连接点，其中 $i=1,2,\cdots,6$ 表示腿的编号；$l_j(j=1,2,\cdots,5)$ 表示第 j 个连杆的长度；θ_{i1}、θ_{i2} 和 θ_{i3} 表示三个关节的角度位置，而 θ_{i4}、θ_{i5} 和 θ_{i6} 表示被动关节的位置；$\sum(Oxyz)$ 表示固定在地面上的参考坐标系，$\sum(H_i xyz)$ 表示固定在髋关节 H_i 上并使关节旋转轴和 z 轴重合的相对坐标系。足端与地面的接触约束等效为三个相互正交的旋转关节 θ_{i4}、θ_{i5} 和 θ_{i6}，以及两个虚拟的连杆 l_4 和 l_5。通常，$l_4=l_5=0$。

站立腿的位形空间由向量 $\boldsymbol{\theta}_i=[\theta_{i1}\quad\theta_{i2}\quad\theta_{i3}\quad\theta_{i4}\quad\theta_{i5}\quad\theta_{i6}]^{\mathrm{T}}$ 来表示。取 $\boldsymbol{\theta}_i=\boldsymbol{0}$ 对应于站立腿完全伸展开的位形，则此时足端坐标系与髋关节坐标系的变换为

$$\boldsymbol{g}_{H_iF_i}(\boldsymbol{0})=\begin{bmatrix}\boldsymbol{I}_{3\times3} & \begin{bmatrix}l_1+l_2+l_3\\0\\0\end{bmatrix}\\ \boldsymbol{0} & 1\end{bmatrix} \tag{2.7}$$

第 i 个关节在初始状态下在 $\{S\}$ 中的单位运动旋量可表示为

$$\xi_i=\begin{bmatrix}\boldsymbol{q}_i\times\boldsymbol{\omega}_i\\ \boldsymbol{\omega}_i\end{bmatrix} \tag{2.8}$$

其中，$\boldsymbol{\omega}_i\in\mathbb{R}^3$ 为单位角速度，$\boldsymbol{\omega}_i=[\omega_{i1}\quad\omega_{i2}\quad\omega_{i3}]^{\mathrm{T}}$；构造零位时的转动关节运动旋量有

$$\boldsymbol{\omega}_{i1}=\boldsymbol{\omega}_{i6}=[0\quad0\quad1]^{\mathrm{T}},\ \boldsymbol{\omega}_{i2}=[0\quad-1\quad0]^{\mathrm{T}},\ \boldsymbol{\omega}_{i3}=\boldsymbol{\omega}_{i4}=[0\quad1\quad0]^{\mathrm{T}},\ \boldsymbol{\omega}_{i5}=[1\quad0\quad0]^{\mathrm{T}}$$

取轴线上的点

$$\boldsymbol{q}_{i1}=[0\quad0\quad0]^{\mathrm{T}},\ \boldsymbol{q}_{i2}=[l_1\quad0\quad0]^{\mathrm{T}}$$

$$\boldsymbol{q}_{i3}=[l_1+l_2\quad0\quad0]^{\mathrm{T}},\ \boldsymbol{q}_{i4}=\boldsymbol{q}_{i5}=\boldsymbol{q}_{i6}=[l_1+l_2+l_3\quad0\quad0]^{\mathrm{T}}$$

所产生的运动旋量为

$$\xi_{i1}=\begin{bmatrix}-\boldsymbol{\omega}_{i1}\times\boldsymbol{q}_{i1}\\ \boldsymbol{\omega}_{i1}\end{bmatrix}=[0\quad0\quad0\quad0\quad0\quad1]^{\mathrm{T}}$$

$$\xi_{i2}=\begin{bmatrix}-\boldsymbol{\omega}_{i2}\times\boldsymbol{q}_{i2}\\ \boldsymbol{\omega}_{i2}\end{bmatrix}=[0\quad0\quad-l_1\quad0\quad-1\quad0]^{\mathrm{T}}$$

$$\xi_{i3}=\begin{bmatrix}-\boldsymbol{\omega}_{i3}\times\boldsymbol{q}_{i3}\\ \boldsymbol{\omega}_{i3}\end{bmatrix}=[0\quad0\quad l_1+l_2\quad0\quad1\quad0]^{\mathrm{T}}$$

$$\boldsymbol{\xi}_{i4}=\begin{bmatrix}-\boldsymbol{\omega}_{i4}\times\boldsymbol{q}_{i4}\\ \boldsymbol{\omega}_{i4}\end{bmatrix}=[0\quad 0\quad l_1+l_2+l_3\quad 0\quad 1\quad 0]^{\mathrm{T}}$$

$$\boldsymbol{\xi}_{i5}=\begin{bmatrix}-\boldsymbol{\omega}_{i5}\times\boldsymbol{q}_{i5}\\ \boldsymbol{\omega}_{i5}\end{bmatrix}=[0\quad 0\quad 0\quad 1\quad 0\quad 0]^{\mathrm{T}}$$

$$\boldsymbol{\xi}_{i6}=\begin{bmatrix}-\boldsymbol{\omega}_{i6}\times\boldsymbol{q}_{i6}\\ \boldsymbol{\omega}_{i6}\end{bmatrix}=[0\quad -(l_1+l_2+l_3)\quad 0\quad 0\quad 0\quad 1]^{\mathrm{T}}$$

站立腿的足端与髋部坐标系的变换关系可用指数积公式(product of exponential, POE)表示为

$$\boldsymbol{g}_{H_iF_i}(\boldsymbol{\theta}_i)=\mathrm{e}^{\hat{\xi}_{i1}\theta_{i1}}\mathrm{e}^{\hat{\xi}_{i2}\theta_{i2}}\mathrm{e}^{\hat{\xi}_{i3}\theta_{i3}}\mathrm{e}^{\hat{\xi}_{i4}\theta_{i4}}\mathrm{e}^{\hat{\xi}_{i5}\theta_{i5}}\mathrm{e}^{\hat{\xi}_{i6}\theta_{i6}}\boldsymbol{g}_{H_iF_i}(\boldsymbol{0}) \tag{2.9}$$

其中,

$$\boldsymbol{\theta}_i=[\theta_{i1}\quad\theta_{i2}\quad\theta_{i3}\quad\theta_{i4}\quad\theta_{i5}]^{\mathrm{T}},\quad \hat{\boldsymbol{\xi}}=\begin{bmatrix}\hat{\boldsymbol{\omega}} & \boldsymbol{r}\times\boldsymbol{\omega}\\ \boldsymbol{0} & 0\end{bmatrix},\quad \hat{\boldsymbol{\omega}}=\begin{bmatrix}0 & -\omega_1 & \omega_2\\ \omega_3 & 0 & -\omega_1\\ -\omega_2 & \omega_1 & 0\end{bmatrix}$$

$$\mathrm{e}^{\hat{\xi}_i\theta_i}\in\mathrm{SE}(3),\quad \mathrm{e}^{\hat{\xi}_i\theta_i}=\exp\begin{bmatrix}\exp(\boldsymbol{\theta}_i\hat{\boldsymbol{\omega}}_i) & \boldsymbol{b}\\ \boldsymbol{0} & 1\end{bmatrix}$$

$$\exp(\boldsymbol{\theta}_i\hat{\boldsymbol{\omega}}_i)=\boldsymbol{I}_{3\times3}+\hat{\boldsymbol{\omega}}_i\sin\boldsymbol{\theta}_i+\hat{\boldsymbol{\omega}}_i^2(1-\cos\boldsymbol{\theta}_i)$$

$$\boldsymbol{b}=\left[\boldsymbol{\theta}_i\boldsymbol{I}_{3\times3}+(1-\cos\boldsymbol{\theta}_i)\hat{\boldsymbol{\omega}}_i+(\boldsymbol{\theta}_i-\sin\boldsymbol{\theta}_i)\hat{\boldsymbol{\omega}}_i^2\right](\boldsymbol{r}_i\times\boldsymbol{\omega}_i)$$

由式(2.9)即可得到机器人第 i 条站立腿的足端位姿 $\sum(F_ixyz)$ 和 $\sum(H_ixyz)$ 坐标系的变换矩阵。

固连在机器人本体上的坐标系为 $\sum(Axyz)$,用于表示机器人本体的位置和姿态。六条腿均布在圆周本体的周边,故本体坐标系 $\sum(Axyz)$ 和各腿坐标系 $\sum(H_ixyz)$ 的变换矩阵为

$$\boldsymbol{g}_{AH_i}=\begin{bmatrix}\cos\alpha_i & -\sin\alpha_i & 0 & R\cos\alpha_i\\ \sin\alpha_i & \cos\alpha_i & 0 & R\sin\alpha_i\\ 0 & 0 & 1 & 0\\ 0 & 0 & 0 & 1\end{bmatrix} \tag{2.10}$$

其中, $\alpha_i=(i-1)\pi/3$, $i=1,2,\cdots,6$ 表示第 i 腿坐标系 $\sum(H_ixyz)$ 与本体坐标系 $\sum(Axyz)$ 的夹角; R 为机器人本体的几何半径。

1. 正运动学问题

问题描述：给定腿足端的位姿 $\boldsymbol{g}_{OF_i}$ 和腿上各关节角度 $\boldsymbol{\theta}_i$，求机器人本体的位姿 $\boldsymbol{g}_{OA}$。根据运动链，有如下关系：

$$\begin{aligned}\boldsymbol{g}_{OA} &= \boldsymbol{g}_{OF_i}\boldsymbol{g}_{F_iH_i}(\boldsymbol{\theta}_i)\boldsymbol{g}_{H_iA} \\ &= \boldsymbol{g}_{OF_i}\boldsymbol{g}_{H_iF_i}^{-1}(\boldsymbol{\theta}_i)\boldsymbol{g}_{AH_i}^{-1} \\ &= \boldsymbol{g}_{OF_i}\boldsymbol{g}_{H_iF_i}^{-1}(\boldsymbol{0})\mathrm{e}^{-\xi_{i6}\theta_{i6}}\mathrm{e}^{-\xi_{i5}\theta_{i5}}\mathrm{e}^{-\xi_{i4}\theta_{i4}}\mathrm{e}^{-\xi_{i3}\theta_{i3}}\mathrm{e}^{-\xi_{i2}\theta_{i2}}\mathrm{e}^{-\xi_{i1}\theta_{i1}}\boldsymbol{g}_{AH_i}^{-1}\end{aligned} \tag{2.11}$$

式(2.11)即站立腿的正运动学的指数积表示，通过该式可完成机器人任何一条腿的正运动学计算。

2. 逆运动学问题

问题描述：根据机器人的位姿 $\boldsymbol{g}_{OA}$ 和立足点 i 在坐标系 $\sum(Oxyz)$ 中 ${}^{O}\boldsymbol{p}_{F_i}$ 的位置，计算机器人站立腿所有驱动关节的角度值，即 θ_{i1}、θ_{i2} 和 θ_{i3}。图2.17给出了具有三个驱动关节的站立腿的位姿，其中 ${}^{O}\boldsymbol{p}_{F_i}$ 为已知，而 $\boldsymbol{g}_{OH_i}=\boldsymbol{g}_{OA}\boldsymbol{g}_{AH_i}=({}^{O}\boldsymbol{p}_{H_i},\boldsymbol{R}_{OH_i})$ 可根据给定 $\boldsymbol{g}_{OA}$ 和式(2.10)求得。

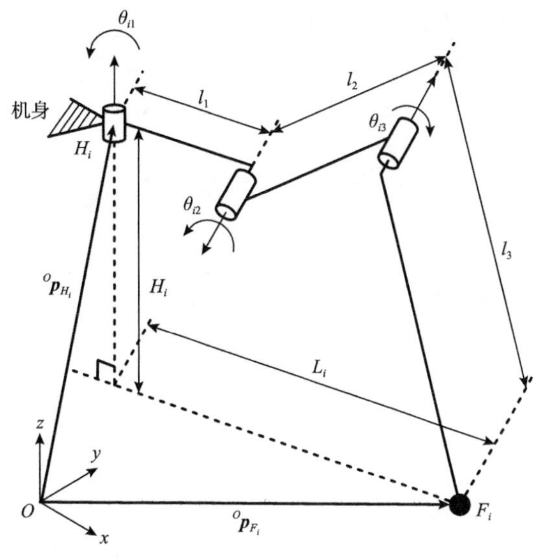

图2.17　站立腿的位姿

由矢量在坐标系间的变化关系，可得

$${}^{O}\boldsymbol{p}_{F_i}={}^{O}\boldsymbol{p}_{H_i}+\boldsymbol{R}_{OH_i}{}^{H_i}\boldsymbol{p}_{F_i} \tag{2.12}$$

因此立足点在坐标系 $\sum(H_i xyz)$ 的位置矢量为

$$^{H_i}\boldsymbol{p}_{F_i} = [^{H_i}x_{F_i} \quad ^{H_i}y_{F_i} \quad ^{H_i}z_{F_i}]^{\mathrm{T}} = \boldsymbol{R}_{OH_i}^{\mathrm{T}}(^{O}\boldsymbol{p}_{F_i} - ^{O}\boldsymbol{p}_{H_i}) \tag{2.13}$$

腿的各连杆几何所在平面与 $\sum(H_i xyz)$ 中 xy 平面是垂直的，于是有

$$\begin{cases} L_i = \sqrt{^{H_i}x_{F_i}^2 + ^{H_i}y_{F_i}^2} \\ H_i = -^{H_i}z_{F_i} \\ \theta_{i1} = \mathrm{atan2}(^{H_i}y_{F_i}, ^{H_i}x_{F_i}) \end{cases} \tag{2.14}$$

根据图 2.17 所示的几何关系，容易得到

$$\begin{cases} L_i = l_1 + l_2 \cos\theta_{i2} + l_3 \cos(\theta_{i2} - \theta_{i3}) \\ H_i = -l_2 \sin\theta_{i2} + l_3 \sin(\theta_{i2} - \theta_{i3}) \end{cases} \tag{2.15}$$

联立式(2.13)～式(2.15)即可求得第 i 条腿各驱动关节的角度值 θ_{i1}、θ_{i2} 和 θ_{i3}。将该计算过程应用到其他腿上，即可计算出其他腿的驱动关节的角度值，计算逆运动学的目的是通过控制各腿的各驱动关节的角度值控制机器人本体运动的。

2.2.3　摆动腿运动学

摆动腿运动是该腿的足端处于离地状态且在空中按一定的轨迹运动，图 2.18 给出了具有 3 个自由度的摆动腿运动示意图。摆动腿的正运动学问题就是根据机器人的本体位姿 $\boldsymbol{g}_{OA}$ 和腿的驱动关节变量 θ_{i1}、θ_{i2} 和 θ_{i3}，来确定机器人的足端在地面坐标系 $\sum(Oxyz)$ 下的位置 $^{O}\boldsymbol{p}_{F_i}$。

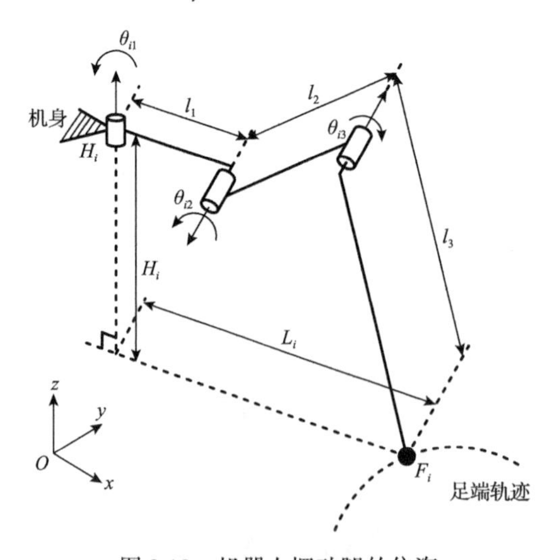

图 2.18　机器人摆动腿的位姿

类似于站立腿的正运动学计算，可用运动旋量来描述摆动腿的正运动学。与站立腿不同的是，足端不与地面接触，故足端没有球铰。因此，三个驱动关节产生的运动旋量为

$$\boldsymbol{\xi}_{i1}=\begin{bmatrix}-\boldsymbol{\omega}_{i1}\times\boldsymbol{q}_{i1}\\\boldsymbol{\omega}_{i1}\end{bmatrix}=[0\quad 0\quad 0\quad 0\quad 0\quad 1]^{\mathrm{T}}$$

$$\boldsymbol{\xi}_{i2}=\begin{bmatrix}-\boldsymbol{\omega}_{i2}\times\boldsymbol{q}_{i2}\\\boldsymbol{\omega}_{i2}\end{bmatrix}=[0\quad 0\quad -l_1\quad 0\quad -1\quad 0]^{\mathrm{T}}$$

$$\boldsymbol{\xi}_{i3}=\begin{bmatrix}-\boldsymbol{\omega}_{i3}\times\boldsymbol{q}_{i3}\\\boldsymbol{\omega}_{i3}\end{bmatrix}=[0\quad 0\quad l_1+l_2\quad 0\quad 1\quad 0]^{\mathrm{T}}$$

故足端位姿在 $\sum(H_i xyz)$ 下的表示为

$$\boldsymbol{g}_{H_iF_i}(\boldsymbol{\theta}_i)=\mathrm{e}^{\hat{\boldsymbol{\xi}}_{i1}\theta_{i1}}\mathrm{e}^{\hat{\boldsymbol{\xi}}_{i2}\theta_{i2}}\mathrm{e}^{\hat{\boldsymbol{\xi}}_{i3}\theta_{i3}}\boldsymbol{g}_{H_iF_i}(\boldsymbol{0}) \tag{2.16}$$

那么，足端位置在地面坐标系 $\sum(Oxyz)$ 下的坐标 ${}^{O}\boldsymbol{p}_{F_i}$ 可表示为

$$\begin{bmatrix}{}^{O}\boldsymbol{p}_{F_i}\\1\end{bmatrix}=\boldsymbol{g}_{OA}\boldsymbol{g}_{AH_i}\boldsymbol{g}_{H_iF_i}(\boldsymbol{\theta}_i)\begin{bmatrix}0\\0\\0\\1\end{bmatrix} \tag{2.17}$$

以上即机器人第 i 条摆动腿正运动学计算的表达式。

摆动腿的逆运动学是根据机器人的位姿 $\boldsymbol{g}_{OA}$ 和足端的运动轨迹 ${}^{O}\boldsymbol{p}_{F_i}$ ，计算机器人摆动腿所有驱动关节的角度值，即 θ_{i1} 、 θ_{i2} 和 θ_{i3} 。摆动腿的逆运动学计算与站立腿的逆运动学计算相似，只要将给定的机器人足端的运动轨迹代入式(2.12)中的 ${}^{O}\boldsymbol{p}_{F_i}$ ，就可以得到摆动腿逆运动学问题的解。

2.2.4 整体运动学

六足机器人由本体和六条腿所组成，是一个多刚体系统。为了能够完整地描述机器人各连杆的运动状态，需要一组合适的广义坐标来表示。机器人本体的描述包括姿态 $\boldsymbol{R}$ 和位置 $\boldsymbol{p}$，而每条腿需用三个关节变量来描述，关节变量表示为

$$\boldsymbol{\theta}_i=[\theta_{i1}\quad \theta_{i2}\quad \theta_{i3}]^{\mathrm{T}},\ i=1,2,\cdots,6 \tag{2.18}$$

为了完整地描述整个机器人的运动，需要使用的变量数为 24，其中 6 个用来表示机器人本体，18 个表示六条腿，可表示为

$$\boldsymbol{\zeta}=[\boldsymbol{\gamma}^{\mathrm{T}} \quad \boldsymbol{p}^{\mathrm{T}} \quad \boldsymbol{\theta}_1^{\mathrm{T}} \quad \boldsymbol{\theta}_2^{\mathrm{T}} \quad \boldsymbol{\theta}_3^{\mathrm{T}} \quad \boldsymbol{\theta}_4^{\mathrm{T}} \quad \boldsymbol{\theta}_5^{\mathrm{T}} \quad \boldsymbol{\theta}_6^{\mathrm{T}}]^{\mathrm{T}} \tag{2.19}$$

其中，

$$\boldsymbol{\gamma}=[\alpha \quad \beta \quad \phi]^{\mathrm{T}} \tag{2.20}$$

为描述刚体姿态的 z-y-x 欧拉角，与旋转矩阵对应的关系为

$$\boldsymbol{R}=\begin{bmatrix} \cos\alpha\cos\beta & -\sin\alpha\cos\phi+\cos\alpha\sin\beta\sin\phi & \sin\alpha\sin\phi+\cos\alpha\sin\beta\cos\phi \\ \sin\alpha\cos\beta & \cos\alpha\cos\phi+\sin\alpha\sin\beta\sin\phi & -\cos\alpha\sin\phi+\sin\alpha\sin\beta\cos\phi \\ -\sin\beta & \cos\beta\sin\phi & \cos\beta\cos\phi \end{bmatrix} \tag{2.21}$$

机器人的本体通过髋关节与机器人的六条腿建立约束关系，要确定六条腿的运动，除了知道六条腿的关节角度，还要得到机器人本体的运动方程。对于机器人本体，其运动用固定在本体上的坐标系相对于惯性坐标系的一个变换矩阵来表示：

$$\boldsymbol{g}(t)=\begin{bmatrix} \boldsymbol{R}(t) & \boldsymbol{p}(t) \\ \boldsymbol{0} & 1 \end{bmatrix} \tag{2.22}$$

故本体的空间速度为

$$\hat{\boldsymbol{V}}^{\mathrm{s}}=\dot{\boldsymbol{g}}\boldsymbol{g}^{-1}=\begin{bmatrix} \dot{\boldsymbol{R}}\boldsymbol{R}^{\mathrm{T}} & -\dot{\boldsymbol{R}}\boldsymbol{R}^{\mathrm{T}}\boldsymbol{p}+\dot{\boldsymbol{p}} \\ \boldsymbol{0} & 0 \end{bmatrix}=\begin{bmatrix} \boldsymbol{v}^{\mathrm{s}} \\ \boldsymbol{\omega}^{\mathrm{s}} \end{bmatrix}^{\wedge} \tag{2.23}$$

其中，

$$\begin{cases} \boldsymbol{v}^{\mathrm{s}}=-\dot{\boldsymbol{R}}\boldsymbol{R}^{\mathrm{T}}\boldsymbol{p}+\dot{\boldsymbol{p}} \\ \boldsymbol{\omega}^{\mathrm{s}}=(\dot{\boldsymbol{R}}\boldsymbol{R}^{\mathrm{T}})^{\wedge} \end{cases} \tag{2.24}$$

本体的物体速度为

$$\hat{\boldsymbol{V}}^{\mathrm{b}}=\boldsymbol{g}^{-1}\dot{\boldsymbol{g}}=\begin{bmatrix} \boldsymbol{R}^{\mathrm{T}}\dot{\boldsymbol{R}} & \boldsymbol{R}^{\mathrm{T}}\dot{\boldsymbol{p}} \\ \boldsymbol{0} & 0 \end{bmatrix}=\begin{bmatrix} \boldsymbol{v}^{\mathrm{b}} \\ \boldsymbol{\omega}^{\mathrm{b}} \end{bmatrix}^{\wedge} \tag{2.25}$$

因此，本体上任何一点的速度表示在本体坐标系下为

$$\begin{bmatrix} \boldsymbol{v}^{\mathrm{b}} \\ 0 \end{bmatrix}=\hat{\boldsymbol{V}}^{\mathrm{b}}\begin{bmatrix} \boldsymbol{p}^{\mathrm{b}} \\ 1 \end{bmatrix} \tag{2.26}$$

将其表示在惯性坐标系下为

$$\begin{bmatrix} \boldsymbol{v}^{s} \\ 0 \end{bmatrix} = \hat{\boldsymbol{V}}^{s} \begin{bmatrix} \boldsymbol{p}^{s} \\ 1 \end{bmatrix} \tag{2.27}$$

对于规划好的本体轨迹，使用以上推导，可以计算本体上任何一点的速度在固定本体坐标系和惯性坐标系中的表示。

前文已经分别分析了单条腿处于站立状态和摆动状态时的正逆运动学问题。六足机器人本体的运动是各个腿协调运动的结果，腿在站立状态和摆动状态进行有规律的切换。这种规律由机器人所采用的行走步态确定。六足机器人常用的静态稳定行走步态有“3+3”步态、“4+2”步态和“5+1”步态，其中“3+3”步态是速度最快的，因此也最为常用。该步态的基本规律是将六条腿分成两组，每组3条腿，行走时，一组腿同时支撑于地面上推动本体运动，另一组腿向前摆动。这里以“3+3”步态为例进行六足机器人整体运动学分析。

六足机器人行走时的运动机构可以看成由机器人本体(运动平台)、地面(固定平台)和三条站立腿构成并联机构与摆动腿组合而成，是一个串并联混合机构。图2.19给出了腿1、腿3和腿5为站立腿，腿2、腿4和腿6为摆动腿时六足机器人的结构简图。

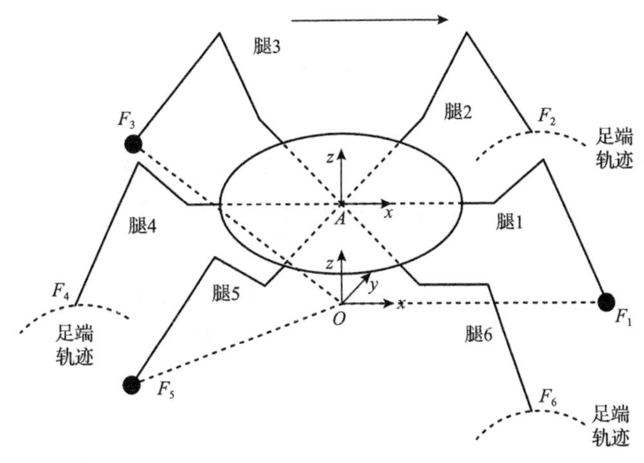

图2.19　“3+3”步态下六足机器人结构简图

1. 正运动学

六足机器人的正运动学问题是根据机器人站立腿的立足点位置和独立驱动关节变量确定机器人本体的位姿。易知六足机器人站立腿数在3～6的本体运动自由度均为6，也就是说，机器人的所有驱动关节中只有六个独立驱动关节。本节以三条腿为站立腿为例来分析机器人的正运动学过程，其他状况可据此进行扩展类推而得。

前面已经分析了根据单腿的关节变量计算固连在机器人本体上坐标系$\sum(Axyz)$的位姿。为求解整个机器人的正运动学方程，还需要根据独立驱动关节变量来确定从属驱动关节变量(非独立关节变量)和被动关节变量(由足地接触等效球铰产生)。机器人本体具有6个运动自由度，因此三条站立腿上只有6个独立驱动关节。首先利用6个独立关节驱动变量来求得三条站立腿上其余12个关节变量(3个从属驱动关节变量和9个被动关节变量)，该过程通过求解机器人的自然约束方程组即可得到，进而得到整个机器人的正运动学方程。

对于三条站立腿，根据单腿的正运动学方程有

$$\begin{cases} \boldsymbol{g}_{OA}=\boldsymbol{g}_{OF_1}\boldsymbol{g}_{H_1F_1}^{-1}(\boldsymbol{0})\mathrm{e}^{-\hat{\xi}_{16}\theta_{16}}\mathrm{e}^{-\hat{\xi}_{15}\theta_{15}}\mathrm{e}^{-\hat{\xi}_{14}\theta_{14}}\mathrm{e}^{-\hat{\xi}_{13}\theta_{13}}\mathrm{e}^{-\hat{\xi}_{12}\theta_{12}}\mathrm{e}^{-\hat{\xi}_{11}\theta_{11}}\boldsymbol{g}_{AH_1}^{-1} \\ \boldsymbol{g}_{OA}=\boldsymbol{g}_{OF_3}\boldsymbol{g}_{H_3F_3}^{-1}(\boldsymbol{0})\mathrm{e}^{-\hat{\xi}_{36}\theta_{36}}\mathrm{e}^{-\hat{\xi}_{35}\theta_{35}}\mathrm{e}^{-\hat{\xi}_{34}\theta_{34}}\mathrm{e}^{-\hat{\xi}_{33}\theta_{33}}\mathrm{e}^{-\hat{\xi}_{32}\theta_{32}}\mathrm{e}^{-\hat{\xi}_{31}\theta_{31}}\boldsymbol{g}_{AH_3}^{-1} \\ \boldsymbol{g}_{OA}=\boldsymbol{g}_{OF_5}\boldsymbol{g}_{H_5F_5}^{-1}(\boldsymbol{0})\mathrm{e}^{-\hat{\xi}_{56}\theta_{56}}\mathrm{e}^{-\hat{\xi}_{55}\theta_{55}}\mathrm{e}^{-\hat{\xi}_{54}\theta_{54}}\mathrm{e}^{-\hat{\xi}_{53}\theta_{53}}\mathrm{e}^{-\hat{\xi}_{52}\theta_{52}}\mathrm{e}^{-\hat{\xi}_{51}\theta_{51}}\boldsymbol{g}_{AH_5}^{-1} \end{cases} \tag{2.28}$$

式(2.28)中三个方程均是求得机器人坐标系$\sum(Axyz)$在地面坐标系中位姿，故可得如下约束方程组：

$$\begin{cases} [\boldsymbol{g}_{OA}]_1=[\boldsymbol{g}_{OA}]_3 \\ [\boldsymbol{g}_{OA}]_3=[\boldsymbol{g}_{OA}]_5 \end{cases} \tag{2.29}$$

其中，$[\boldsymbol{g}_{OA}]_i(i=1,3,5)$表示第$i$条腿计算$\boldsymbol{g}_{OA}$的方程。式(2.29)中独立方程为12个，若选定其中6个独立关节驱动变量，即可根据式(2.29)的约束方程组求得其余的12个非独立关节变量。之后，可由任何一条站立腿的正运动学方程计算机器人本体的位姿。

对于三条摆动腿，其足端在空中摆动，只要确定本体的位姿和给定各腿上三个关节变量，即可求得摆动腿足端的位置，完成摆动腿的正运动学计算，使用式(2.17)即可。

2. *逆运动学*

整个机器人的逆运动学，相比于正运动学，不需要解非线性约束方程组，故而要容易得多，一般通过机器人的运动规划给出机器人本体的运动轨迹及各足端的运动轨迹，因此整机逆运动学就是根据规划的轨迹来确定机器人各驱动关节控制变量的过程，建立工作空间到关节空间的映射。具体来说，根据机器人本体的位姿$\boldsymbol{g}_{OA}$、站立腿的位置(${}^{O}\boldsymbol{p}_{F_1}$、${}^{O}\boldsymbol{p}_{F_3}$和${}^{O}\boldsymbol{p}_{F_5}$)和摆动腿足端的运动轨迹(${}^{O}\boldsymbol{p}_{F_2}$、${}^{O}\boldsymbol{p}_{F_4}$和${}^{O}\boldsymbol{p}_{F_6}$)计算得到机器人的18个驱动关节变量$\boldsymbol{\theta}_i(i=1,2,\cdots,6)$，计算方法是将整个

机器人逆运动学分解至六条腿的逆运动学，采用单腿的逆运动学计算方法来求得各腿的驱动关节变量，完成整机逆运动学的求解。

3. 六足机器人速度和加速度分析

机器人的每一条腿是由三个旋转关节组成的串联机械臂，其相邻两连杆之间的速度关系推导与机械臂的推导相同。将关节按照从机器人本体到腿末端的顺序依次编号，第 i 个关节连接连杆 i–1 和连杆 i。如图 2.20 所示，坐标系 $\sum(C_i xyz)$ 固定在连杆 i 上，其 z 轴与第 i 个关节旋转轴的方向相同，原点设在关节旋转轴上的某一点。

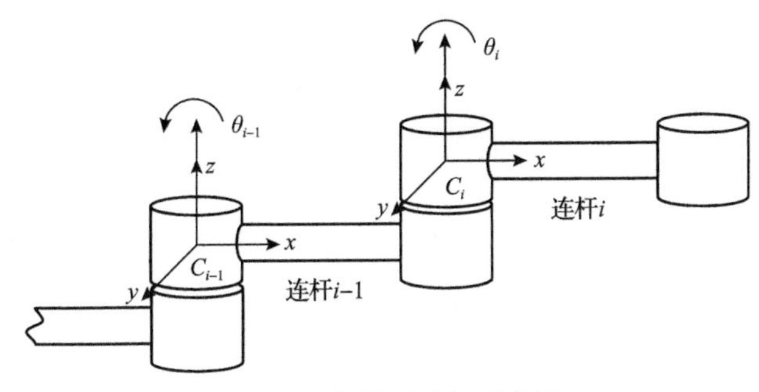

图 2.20　相邻两连杆示意图

坐标系 $\sum(C_i xyz)$ 到坐标系 $\sum(C_{i-1} xyz)$ 的转换矩阵为

$$\boldsymbol{g}_{i-1,i} = \exp({}^{i-1}\hat{\boldsymbol{\xi}}_i \boldsymbol{\theta}_i)\boldsymbol{g}_{i-1,i}(\boldsymbol{0}) = \boldsymbol{g}_{i-1,i}(\boldsymbol{0})\exp({}^{i}\hat{\boldsymbol{\xi}}_i \boldsymbol{\theta}_i) \tag{2.30}$$

其中，

$${}^{i-1}\hat{\boldsymbol{\xi}}_i = \mathrm{Ad}_{\boldsymbol{g}_{i-1,i}(0)}\, {}^{i}\hat{\boldsymbol{\xi}}_i = \mathrm{Ad}_{\boldsymbol{g}_{i-1,i}(0)}\hat{\boldsymbol{\xi}}_i \tag{2.31}$$

“Ad”为伴随矩阵的简写；ξ_i 为第 i 个关节的运动旋量在坐标系 $\sum(C_i xyz)$ 下的表示：

$$\boldsymbol{\xi}_i = \begin{bmatrix} \boldsymbol{0} \\ \boldsymbol{z}_i \end{bmatrix} \tag{2.32}$$

坐标系 $\sum(C_i xyz)$ 相对于坐标系 $\sum(C_{i-1} xyz)$ 的物体速度为

$$\begin{aligned} \hat{\boldsymbol{V}}_{i-1,i}^{\mathrm{b}} &= \boldsymbol{g}_{i-1,i}^{-1}\dot{\boldsymbol{g}}_{i-1,i} \\ &= \exp(-\hat{\boldsymbol{\xi}}_i \boldsymbol{\theta}_i)\boldsymbol{g}_{i-1,i}^{-1}(\boldsymbol{0})\boldsymbol{g}_{i-1,i}(\boldsymbol{0})\exp(\hat{\boldsymbol{\xi}}_i \theta_i)\hat{\boldsymbol{\xi}}_i \dot{\theta}_i \\ &= \hat{\boldsymbol{\xi}}_i \dot{\boldsymbol{\theta}}_i \end{aligned} \tag{2.33}$$

又有坐标系 $\sum(C_i xyz)$ 相对于惯性坐标系的表示为

$$\boldsymbol{g}_i = \boldsymbol{g}_{i-1}\boldsymbol{g}_{i-1,i} \tag{2.34}$$

因此连杆 i 的物体速度为

$$\hat{\boldsymbol{V}}_i^{\mathrm{b}} = \boldsymbol{g}_i^{-1}\dot{\boldsymbol{g}}_i = \boldsymbol{g}_{i-1,i}^{-1}\hat{\boldsymbol{V}}_{i-1}^{\mathrm{b}}\boldsymbol{g}_{i-1,i} + \hat{\boldsymbol{\xi}}_i\dot{\boldsymbol{\theta}}_i \tag{2.35}$$

即

$$\boldsymbol{V}_i^{\mathrm{b}} = \mathrm{Ad}_{\boldsymbol{g}_{i-1,i}^{-1}}\boldsymbol{V}_{i-1}^{\mathrm{b}} + \boldsymbol{\xi}_i\dot{\boldsymbol{\theta}}_i \tag{2.36}$$

对于六足机器人，每条腿的第一个关节将机器人本体和腿连接起来。将机器人本体看成连杆 0，设本体的物体速度为 $\boldsymbol{V}_0^{\mathrm{b}}$，则有

$$\begin{cases} \boldsymbol{g}_{i-1,i} = \boldsymbol{g}_{i-1,i}(\mathbf{0})\exp(\hat{\boldsymbol{\xi}}_i\boldsymbol{\theta}_i) \\ \boldsymbol{V}_i^{\mathrm{b}} = \mathrm{Ad}_{\boldsymbol{g}_{i-1,i}^{-1}}\boldsymbol{V}_{i-1}^{\mathrm{b}} + \boldsymbol{\xi}_i\dot{\boldsymbol{\theta}}_i \end{cases} \tag{2.37}$$

因此得

$$\begin{cases} \boldsymbol{V}_{i1}^{\mathrm{b}} = \mathrm{Ad}_{\boldsymbol{g}_{0,i1}^{-1}}\boldsymbol{V}_0^{\mathrm{b}} + \boldsymbol{\xi}_{i1}\dot{\theta}_{i1} \\ \boldsymbol{V}_{i2}^{\mathrm{b}} = \mathrm{Ad}_{\boldsymbol{g}_{i1,i2}^{-1}}\boldsymbol{V}_{i1}^{\mathrm{b}} + \boldsymbol{\xi}_{i2}\dot{\theta}_{i2} \\ \boldsymbol{V}_{i3}^{\mathrm{b}} = \mathrm{Ad}_{\boldsymbol{g}_{i2,i3}^{-1}}\boldsymbol{V}_{i2}^{\mathrm{b}} + \boldsymbol{\xi}_{i3}\dot{\theta}_{i3} \end{cases} \tag{2.38}$$

将式(2.38)写成矩阵形式可得

$$\underbrace{\begin{bmatrix} \boldsymbol{I} & \mathbf{0} & \mathbf{0} \\ -\mathrm{Ad}_{\boldsymbol{g}_{i1,i2}^{-1}} & \boldsymbol{I} & \mathbf{0} \\ \mathbf{0} & -\mathrm{Ad}_{\mathbf{0}_{i2,i3}^{-1}} & \boldsymbol{I} \end{bmatrix}}_{\boldsymbol{G}_i}\underbrace{\begin{bmatrix} \boldsymbol{V}_{i1}^{\mathrm{b}} \\ \boldsymbol{V}_{i2}^{\mathrm{b}} \\ \boldsymbol{V}_{i3}^{\mathrm{b}} \end{bmatrix}}_{\boldsymbol{V}_i^{\mathrm{b}}} = \underbrace{\begin{bmatrix} \mathrm{Ad}_{\mathbf{0}_{0,i1}^{-1}} \\ \mathbf{0} \\ \mathbf{0} \end{bmatrix}}_{\boldsymbol{P}_{0i}}\boldsymbol{V}_0^{\mathrm{b}} + \underbrace{\begin{bmatrix} \boldsymbol{\xi}_{i1} & \mathbf{0} & \mathbf{0} \\ \mathbf{0} & \boldsymbol{\xi}_{i2} & \mathbf{0} \\ \mathbf{0} & \mathbf{0} & \boldsymbol{\xi}_{i3} \end{bmatrix}}_{\boldsymbol{\xi}_i}\underbrace{\begin{bmatrix} \dot{\theta}_{i1} \\ \dot{\theta}_{i2} \\ \dot{\theta}_{i3} \end{bmatrix}}_{\dot{\boldsymbol{\theta}}_i} \tag{2.39}$$

其中 $i = 1,2,\cdots,6$ 为腿的编号。等式(2.39)可以简写成如下形式：

$$\boldsymbol{G}_i\boldsymbol{V}_i^{\mathrm{b}} = \boldsymbol{P}_{0i}\boldsymbol{V}_0^{\mathrm{b}} + \boldsymbol{\xi}_i\dot{\boldsymbol{\theta}}_i, \quad i = 1,2,\cdots,6 \tag{2.40}$$

因此，对于整个机器人，六条腿每个连杆的物体速度与关节角速度和本体的速度

关系为

$$\underbrace{\begin{bmatrix} \boldsymbol{G}_1 & & & & & \\ & \boldsymbol{G}_2 & & & & \\ & & \boldsymbol{G}_3 & & & \\ & & & \boldsymbol{G}_4 & & \\ & & & & \boldsymbol{G}_5 & \\ & & & & & \boldsymbol{G}_6 \end{bmatrix}}_{\boldsymbol{G}} \underbrace{\begin{bmatrix} \boldsymbol{V}_1^{\mathrm{b}} \\ \boldsymbol{V}_2^{\mathrm{b}} \\ \boldsymbol{V}_3^{\mathrm{b}} \\ \boldsymbol{V}_4^{\mathrm{b}} \\ \boldsymbol{V}_5^{\mathrm{b}} \\ \boldsymbol{V}_6^{\mathrm{b}} \end{bmatrix}}_{\boldsymbol{V}^{\mathrm{b}}} = \underbrace{\begin{bmatrix} \boldsymbol{P}_{01} \\ \boldsymbol{P}_{02} \\ \boldsymbol{P}_{03} \\ \boldsymbol{P}_{04} \\ \boldsymbol{P}_{05} \\ \boldsymbol{P}_{06} \end{bmatrix}}_{\boldsymbol{P}_0} \boldsymbol{V}_0^{\mathrm{b}} + \underbrace{\begin{bmatrix} \xi_1 & & & & & \\ & \xi_2 & & & & \\ & & \xi_3 & & & \\ & & & \xi_4 & & \\ & & & & \xi_5 & \\ & & & & & \xi_6 \end{bmatrix}}_{\xi} \underbrace{\begin{bmatrix} \dot{\theta}_1 \\ \dot{\theta}_2 \\ \dot{\theta}_3 \\ \dot{\theta}_4 \\ \dot{\theta}_5 \\ \dot{\theta}_6 \end{bmatrix}}_{\dot{\boldsymbol{\theta}}} \tag{2.41}$$

得到

$$\boldsymbol{G}\boldsymbol{V}^{\mathrm{b}} = \boldsymbol{P}_0\boldsymbol{V}_0^{\mathrm{b}} + \xi\dot{\boldsymbol{\theta}} \tag{2.42}$$

由式(2.39)很容易得到

$$\boldsymbol{G}_i^{-1} = \begin{bmatrix} \boldsymbol{I} & \boldsymbol{0} & \boldsymbol{0} \\ \mathrm{Ad}_{\boldsymbol{g}_{i1,i2}^{-1}} & \boldsymbol{I} & \boldsymbol{0} \\ \mathrm{Ad}_{\boldsymbol{g}_{i1,i3}^{-1}} & \mathrm{Ad}_{\boldsymbol{g}_{i2,i3}^{-1}} & \boldsymbol{I} \end{bmatrix} \tag{2.43}$$

因此矩阵 $\boldsymbol{G}$ 的逆一定存在，重写式(2.42)得

$$\boldsymbol{V}^{\mathrm{b}} = \boldsymbol{G}^{-1}\boldsymbol{P}_0\boldsymbol{V}_0^{\mathrm{b}} + \boldsymbol{G}^{-1}\xi\dot{\boldsymbol{\theta}} \tag{2.44}$$

由式(2.44)可以看到，给定机器人本体的物体速度 $\boldsymbol{V}_0^{\mathrm{b}}$ 和腿的关节速度 $\dot{\boldsymbol{\theta}}$ ，即可得到每条腿上每个刚体的物体速度。

下面推导每个刚体加速度的计算公式。对式(2.35)两边同时求导，得

$$\begin{aligned} \dot{\boldsymbol{V}}_i^{\mathrm{b}} &= \frac{\mathrm{d}}{\mathrm{d}t}(\boldsymbol{g}_{i-1,i}^{-1})\hat{\boldsymbol{V}}_{i-1}^{\mathrm{b}}\boldsymbol{g}_{i-1,i} + \boldsymbol{g}_{i-1,i}^{-1}\dot{\hat{\boldsymbol{V}}}_{i-1}^{\mathrm{b}}\boldsymbol{g}_{i-1,i} + \boldsymbol{g}_{i-1,i}^{-1}\hat{\boldsymbol{V}}_{i-1}^{\mathrm{b}}\dot{\boldsymbol{g}}_{i-1,i} + \hat{\xi}_i\ddot{\boldsymbol{\theta}}_i \\ &= -\boldsymbol{g}_{i-1,i}^{-1}\dot{\boldsymbol{g}}_{i-1,i}\boldsymbol{g}_{i-1,i}^{-1}\hat{\boldsymbol{V}}_{i-1}^{\mathrm{b}}\boldsymbol{g}_{i-1,i} + \boldsymbol{g}_{i-1,i}^{-1}\dot{\hat{\boldsymbol{V}}}_{i-1}^{\mathrm{b}}\boldsymbol{g}_{i-1,i} + \boldsymbol{g}_{i-1,i}^{-1}\hat{\boldsymbol{V}}_{i-1}^{\mathrm{b}}\boldsymbol{g}_{i-1,i}\boldsymbol{g}_{i-1,i}^{-1}\dot{\boldsymbol{g}}_{i-1,i} + \hat{\xi}_i\ddot{\boldsymbol{\theta}}_i \\ &= -\hat{\xi}_i\dot{\boldsymbol{\theta}}_i\boldsymbol{g}_{i-1,i}^{-1}\hat{\boldsymbol{V}}_{i-1}^{\mathrm{b}}\boldsymbol{g}_{i-1,i} + \boldsymbol{g}_{i-1,i}^{-1}\dot{\hat{\boldsymbol{V}}}_{i-1}^{\mathrm{b}}\boldsymbol{g}_{i-1,i} + \boldsymbol{g}_{i-1,i}^{-1}\hat{\boldsymbol{V}}_{i-1}^{\mathrm{b}}\boldsymbol{g}_{i-1,i}\hat{\xi}_i\dot{\boldsymbol{\theta}}_i + \hat{\xi}_i\ddot{\boldsymbol{\theta}}_i \end{aligned} \tag{2.45}$$

因此有

$$\dot{\boldsymbol{V}}_i^{\mathrm{b}} = \mathrm{Ad}_{\boldsymbol{g}_{i-1,i}^{-1}} \dot{\boldsymbol{V}}_{i-1}^{\mathrm{b}} + \boldsymbol{\xi}_i \ddot{\boldsymbol{\theta}}_i - \mathrm{ad}_{\xi_i \dot{\boldsymbol{\theta}}_i} (\mathrm{Ad}_{\boldsymbol{g}_{i-1,i}^{-1}} \boldsymbol{V}_{i-1}^{\mathrm{b}}) \tag{2.46}$$

其中，“ad”为李代数元素的伴随算子。故有

$$\begin{cases} \dot{\boldsymbol{V}}_{i1}^{\mathrm{b}} = \mathrm{Ad}_{\boldsymbol{g}_{0,i1}^{-1}} \dot{\boldsymbol{V}}_0^{\mathrm{b}} + \xi_{i1} \ddot{\theta}_{i1} - \mathrm{ad}_{\xi_{i1}\dot{\theta}_{i1}} (\mathrm{Ad}_{\boldsymbol{g}_{0,i1}^{-1}} \boldsymbol{V}_0^{\mathrm{b}}) \\ \dot{\boldsymbol{V}}_{i2}^{\mathrm{b}} = \mathrm{Ad}_{\boldsymbol{g}_{i1,i2}^{-1}} \dot{\boldsymbol{V}}_{i1}^{\mathrm{b}} + \xi_{i2} \ddot{\theta}_{i2} - \mathrm{ad}_{\xi_{i2}\dot{\theta}_{i2}} (\mathrm{Ad}_{\boldsymbol{g}_{i1,i2}^{-1}} \boldsymbol{V}_{i1}^{\mathrm{b}}) \\ \dot{\boldsymbol{V}}_{i3}^{\mathrm{b}} = \mathrm{Ad}_{\boldsymbol{g}_{i2,i3}^{-1}} \dot{\boldsymbol{V}}_{i2}^{\mathrm{b}} + \xi_{i3} \ddot{\theta}_{i3} - \mathrm{ad}_{\xi_{i3}\dot{\theta}_{i3}} (\mathrm{Ad}_{\boldsymbol{g}_{i2,i3}^{-1}} \boldsymbol{V}_{i2}^{\mathrm{b}}) \end{cases} \tag{2.47}$$

将式(2.47)写成矩阵形式可得

$$\begin{aligned} \underbrace{\begin{bmatrix} \boldsymbol{I} & \boldsymbol{0} & \boldsymbol{0} \\ -\mathrm{Ad}_{\boldsymbol{g}_{i1,i2}^{-1}} & \boldsymbol{I} & \boldsymbol{0} \\ \boldsymbol{0} & -\mathrm{Ad}_{\boldsymbol{g}_{i2,i3}^{-1}} & \boldsymbol{I} \end{bmatrix}}_{\boldsymbol{G}_i} \underbrace{\begin{bmatrix} \dot{\boldsymbol{V}}_{i1}^{\mathrm{b}} \\ \dot{\boldsymbol{V}}_{i2}^{\mathrm{b}} \\ \dot{\boldsymbol{V}}_{i3}^{\mathrm{b}} \end{bmatrix}}_{\dot{\boldsymbol{V}}_i^{\mathrm{b}}} &= \underbrace{\begin{bmatrix} \mathrm{Ad}_{\boldsymbol{g}_{0,i1}^{-1}} \\ \boldsymbol{0} \\ \boldsymbol{0} \end{bmatrix}}_{\boldsymbol{P}_{0i}} \dot{\boldsymbol{V}}_0^{\mathrm{b}} + \underbrace{\begin{bmatrix} \xi_{i1} & \boldsymbol{0} & \boldsymbol{0} \\ \boldsymbol{0} & \xi_{i2} & \boldsymbol{0} \\ \boldsymbol{0} & \boldsymbol{0} & \xi_{i3} \end{bmatrix}}_{\xi_i} \underbrace{\begin{bmatrix} \ddot{\theta}_{i1} \\ \ddot{\theta}_{i2} \\ \ddot{\theta}_{i3} \end{bmatrix}}_{\ddot{\boldsymbol{\theta}}_i} \\ &+ \underbrace{\begin{bmatrix} -\mathrm{ad}_{\xi_{i1}\dot{\theta}_{i1}} & \boldsymbol{0} & \boldsymbol{0} \\ \boldsymbol{0} & -\mathrm{ad}_{\xi_{i2}\dot{\theta}_{i2}} & \boldsymbol{0} \\ \boldsymbol{0} & \boldsymbol{0} & -\mathrm{ad}_{\xi_{i3}\dot{\theta}_{i3}} \end{bmatrix}}_{\mathrm{ad}_{\xi_i \dot{\boldsymbol{\theta}}_i}} \begin{bmatrix} \mathrm{Ad}_{\boldsymbol{g}_{0,i1}^{-1}} \\ \boldsymbol{0} \\ \boldsymbol{0} \end{bmatrix} \boldsymbol{V}_0^{\mathrm{b}} \\ &+ \begin{bmatrix} -\mathrm{ad}_{\xi_{i1}\dot{\theta}_{i1}} & \boldsymbol{0} & \boldsymbol{0} \\ \boldsymbol{0} & -\mathrm{ad}_{\xi_{i2}\dot{\theta}_{i2}} & \boldsymbol{0} \\ \boldsymbol{0} & \boldsymbol{0} & -\mathrm{ad}_{\xi_{i3}\dot{\theta}_{i3}} \end{bmatrix} \underbrace{\begin{bmatrix} \boldsymbol{0} & \boldsymbol{0} & \boldsymbol{0} \\ \mathrm{Ad}_{\boldsymbol{g}_{i1,i2}^{-1}} & \boldsymbol{0} & \boldsymbol{0} \\ \boldsymbol{0} & \mathrm{Ad}_{\boldsymbol{g}_{i2,i3}^{-1}} & \boldsymbol{0} \end{bmatrix}}_{\boldsymbol{\Gamma}_i} \begin{bmatrix} \boldsymbol{V}_{i1}^{\mathrm{b}} \\ \boldsymbol{V}_{i2}^{\mathrm{b}} \\ \boldsymbol{V}_{i3}^{\mathrm{b}} \end{bmatrix} \end{aligned} \tag{2.48}$$

简写式(2.48)得

$$\boldsymbol{G}_i \dot{\boldsymbol{V}}_i^{\mathrm{b}} = \boldsymbol{P}_{0i} \dot{\boldsymbol{V}}_0^{\mathrm{b}} + \boldsymbol{\xi}_i \ddot{\boldsymbol{\theta}}_i + \mathrm{ad}_{\xi_i \dot{\boldsymbol{\theta}}_i} \boldsymbol{P}_{0i} \boldsymbol{V}_0^{\mathrm{b}} + \mathrm{ad}_{\xi_i \dot{\boldsymbol{\theta}}_i} \boldsymbol{\Gamma}_i \boldsymbol{V}_i^{\mathrm{b}}, \quad i = 1, 2, \cdots, 6 \tag{2.49}$$

因此，整个机器人六条腿每个连杆的速度、关节角加速度和本体加速度间的映射关系为

$$
\underbrace{\begin{bmatrix} \boldsymbol{G}_1 & & & & & \\ & \boldsymbol{G}_2 & & & & \\ & & \boldsymbol{G}_3 & & & \\ & & & \boldsymbol{G}_4 & & \\ & & & & \boldsymbol{G}_5 & \\ & & & & & \boldsymbol{G}_6 \end{bmatrix}}_{\boldsymbol{G}}
\underbrace{\begin{bmatrix} \dot{\boldsymbol{V}}_1^{\mathrm{b}} \\ \dot{\boldsymbol{V}}_2^{\mathrm{b}} \\ \dot{\boldsymbol{V}}_3^{\mathrm{b}} \\ \dot{\boldsymbol{V}}_4^{\mathrm{b}} \\ \dot{\boldsymbol{V}}_5^{\mathrm{b}} \\ \dot{\boldsymbol{V}}_6^{\mathrm{b}} \end{bmatrix}}_{\dot{\boldsymbol{V}}^{\mathrm{b}}}
=
\underbrace{\begin{bmatrix} \boldsymbol{P}_{01} \\ \boldsymbol{P}_{02} \\ \boldsymbol{P}_{03} \\ \boldsymbol{P}_{04} \\ \boldsymbol{P}_{05} \\ \boldsymbol{P}_{06} \end{bmatrix}}_{\boldsymbol{P}_0}
\dot{\boldsymbol{V}}_0^{\mathrm{b}}
+
\underbrace{\begin{bmatrix} \xi_1 & & & & & \\ & \xi_2 & & & & \\ & & \xi_3 & & & \\ & & & \xi_4 & & \\ & & & & \xi_5 & \\ & & & & & \xi_6 \end{bmatrix}}_{\xi}
\underbrace{\begin{bmatrix} \ddot{\theta}_1 \\ \ddot{\theta}_2 \\ \ddot{\theta}_3 \\ \ddot{\theta}_4 \\ \ddot{\theta}_5 \\ \ddot{\theta}_6 \end{bmatrix}}_{\ddot{\boldsymbol{\theta}}}
$$

$$
+\underbrace{\begin{bmatrix} \mathrm{ad}_{\xi_1\dot{\theta}_1} & & & & & \\ & \mathrm{ad}_{\xi_2\dot{\theta}_2} & & & & \\ & & \mathrm{ad}_{\xi_3\dot{\theta}_3} & & & \\ & & & \mathrm{ad}_{\xi_4\dot{\theta}_4} & & \\ & & & & \mathrm{ad}_{\xi_5\dot{\theta}_5} & \\ & & & & & \mathrm{ad}_{\xi_6\dot{\theta}_6} \end{bmatrix}}_{\mathrm{ad}_{\xi\dot{\boldsymbol{\theta}}}}
\underbrace{\begin{bmatrix} \boldsymbol{P}_{01} \\ \boldsymbol{P}_{02} \\ \boldsymbol{P}_{03} \\ \boldsymbol{P}_{04} \\ \boldsymbol{P}_{05} \\ \boldsymbol{P}_{06} \end{bmatrix}}_{\boldsymbol{P}_0}
\boldsymbol{V}_0^{\mathrm{b}}
$$

$$
+\underbrace{\begin{bmatrix} \mathrm{ad}_{\xi_1\dot{\theta}_1} & & & & & \\ & \mathrm{ad}_{\xi_2\dot{\theta}_2} & & & & \\ & & \mathrm{ad}_{\xi_3\dot{\theta}_3} & & & \\ & & & \mathrm{ad}_{\xi_4\dot{\theta}_4} & & \\ & & & & \mathrm{ad}_{\xi_5\dot{\theta}_5} & \\ & & & & & \mathrm{ad}_{\xi_6\dot{\theta}_6} \end{bmatrix}}_{\mathrm{ad}_{\xi\dot{\boldsymbol{\theta}}}}
\underbrace{\begin{bmatrix} \boldsymbol{\Gamma}_1 & & & & & \\ & \boldsymbol{\Gamma}_1 & & & & \\ & & \boldsymbol{\Gamma}_1 & & & \\ & & & \boldsymbol{\Gamma}_1 & & \\ & & & & \boldsymbol{\Gamma}_1 & \\ & & & & & \boldsymbol{\Gamma}_1 \end{bmatrix}}_{\boldsymbol{\Gamma}}
\underbrace{\begin{bmatrix} \boldsymbol{V}_1^{\mathrm{b}} \\ \boldsymbol{V}_2^{\mathrm{b}} \\ \boldsymbol{V}_3^{\mathrm{b}} \\ \boldsymbol{V}_4^{\mathrm{b}} \\ \boldsymbol{V}_5^{\mathrm{b}} \\ \boldsymbol{V}_6^{\mathrm{b}} \end{bmatrix}}_{\boldsymbol{V}^{\mathrm{b}}}
\tag{2.50}
$$

得到

$$
\boldsymbol{G}\dot{\boldsymbol{V}}^{\mathrm{b}} = \boldsymbol{P}_0\dot{\boldsymbol{V}}_0^{\mathrm{b}} + \boldsymbol{\xi}\ddot{\boldsymbol{\theta}} + \mathrm{ad}_{\xi\dot{\boldsymbol{\theta}}}\boldsymbol{P}_0\boldsymbol{V}_0^{\mathrm{b}} + \mathrm{ad}_{\xi\dot{\boldsymbol{\theta}}}\boldsymbol{\Gamma}\boldsymbol{V}^{\mathrm{b}} \tag{2.51}
$$

由此可得

$$
\dot{\boldsymbol{V}}^{\mathrm{b}} = \boldsymbol{G}^{-1}\boldsymbol{P}_0\dot{\boldsymbol{V}}_0^{\mathrm{b}} + \boldsymbol{G}^{-1}\boldsymbol{\xi}\ddot{\boldsymbol{\theta}} + \boldsymbol{G}^{-1}\mathrm{ad}_{\xi\dot{\boldsymbol{\theta}}}\boldsymbol{P}_0\boldsymbol{V}_0^{\mathrm{b}} + \boldsymbol{G}^{-1}\mathrm{ad}_{\xi\dot{\boldsymbol{\theta}}}\boldsymbol{\Gamma}\boldsymbol{V}^{\mathrm{b}} \tag{2.52}
$$

由式(2.52)可以看到，给定机器人本体的物体加速度 $\dot{\boldsymbol{V}}_0^{\mathrm{b}}$ 和腿的关节加速度值 $\ddot{\boldsymbol{\theta}}$ ，即可得到每条腿上各刚体的物体加速度。

2.2.5 单腿的尺度综合

机器人的设计过程一般包括机器人构型、尺度和具体的机械结构设计。因此，在选定机器人的构型以后，需要确定机器人的相关尺寸参数及运动参数来确定机器人的物理几何尺寸，为后续的机械结构设计做准备。下面从关节运动范围、髋部尺寸以及大小腿的比例来分析各杆件尺寸的选取。

1. 关节运动范围的选择

各关节运动范围的不同，将影响腿足端的工作空间分布，如果选取不恰当，将影响机器人的运动性能和承载能力。腿的髋关节，使腿能够前后摆动，因此一般将其按整个关节的转动范围对称分布。下面分析膝关节的运动范围对工作空间的影响。设定膝关节的两种运动范围分别为 $\theta_2 \in [-70°,110°]$（图 2.21(a)、(c)）和 $\theta_2 \in [-90°,90°]$（图 2.21(b)、(d)）。

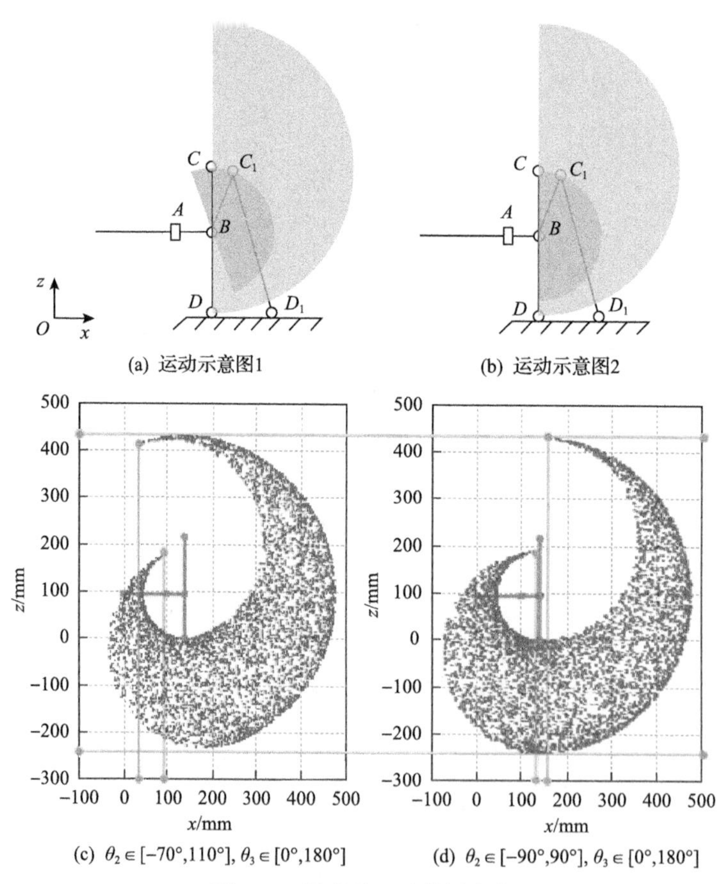

(a) 运动示意图1　(b) 运动示意图2

(c) $\theta_2 \in [-70°,110°]$, $\theta_3 \in [0°,180°]$　(d) $\theta_2 \in [-90°,90°]$, $\theta_3 \in [0°,180°]$

图 2.21　膝关节运动范围变化

从图中可以看出：两种情况下整个空间面积变化不大；图 2.21(b)情况相比图 2.21(a)情况空间上部往右移，表明机器人在本体上方的空间减小，另外，纵向的最高点位置不变；图 2.21(b)情况相比图 2.21(a)情况空间下部肥大部分往左下方移动，表明末端在机器人本体下方的活动空间增大。以此法可对踝关节进行同样的对比分析从而选择合适的关节运动范围。

2. 髋部长度对本体与工作空间相对位置的影响

髋部的长度虽然不影响足端在矢状面内的可达空间的长度，但它会影响本体与工作空间的相对位置关系。如图 2.22 所示，当 $\theta_2 \in [-70°,110°]$，$\theta_3 \in [0°,180°]$ 时，髋部越长，本体的位置相对工作空间越往右。如果髋部长度很短，那么足端越靠近本体，越有利于减小机器人的包络空间，机器人越紧凑；反之，如果髋部很长，本体与足端的工作空间较远，机器人行走时所占据的空间较大，不适合用于狭小空间执行任务的机器人设计，但它却可以在前后方向产生较大的摆动，若使用昆虫步态，则可产生较大的步长。因此，髋部长度过长或者过短都会造成机器人某些方面的劣势，只有根据机器人的任务需求来选定合适的值。

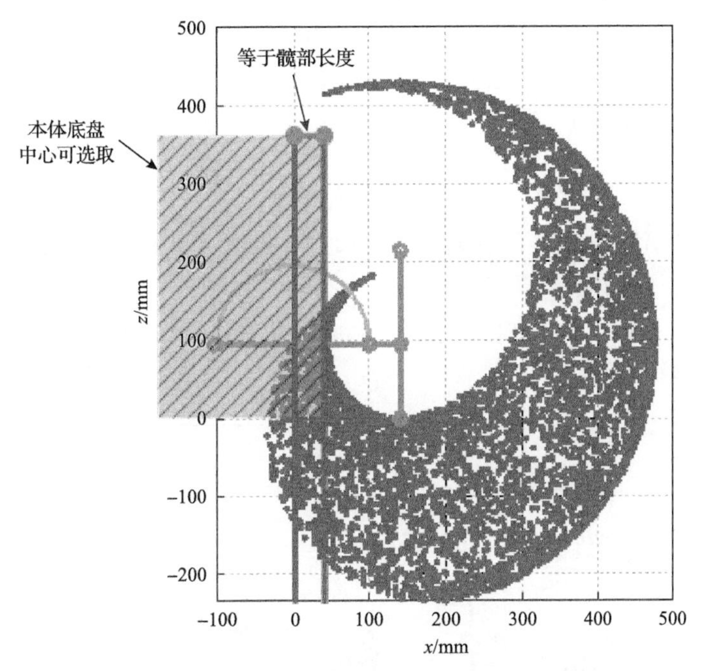

图 2.22　髋部长度对本体与工作空间相对位置的影响

3. 大小腿比例与工作空间的关系

单腿足端在矢状面内的工作空间除了与膝关节和踝关节的运动范围有关，还与大腿和小腿的长度有关。大小腿通过踝关节连接，而大腿通过膝关节与髋部相连，因此膝关节、大腿、踝关节和小腿是一个平面两连杆，如果两个关节能够整周运动，那么足端的可达空间将是一个圆环，如图 2.23 所示。

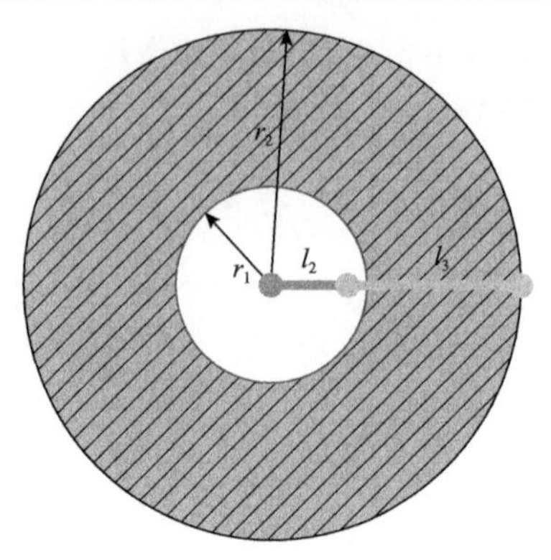

图 2.23　平面两连杆的工作空间

对于六足机器人的腿，必有 $l_3 > l_2$。令 $l_2 / l_3 = \alpha_2$，则有 $0 < \alpha_2 < 1$。圆环的内径和外径为

$$\begin{cases} r_1 = l_3 - l_2 \\ r_2 = l_3 + l_2 \end{cases} \tag{2.53}$$

因此，该圆环的面积为

$$S = \pi(r_2^2 - r_1^2) = \pi[(l_3 + l_2)^2 - (l_3 - l_2)^2] = 4\pi\alpha_2 l_3^2 \tag{2.54}$$

故在小腿长度给定的情况下，圆环面积 S 和大小腿比例 α_2 成正比，其曲线如图 2.24 所示。该曲线说明圆环面积随着大小腿比例的增大而增大，即大腿和小腿的比值越大，足端在矢状面内的运动空间越大，说明机器人的运动能力大。从这方面来看，应该选择较大的 α_2。

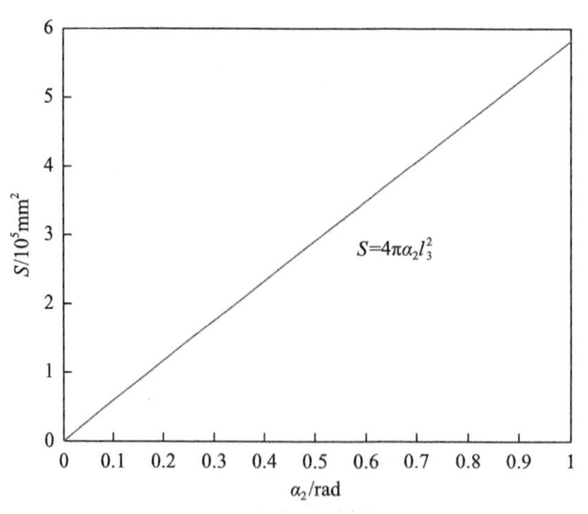

图 2.24　圆环面积与大小腿比例的关系

以上分析是针对关节能整周运动而得到的结论。对于机器人，受到关节执行

器以及机械设计的限制，一般不能整周运动，那么其足端的工作空间不是一个完整的圆环。针对膝关节角度 $\theta_2 \in [-70°,110°]$ 和踝关节角度 $\theta_3 \in [0°,180°]$ 的情况，分析不同大小腿比值对工作空间的影响，选取四个不同的大小腿比例，即 0.1、0.36、0.62 和 0.9，使用蒙特卡罗法得到四种情况下的工作空间，如图 2.25 所示。图中的阴影区表示工作空间最高点与本体中心所构成的区域。显然，随着大小腿比例的增大，足端的工作空间也依次增大，这有利于腿的运动能力。但是当大小腿比例为 0.9 时，工作空间主要集中在本体的下方，且最“肥大”区离本体较远，足端利用不到，本体的高度很低，限制了机器人对地面的适应能力，因此大的大小腿比例不利于机器人的运动。当大小腿比例为 0.36 和 0.62 时，工作空间具有适当的大小，且足端在上下和左右具有一定的运动空间；当大小腿比例为 0.62、本体上下方的工作空间都大于 0.36，并且离本体的中心较近时，利于机器人实现翻倒自恢复等在本体上方工作空间需要较大的动作。

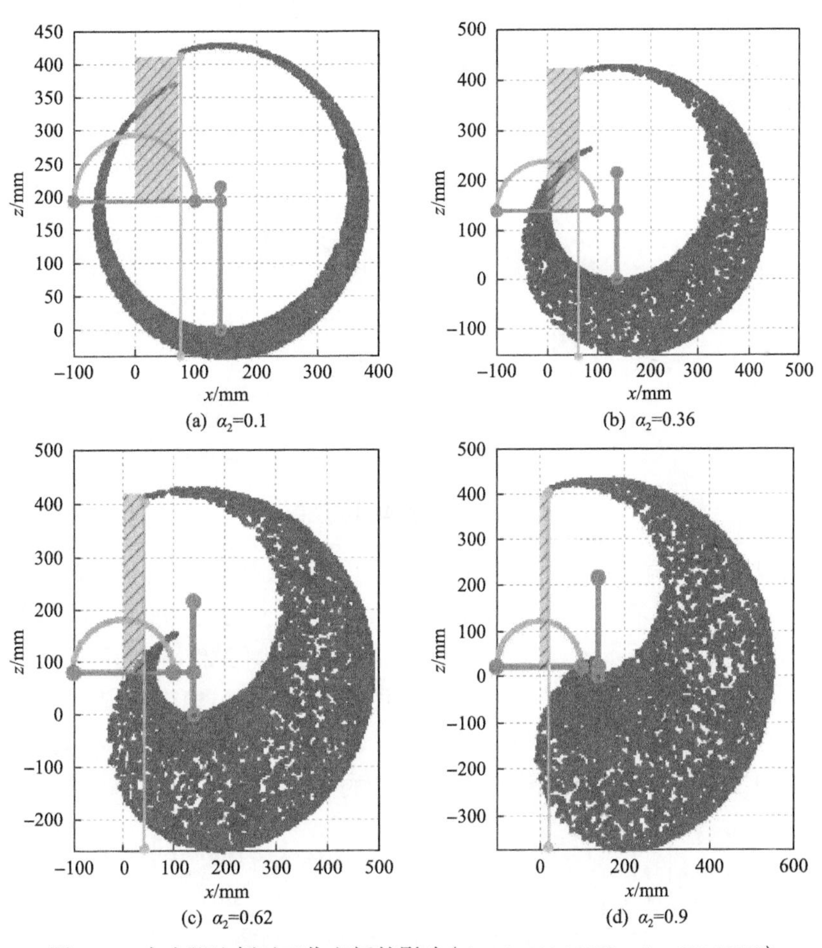

图 2.25　大小腿比例对工作空间的影响（$\theta_2 \in [-70°,110°]$，$\theta_3 \in [0°,180°]$）

综上所述，较大或者较小的大小腿比例将导致足端工作空间的“病态”，所选取的 0.36 和 0.62 的情况具有正常的工作空间，针对特定的任务需求，需分析其工作空间在本体下方或者上方的要求来选定合适的大小腿比例，以确保在实现特定任务的同时保证一定的运动能力。本节以工作空间的位置、大小和形状作为运动能力评判标准，分析关节运动范围、髋部尺寸以及大小腿比例对单腿工作空间的影响。虽然此标准不能全面准确地评估机器人的运动能力，但可在设计机器人时给一些物理几何参数的选取提供参考。值得注意的是，这些参数的选取没有绝对的优劣，需要根据机器人的具体设计需求或者指标来选取腿的物理几何参数。

2.2.6 类昆虫式和类哺乳动物式支撑方式的比较

为实现足端在空间中的自由移动，单腿自由度至少为 3。自由度越多，腿就越灵活，但其设计难度和腿的质量也将越大。综合机器人的灵活性、质量和设计难度等问题，一般足式机器人单腿自由度取为 3，包括髋关节、膝关节和踝关节，如图 2.26 所示。

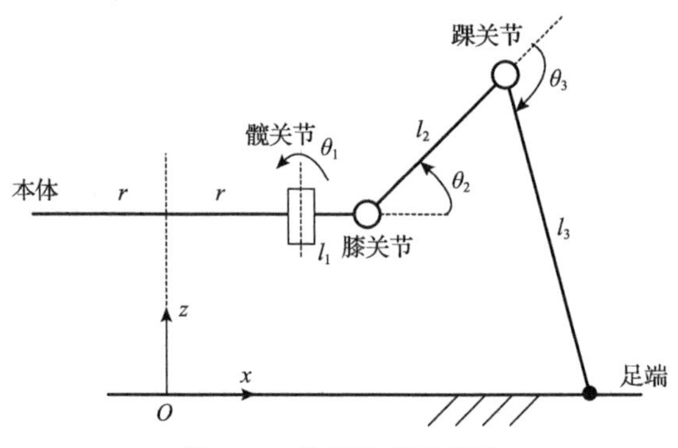

图 2.26 单腿构型示意图

针对以上腿的构型，不同腿的位姿构成了机器人两种不同的支撑模式：一种是类昆虫式，其本体高度一般不超过踝关节的高度，如图 2.27(a)所示；另一种是类哺乳动物式，其本体一般高于腿踝关节的位置，如图 2.27(b)所示。这两种模式分别与昆虫和哺乳动物腿的位姿相似。下面从工作空间、速度椭圆和力椭圆来分析机器人在两种支撑模式下的运动能力和承载能力。设坐标系 $\sum(Oxyz)$ 是固定在地面上的惯性坐标系，则足端的位置在该坐标系的位置为

$$\begin{bmatrix} x \\ y \\ z \end{bmatrix} = \begin{bmatrix} r + \left(l_1 + l_2\cos\theta_2 + l_3\cos(\theta_3 - \theta_2)\right)\cos\theta_1 \\ \left(l_1 + l_2\cos\theta_2 + l_3\cos(\theta_3 - \theta_2)\right)\sin\theta_1 \\ h - \left(l_3\sin(\theta_3 - \theta_2) - l_2\sin\theta_2\right) \end{bmatrix} \tag{2.55}$$

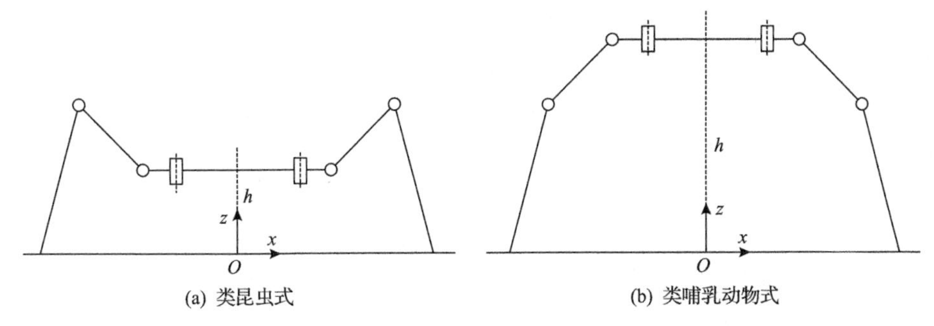

(a) 类昆虫式　(b) 类哺乳动物式

图 2.27　机器人两种不同的支撑方式

类昆虫式构型的初始位形所对应的关节值为 $\boldsymbol{\theta}_a=[\theta_{1a}\quad\theta_{2a}\quad\theta_{3a}]^{\mathrm{T}}=[0°\quad 45°\quad 105°]^{\mathrm{T}}$，本体的初始高度 $h=l_3\sin(\theta_{3a}-\theta_{2a})-l_2\sin\theta_{2a}$，各关节的运动范围为 $\theta_{1a}\in[-90°,90°], \theta_{2a}\in[-45°,135°], \theta_{3a}\in[0°,180°]$。

类哺乳动物式构型的初始位形所对应的关节值为 $\boldsymbol{\theta}_b=[\theta_{1b}\quad\theta_{2b}\quad\theta_{3b}]^{\mathrm{T}}=[0°\quad -45°\quad 15°]^{\mathrm{T}}$，本体的初始高度 $h=l_3\sin(\theta_{3b}-\theta_{2b})-l_2\sin\theta_{2b}$，各关节的运动范围为 $\theta_{1b}\in[-90°,90°], \theta_{2b}\in[-90°,90°], \theta_{3b}\in[-75°,105°]$。

使用蒙特卡罗法计算机器人两种模式下腿足端的工作空间，二者在 xz 平面的投影如图 2.28 所示。类昆虫式构型在 $z\in[-100\mathrm{mm},100\mathrm{mm}]$ 区域的工作空间要大于类哺乳动物式构型，一般足端的着地和抬腿运动主要在该区域实现，说明类昆虫式构型比类哺乳动物式构型在足端轨迹规划时有更大的选择空间。工作空间与轴 $z=0\mathrm{mm}$ 相交的直线长度说明了机器人在行走时可选步长的大小，由图 2.28 可以看出，类昆虫式构型的步长大于类哺乳动物式构型，在行走时可选择的步长更

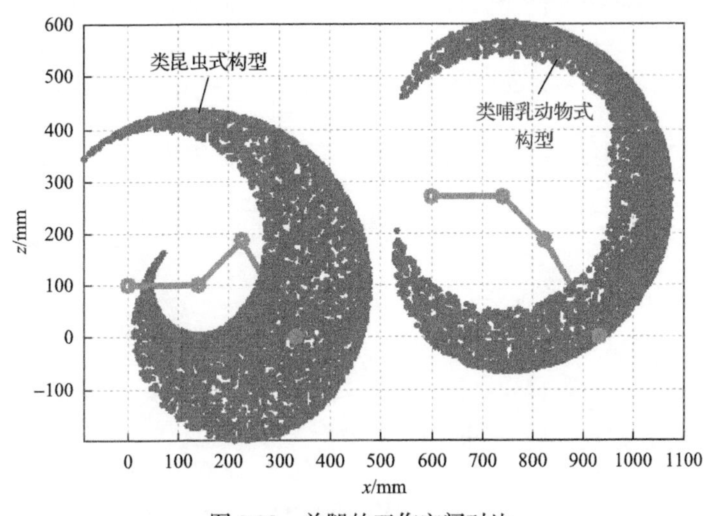

图 2.28　单腿的工作空间对比

大，在同一步频下，可获得更大的行走速度。同时，类哺乳动物式构型的初始位姿已经靠近工作空间的边界，使得机器人在该方向的步长选择余地很小，进而限制了机器人的运动。综上所述，通过对比工作空间的大小及位置可知，类昆虫式构型比类哺乳动物式构型具有更大的运动空间和更好的运动能力。

通过工作空间分析可以得知腿足端运动空间的大小，但是无法判断足端在空间中运动的各向同性大小，因此需要计算单腿的雅可比矩阵建立关节空间与工作空间的速度关系，以得到工作空间的速度椭圆来判断其各向同性的大小。对式(2.55)两边同时求导，有

$$\begin{bmatrix}\dot{x}\\ \dot{y}\\ \dot{z}\end{bmatrix}=\begin{bmatrix}-k_1\sin\theta_1 & k_2\cos\theta_1 & -l_3\sin(\theta_3-\theta_2)\cos\theta_1\\ k_1\cos\theta_1 & k_2\sin\theta_1 & -l_3\sin(\theta_3-\theta_2)\sin\theta_1\\ 0 & l_2\cos\theta_2+l_3\cos(\theta_3-\theta_2) & -l_3\cos(\theta_3-\theta_2)\end{bmatrix}\begin{bmatrix}\dot{\theta}_1\\ \dot{\theta}_2\\ \dot{\theta}_3\end{bmatrix} \tag{2.56}$$

其中，

$$\begin{cases}k_1=l_1+l_2\cos\theta_2+l_3\cos(\theta_3-\theta_2)\\ k_2=-l_2\sin\theta_2+l_3\sin(\theta_3-\theta_2)\end{cases} \tag{2.57}$$

因此，关节空间与工作空间速度的关系为

$$\boldsymbol{v}=\boldsymbol{J}(\boldsymbol{\theta})\dot{\boldsymbol{\theta}} \tag{2.58}$$

其中，

$$\boldsymbol{J}(\boldsymbol{\theta})=\begin{bmatrix}-k_1\sin\theta_1 & k_2\cos\theta_1 & -l_3\sin(\theta_3-\theta_2)\cos\theta_1\\ k_1\cos\theta_1 & k_2\sin\theta_1 & -l_3\sin(\theta_3-\theta_2)\sin\theta_1\\ 0 & l_2\cos\theta_2+l_3\cos(\theta_3-\theta_2) & -l_3\cos(\theta_3-\theta_2)\end{bmatrix} \tag{2.59}$$

为雅可比矩阵。故类昆虫式构型在初始位姿的雅可比矩阵为

$$\boldsymbol{J}_a=\boldsymbol{J}(\boldsymbol{\theta})\big|_{\boldsymbol{\theta}=\boldsymbol{\theta}_a} \tag{2.60}$$

类哺乳动物式构型在初始位姿的雅可比矩阵为

$$\boldsymbol{J}_b=\boldsymbol{J}(\boldsymbol{\theta})\big|_{\boldsymbol{\theta}=\boldsymbol{\theta}_b} \tag{2.61}$$

给定关节空间各关节速度的约束：

$$\dot{\theta}_1^2+\dot{\theta}_2^2+\dot{\theta}_3^2\leqslant 1 \tag{2.62}$$

该约束表示空间上的一个球，如图 2.29 所示，并表示各关节速度是同等一致的。

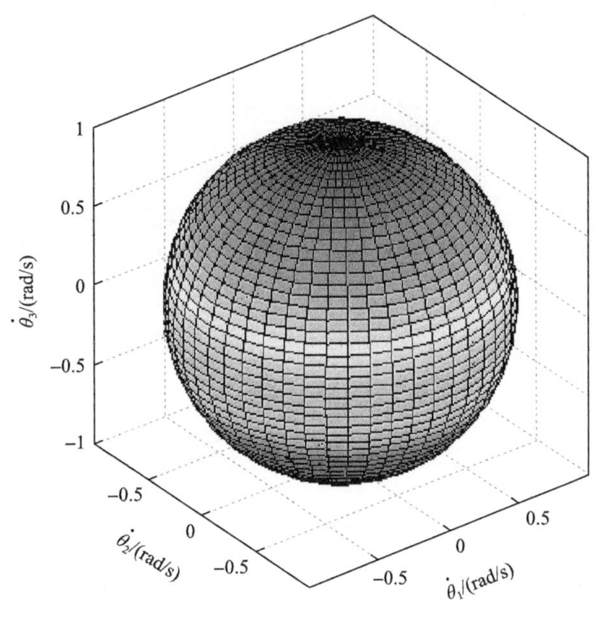

图 2.29　关节空间的速度球

在此关节力矩约束下，两种模式下得到的足端的空间力为

$$\begin{cases} \boldsymbol{F}_a = \boldsymbol{J}(\boldsymbol{\theta})^{-\mathrm{T}} \boldsymbol{\tau} \,|_{\boldsymbol{\theta}=\boldsymbol{\theta}_a} \\ \boldsymbol{F}_b = \boldsymbol{J}(\boldsymbol{\theta})^{-\mathrm{T}} \boldsymbol{\tau} \,|_{\boldsymbol{\theta}=\boldsymbol{\theta}_b} \end{cases} \tag{2.63}$$

依据如图 2.30 所示的工作空间的速度椭球来判断其各向同性的大小，可得类昆虫式构型虽然在 x 和 z 方向不是各向同性，但其运动性能比类哺乳动物式构型要好，因为类昆虫式构型的长短轴的比要比类哺乳动物式构型的小，因此类哺乳动物式构型导致某些方向的运动能力下降，影响机器人整体的运动性能。在速度方面类昆虫式构型比类哺乳动物式构型的各向同性上要好，因此运动更均衡。

由图 2.31 可知，类昆虫式构型的各向同性比类哺乳动物式构型的要好，其力椭球相对均匀，即在状态空间各个方向产生的力分量更为均匀。一般来说，在机器人行走过程中，z 方向的力由机器人的重量和负载产生，其大小要远大于 x 方向或者 y 方向的摩擦力，因此腿关节力矩主要来平衡 z 方向的力。从这一点来看，类哺乳动物式构型在克服重力和负载方面优于类昆虫式构型，因其力椭圆的长轴比类昆虫式构型的要长且靠近 z 轴。这与前文的结论一致，哺乳动物肢体中的死点支撑效应大大提高了其承载能力，类哺乳动物式构型可通过在最佳

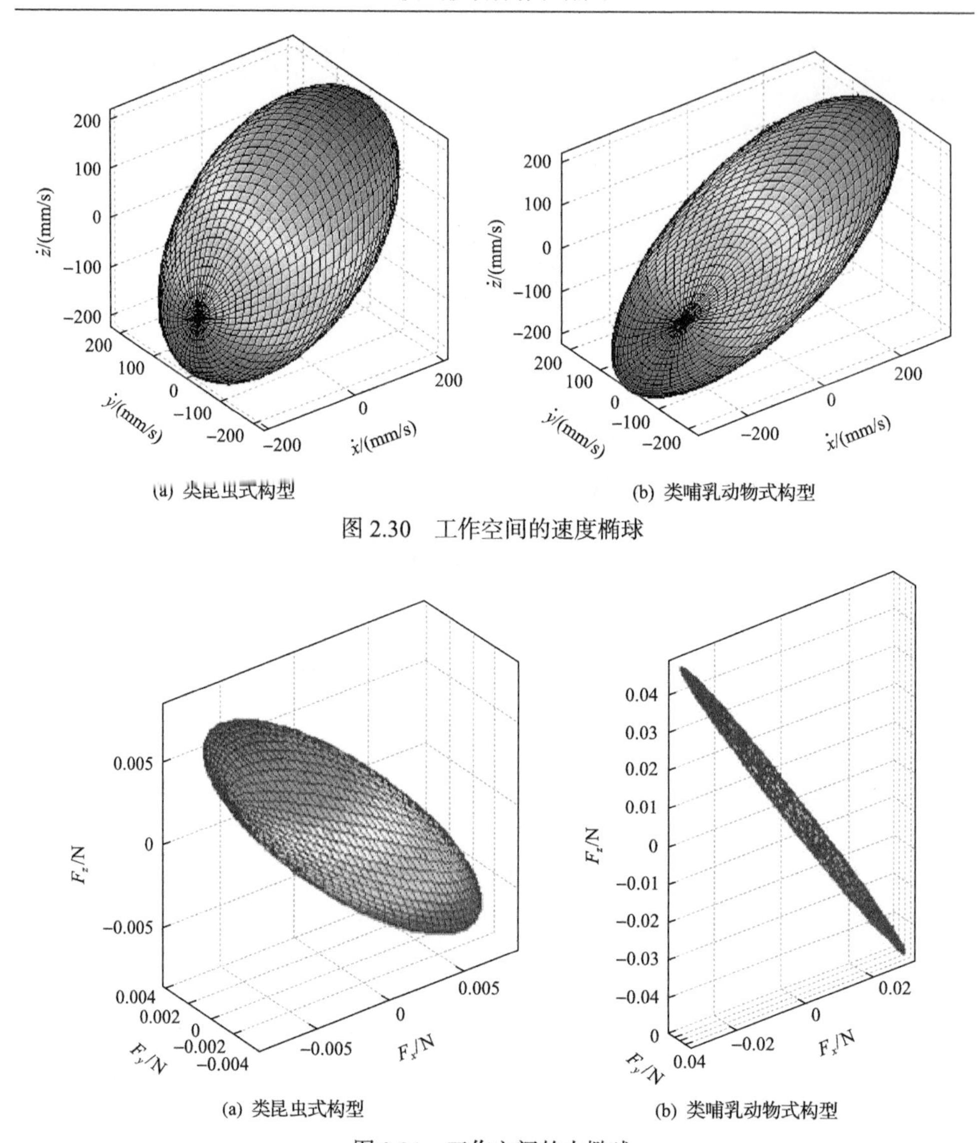

(a) 类昆虫式构型　　(b) 类哺乳动物式构型

图 2.30　工作空间的速度椭球

(a) 类昆虫式构型　　(b) 类哺乳动物式构型

图 2.31　工作空间的力椭球

支撑姿态附近的关节几何限位使连杆承受重量而减小关节驱动力矩，反之，同等的关节力矩，类哺乳动物式构型比类昆虫式构型可承载更多的重量，即承载能力优于类昆虫式构型。

综上所述，通过对比分析类昆虫式构型和类哺乳动物式构型腿的工作空间、速度椭圆和力椭圆，得到了在运动能力方面，类昆虫式构型比类哺乳动物式构型好，但在承载能力方面，类哺乳动物式构型比类昆虫式构型要强的结论。可以发现，对于足式机器人，运动能力和承载能力是两个相互对立的性能，如果增强运动能力，那么承载能力下降；反之，如果增强承载能力，那么其运动能力必下降。因此，机器人构型应由实际需求或者设计指标来确定。对于六足机器人，如果需要其运动灵活，那么选择类昆虫式构型；如果需要其能够承载很大的外部负载，那么选择类哺乳动物式构型。

2.3　四足变拓扑机器人的设计与构型切换

2.3.1　单腿构型设计

四足机器人的单腿机构一般具有 3 个自由度，分别为腰关节、髋关节和膝关节，按照关节布置方式的差异，可分为类哺乳动物式构型和类昆虫式构型两种。如图 2.32 所示，类哺乳动物式单腿构型机构的特征为单腿与本体连接的关节(即腰关节)转轴平行于机身平面，有此机构的机器人行走时，腿部收拢于本体下方，通过踢腿向前运动，因此该机构的优点是承载能力高，缺点是支撑区域小、重心较高、稳定性较差。如图 2.33 所示，类昆虫式单腿构型机构的特征为单腿与本体连接的关节(即腰关节)转轴垂直于机身平面，有此机构的机器人行走时，腿部展开于本体两侧，通过摆腿向前运动，因此该机构的优点是支撑区域大、重心低、稳定性好，缺点是负载能力低[24]。

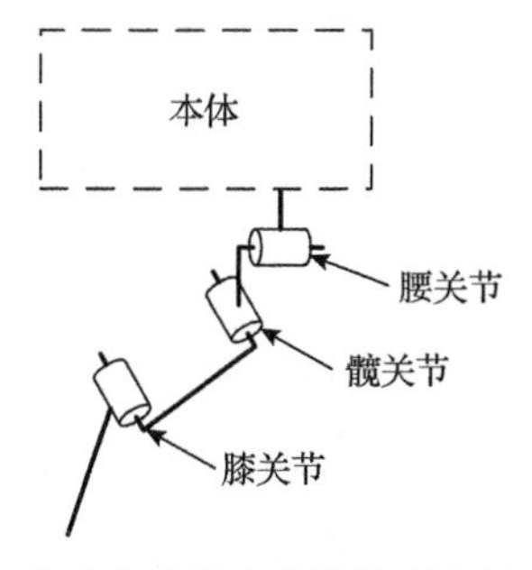

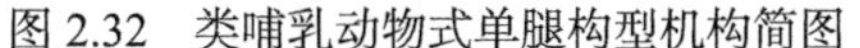

图 2.32　类哺乳动物式单腿构型机构简图

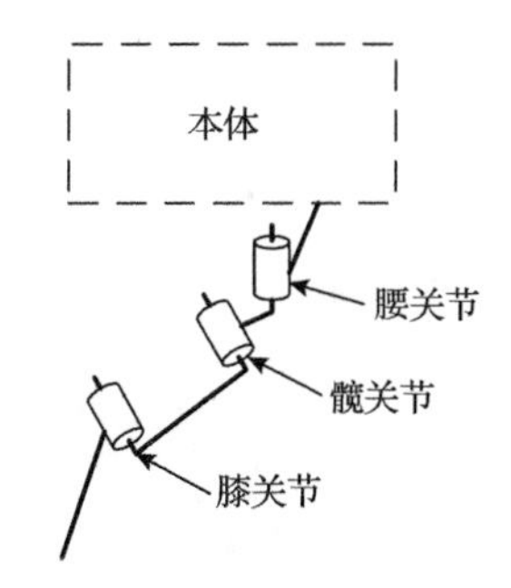

图 2.33　类昆虫式单腿构型机构简图

对比图 2.32 与图 2.33，两种传统构型机构的区别在于，与本体连接的腰关节转轴方向不一致，其余两个关节完全一致。本节结合类哺乳动物式构型与类昆虫式构型两种机构，提出了一种具有四个关节的单腿机构的四足变拓扑机器人，该机器人的单腿具有两种腰关节以及髋关节与膝关节，其单腿机构设计的关键问题在于两种腰关节的布置。

腰关节的布置问题可从两方面展开分析。首先分析腰关节布置方位，可分化为水平腰关节和垂直腰关节沿水平方向铺展(构型 A，如图 2.34 所示)与沿垂直方向叠加(构型 B，如图 2.35 所示)两种方案。在各连杆尺度与关节角度一致的情形下，定性分析对比两种构型：相较于构型 B，构型 A 的足端与机身的水平距离更大，足端工作空间在水平平面内触地范围更大，使得四足机器人在多足支撑步态时触地点构成的支撑区域面积更大、稳定性更好，因此选择构型 A，即水平腰关节与垂直腰关节沿水平方向铺展。

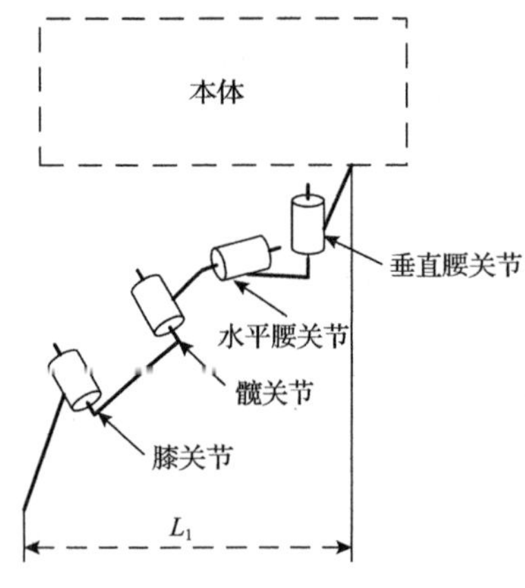

图 2.34　水平铺展单腿机构简图

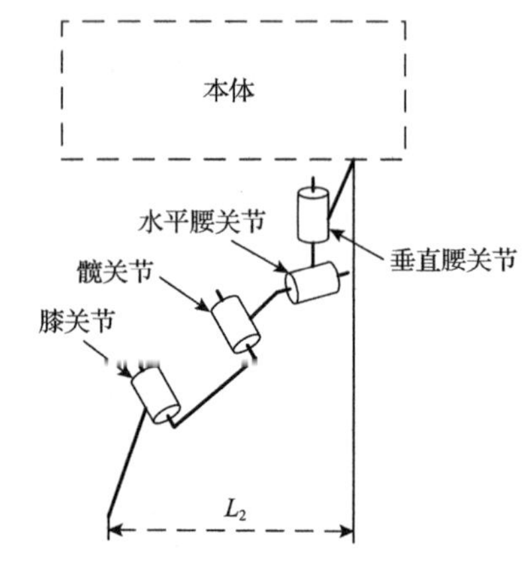

图 2.35　垂直叠加单腿机构简图

在确定关节布置方位后，再确定两个关节的布置顺序，可分化为垂直腰关节先于水平腰关节(构型 C，perpendicular-horizontal(P-H)，如图 2.36 所示)与水平腰关节先于垂直腰关节(构型 D，horizontal-perpendicular(H-P)，如图 2.37 所示)两种情况。

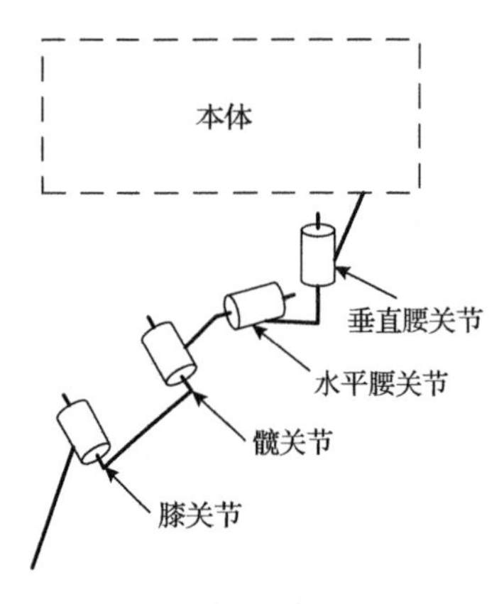

图 2.36　P-H 构型单腿机构简图

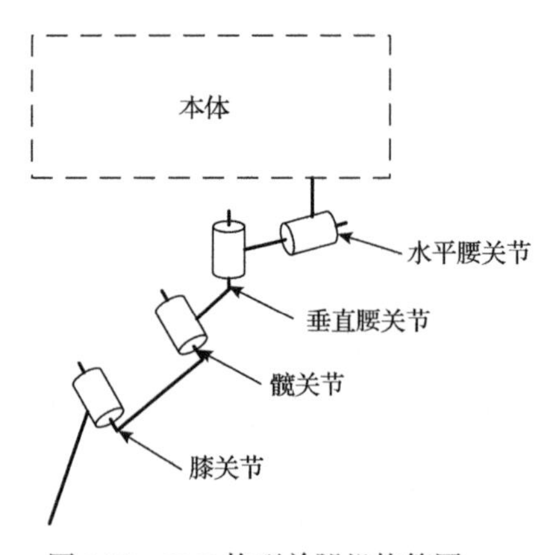

图 2.37　H-P 构型单腿机构简图

2.3.2　构型切换

根据以上方案所设计的变构型四足机器人在以类哺乳动物式构型行走时，垂直腰关节会被锁定，而在以类昆虫式构型行走时，水平腰关节会被锁定。四足机器人在支撑或行走过程中,被锁定关节因足端作用力影响仍需要输出力矩。因此,在各连杆尺寸与关节运动空间一致的情形下，定量分析对比构型 C 与构型 D 的足末端力对被锁定关节的力矩，图 2.38(a)和(b)分别为构型 C 方案的类昆虫式构型与类哺乳动物式构型单腿平面机构简图，图 2.38(c)和(d)分别为构型 D 方案的类昆虫式构型与类哺乳动物式构型单腿平面机构简图。一般情况下，四足机器人足末端沿水平面 x、y 方向的力相较于垂直 z 方向的力可忽略不计，因此可只考虑 F_z 对被锁定关节的影响。

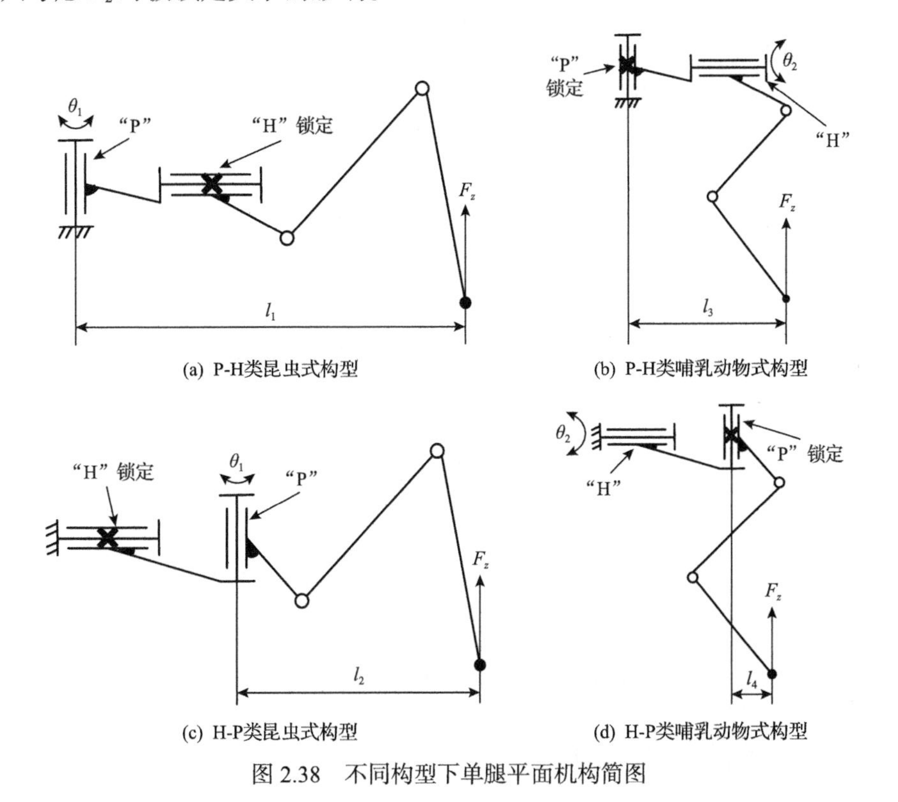

图 2.38　不同构型下单腿平面机构简图

2.3.3　单腿正运动学分析

单腿正运动学分析是指给定单腿各个关节变量的值，求解足末端的位姿。图 2.39 为变构型四足机器人的单腿机构简图。为求解单腿正运动学，建立单腿基坐标系 $\{A\}$ 和工具坐标系 $\{T\}$，单腿基坐标系 $\{A\}$ 中的 z 轴沿垂直腰关节向上，x 轴沿单腿伸展即水平方向，那么 y 轴垂直于纸面向里。在单腿基坐标系中，垂直腰关节转轴沿 z 轴方向，水平腰关节沿 x 轴方向，髋关节与膝关节沿 y 轴方向。在单腿足末端建立工具坐标系 $\{T\}$，其 x 轴沿小腿伸展的长度即 l_4，y 轴垂直于纸面向里，那么 z 轴方向也可确定。

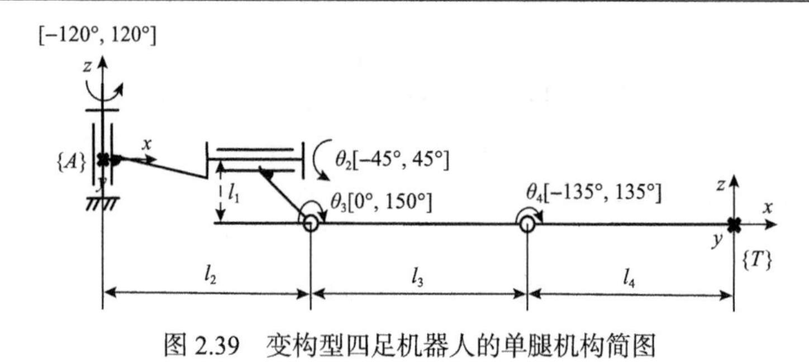

图 2.39　变构型四足机器人的单腿机构简图

如图 2.39 所示，取单腿完全水平伸展状态为初始位形，此时工具坐标系 $\{T\}$ 与单腿基坐标系 $\{A\}$ 之间的齐次变换矩阵为

$$
{}_T^A\boldsymbol{g}(\boldsymbol{\theta}) = \begin{bmatrix} \boldsymbol{I}_{3\times3} & \begin{bmatrix} l_2+l_3+l_4 \\ 0 \\ -l_1 \end{bmatrix} \\ \boldsymbol{0} & 1 \end{bmatrix} \tag{2.64}
$$

根据运动旋量理论，对于转动关节 $\xi_i \in \mathrm{se}(3)$，$\mathrm{se}(3)$ 为特殊欧氏群 $\mathrm{SE}(3)$ 上的李代数，运动旋量坐标表示形式为

$$
\xi_i = \begin{bmatrix} -\boldsymbol{\omega}_i \times \boldsymbol{q}_i \\ \boldsymbol{\omega}_i \end{bmatrix} \tag{2.65}
$$

其中，$\boldsymbol{\omega}_i \in \mathbb{R}^3$ 为运动旋量运动轴线上的单位矢量；$\boldsymbol{q}_i \in \mathbb{R}^3$ 为线上任意一点的坐标，具体计算为

$$
\boldsymbol{\omega}_1 = [0 \quad 0 \quad 1]^{\mathrm{T}},\quad \boldsymbol{\omega}_2 = [1 \quad 0 \quad 0]^{\mathrm{T}},\quad \boldsymbol{\omega}_4 = [0 \quad 1 \quad 0]^{\mathrm{T}}
$$

$$
\boldsymbol{r}_2 = [0 \quad 0 \quad 0]^{\mathrm{T}},\quad \boldsymbol{r}_3 = [l_2 \quad 0 \quad -l_1]^{\mathrm{T}},\quad \boldsymbol{r}_4 = [l_2+l_3 \quad 0 \quad -l_1]^{\mathrm{T}}
$$

那么各关节旋量表示为

$$
\xi_1 = \begin{bmatrix} -\boldsymbol{\omega}_1 \times \boldsymbol{r}_1 \\ \boldsymbol{\omega}_1 \end{bmatrix} = [0 \quad 0 \quad 0 \quad 0 \quad 0 \quad 1]^{\mathrm{T}}
$$

$$
\xi_2 = \begin{bmatrix} -\boldsymbol{\omega}_2 \times \boldsymbol{r}_2 \\ \boldsymbol{\omega}_2 \end{bmatrix} = [0 \quad 0 \quad 0 \quad 1 \quad 0 \quad 0]^{\mathrm{T}}
$$

$$
\xi_3 = \begin{bmatrix} -\boldsymbol{\omega}_3 \times \boldsymbol{r}_3 \\ \boldsymbol{\omega}_3 \end{bmatrix} = [l_1 \quad 0 \quad l_2 \quad 0 \quad 1 \quad 0]^{\mathrm{T}}
$$

$$\xi_4 = \begin{bmatrix} -\boldsymbol{\omega}_4 \times \boldsymbol{r}_4 \\ \boldsymbol{\omega}_4 \end{bmatrix} = [l_1 \quad 0 \quad l_2 + l_3 \quad 0 \quad 1 \quad 0]^{\mathrm{T}}$$

刚性变换矩阵表示为

$$\mathrm{e}^{\theta\hat{\xi}} = \begin{bmatrix} \mathrm{e}^{\theta\hat{\omega}} & (\boldsymbol{I} - \mathrm{e}^{\theta\hat{\omega}})(\boldsymbol{\omega} \times \boldsymbol{v}) + \theta\boldsymbol{\omega}\boldsymbol{\omega}^{\mathrm{T}}\boldsymbol{v} \\ \boldsymbol{0} & 1 \end{bmatrix} \tag{2.66}$$

其中，θ 为关节变量；$\hat{\xi} = \begin{bmatrix} \hat{\boldsymbol{\omega}} & \boldsymbol{v} \\ \boldsymbol{0} & 0 \end{bmatrix}$为旋量的 4×4 表示形式；$\hat{\boldsymbol{\omega}}$ 为反对称矩阵。

工具坐标系 $\{T\}$ 与单腿基坐标系 $\{A\}$ 之间的齐次坐标变换矩阵也可用串联机构的指数积形式表示：

$${}_T^A\boldsymbol{g}(\boldsymbol{\theta}) = \mathrm{e}^{\theta_1\hat{\xi}_1}\mathrm{e}^{\theta_2\hat{\xi}_2}\mathrm{e}^{\theta_3\hat{\xi}_3}\mathrm{e}^{\theta_4\hat{\xi}_4}\,{}_T^A\boldsymbol{g}(\boldsymbol{0}) \tag{2.67}$$

其中，θ_1、θ_2、θ_3 和 θ_4 分别表示垂直腰关节、水平腰关节、髋关节及膝关节的转动角度，$\theta_i \in \mathbb{R}, i = 1,2,3,4$。

2.3.4　单腿逆运动学分析

单腿逆运动学分析是指给定机器人足末端的位姿，求解各个关节变量的值。在 2.3.3 节中已经建立了单腿各关节变量与足末端位姿的数学关系，可以反求各关节变量。变构型四足机器人的单腿有 4 个自由度，为了求解各关节角度，除了需要给定足端位置信息外，至少还需要给定一个姿态信息，求解相对比较复杂。在后续的步态规划中并不需要求解变构型四足机器人四自由度的单腿逆运动学，所以为简化计算，只需分别建立类哺乳动物式与类昆虫式构型机构的逆运动学模型。

对于类哺乳动物式构型，锁定垂直腰关节，即令 $\theta_1 = 0$，代入前述正运动学模型(2.67)，可以得到如下关节角度与足末端位置的数学关系：

$$\begin{cases} p_x = l_2 + l_3\cos\theta_3 + l_4\cos(\theta_3 + \theta_4) \\ p_y = (l_1 + l_3\sin\theta_3 + l_4\sin(\theta_3 + \theta_4))\sin\theta_2 \\ p_z = -(l_1 + l_3\sin\theta_3 + l_4\sin(\theta_3 + \theta_4))\cos\theta_2 \end{cases} \tag{2.68}$$

联立式(2.68)中第二、三行公式，可得水平腰关节角度为

$$\theta_2 = \arctan\left(-\frac{p_y}{p_z}\right) \tag{2.69}$$

联立式(2.68)中第一、二行公式

$$\begin{cases} p_x = l_2 + l_3\cos\theta_3 + l_4\cos(\theta_3+\theta_4) \\ \dfrac{p_y}{\sin\theta_2} = l_1 + l_3\sin\theta_3 + l_4\sin(\theta_3+\theta_4) \end{cases} \tag{2.70}$$

移项，并利用三角函数平方和为 1 消去 $\theta_3+\theta_4$ 项，可得

$$(p_x - l_2 - l_3\cos\theta_3)^2 + \left(\frac{p_y}{\sin\theta_2} - l_1 - l_3\sin\theta_3\right)^2 = l_4^2 \tag{2.71}$$

令

$$A = 2(p_x - l_2)l_3，\ B = 2\left(\frac{p_y}{\sin\theta_2} - l_1\right)l_3，\ C = (p_x - l_2)^2 + \left(\frac{p_y}{\sin\theta_2} - l_1\right)^2 + l_3^2 - l_4^2$$

整理式(2.71)可得

$$A\cos\theta_3 + B\sin\theta_3 = C \tag{2.72}$$

令 $t = \tan\dfrac{\theta_3}{2}$，则根据三角函数万能公式有 $\sin\theta_3 = \dfrac{2t}{1+t^2}$，$\cos\theta_3 = \dfrac{1-t^2}{1+t^2}$，代入式(2.72)可得

$$A\frac{1-t^2}{1+t^2} + B\frac{2t}{1+t^2} = C \tag{2.73}$$

整理后为

$$(A+C)t^2 - 2Bt + (C-A) = 0 \tag{2.74}$$

求解可得

$$t = \frac{B \pm \sqrt{A^2 + B^2 - C^2}}{A+C} \tag{2.75}$$

因此，髋关节角度可表示为

$$\theta_3 = 2\arctan\left(\frac{B \pm \sqrt{A^2 + B^2 - C^2}}{A+C}\right) \tag{2.76}$$

将 θ_3 代入式(2.68)中的第一行公式，可得膝关节角度为

$$\theta_4 = \arcsin\left(\frac{p_x - l_2 - l_3\cos\theta_3}{l_4}\right) - \theta_3 \tag{2.77}$$

对于类昆虫式构型，锁定水平腰关节，即令 $\theta_2=0$，代入式(2.68)可以得到

$$\begin{cases} p_x=(l_2+l_3\cos\theta_3+l_4\cos(\theta_3+\theta_4))\cos\theta_1 \\ p_y=(l_2+l_3\cos\theta_3+l_4\cos(\theta_3+\theta_4))\sin\theta_1 \\ p_z=-l_1-l_3\sin\theta_3-l_4\sin(\theta_3+\theta_4) \end{cases} \tag{2.78}$$

联立式(2.78)中第一、二行公式，可得垂直腰关节角度为

$$\theta_1=\arctan\left(\frac{p_y}{p_x}\right) \tag{2.79}$$

联立式(2.78)中第一、三行公式，可得

$$\begin{cases} \dfrac{p_x}{\cos\theta_1}=l_2+l_3\cos\theta_3+l_4\cos(\theta_3+\theta_4) \\ p_z=-l_1-l_3\sin\theta_3-l_4\sin(\theta_3+\theta_4) \end{cases} \tag{2.80}$$

移项，并利用三角函数平方和为一消去 $\theta_3+\theta_4$ 项，可得

$$\left(\frac{p_x}{\cos\theta_1}-l_2-l_3\cos\theta_3\right)^2+(p_z+l_1+l_3\sin\theta_3)^2=l_4^2 \tag{2.81}$$

令

$$D=-2\left(\frac{p_x}{\cos\theta_1}-l_2\right)l_3,\quad E=2(p_z+l_1)l_3,\quad F=-\left(\frac{p_x}{\cos\theta_1}-l_2\right)^2-(p_z+l_1)^2+l_4^2-l_3^2$$

则式(2.81)可整理为

$$D\cos\theta_3+E\sin\theta_3=F \tag{2.82}$$

对比公式可以看出，与式(2.72)形式相同，采用相同的方程求解方法，可求得髋关节角度为

$$\theta_3=2\arctan\left(\frac{E\pm\sqrt{D^2+E^2-F^2}}{F+D}\right) \tag{2.83}$$

将 θ_3 代入式(2.78)中的第三行公式，可得膝关节角度为

$$\theta_4=\arcsin\left(\frac{p_z+l_1+l_3\sin\theta_3}{l_4}\right)-\theta_3 \tag{2.84}$$

上述求解方法为几何法或代数法，属于位置级的逆运动学求解方法，虽针对不同构型的机器人具体求解过程不相同，但可求得精确的解析解。由式(2.76)与式(2.83)可以看出，通过这种方法求解出的变构型四足机器人单腿逆解的关节参数存在两组解，分别对应着四足机器人单腿的两种构型，如图 2.40 所示，可根据运动状态与关节角度限位等实际情况选择一种构型作为最终解。

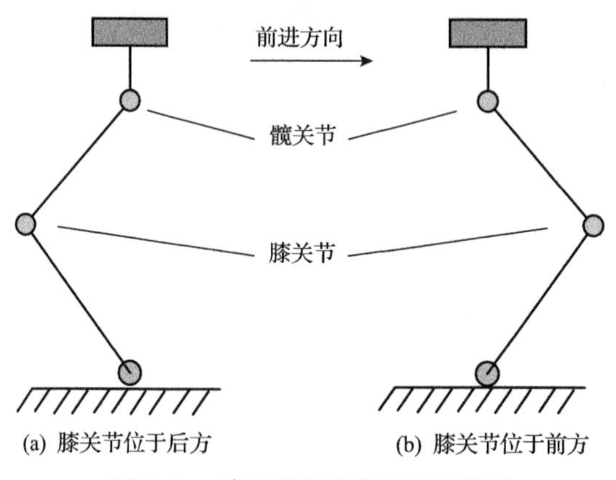

图 2.40　单腿逆解对应的两种构型

2.3.5　机械设计

确定四足变拓扑机器人单腿构型后可进行机械结构设计，其单腿结构如图 2.41 所示，每条单腿有四个关节，从本体依次为垂直腰关节、水平腰关节、髋关节和膝关节。单腿末端安装有一半圆橡胶球，它使得机器人在多种不同的姿态下足端与地面尽可能保持点接触。小腿与足端之间安装有三维力传感器，可实时监测反馈足端接触力信息。小腿末端安装有弹簧减振器，以减小触地时地面对机器人的反冲击力，提高运动的平稳性。四足变拓扑机器人的样机实物如图 2.42 所示，该

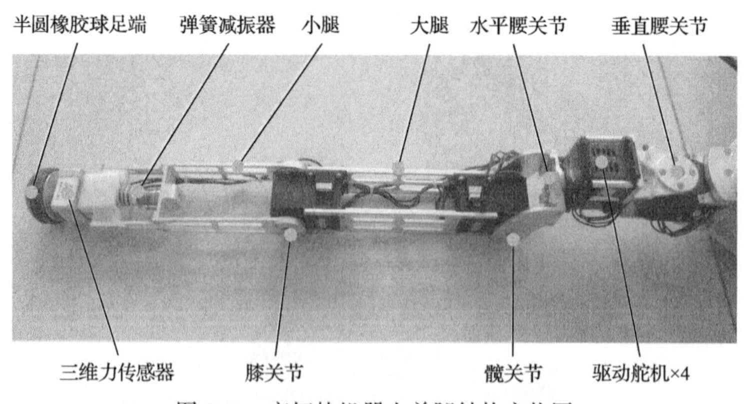

图 2.41　变拓扑机器人单腿结构实物图

图 2.42　四足变拓扑机器人样机实物

机器人搭载工业单板机、WiFi 模块，其机身前侧安装深度相机，并配备云台，以此为基础实现了机器人的自主导航与定位。

第3章　轮腿复合、腿臂融合机构与多功能操作属具设计

轮式移动机构具有结构简单、运动高效的特点，但难以行驶在复杂地形。相对而言，腿式移动机构具有地形适应性强、运动灵活的优点，但其结构复杂、运动效率低。结合轮式机器人快速高效性和腿式机器人高地形适应性的优点，本章提出一种轮腿复合运动模式的分支机构设计方法。由于足式机器人腿部大承载力与操作臂多关节灵活性是移动操作机器人设计的关键环节，本章借鉴灵长类动物腿臂/手足复用机制，基于变胞机构原理与模块化可重构设计方法，提出腿臂融合变构型分支机构设计方法，攻克腿臂融合分支机构及末端属具的一体化设计关键技术，在不额外安装机械臂的情况下使足式机器人具备多功能操作能力，极大降低系统复杂性，从而为多模式移动机器人的多样化操作提供关键技术保障。

3.1　机器人轮腿复合机构及结构设计

为提高机器人在平坦路面的移动效率，可采用轮腿复合的行走模式。常见的轮腿复合运动机构设计可以分为三个类别：铰接式轮腿设计、轮腿分离式设计和轮腿一体式设计。ATHLETE 机器人是铰接式轮腿机器人的代表[11]，其每条腿的末端有一个主动驱动轮。采用此构型的机器人的优点是，运动时不需要轮式与腿式运动的构型切换，腿式运动时，足端驱动轮锁死，可以作为足使用。由于将轮子锁定当作足行走，轮子的某一局部会长时间与地面接触摩擦，造成轮子的不规则磨损，使轮子变为不完整的圆形，对轮行方式产生不利影响。因此，将轮子作为足端的设计一方面限制了轮子半径的大小，另一方面也限制了不同机器人足机构的应用，进一步限制了机器人的越障能力。除此之外，轮子可以直接安装在机器人的小腿或大腿上，调整腿的构型，可使轮子与地面接触，从而实现轮行。独立的轮腿运动系统设计可以消除轮腿机构耦合带来的问题，一个常用的办法是在机器人本体两侧安装两个主动驱动轮，机器人通过抬落本体来完成轮式、腿式运动构型的切换，进而实现不同的运动模式。采用这种设计的轮腿混合运动机器人具有较大的轮子半径，但是安装在本体上的轮子限制了腿式运动时本体与地面间的距离，进而从一定程度上限制了腿式运动的越障能力。另外，安装在本体上的轮子一般不具有转弯能力，安装转弯机构进一步增加了系统的复杂性。近年来，

一些新的研究采用轮腿一体式设计，即柔性的腿通过髋关节的转动形成近似轮式的运动，这种设计具有很强的越障能力，但是精确的运动控制较为困难。

图 3.1 给出了四种不同的轮腿构型：①轮子的中心在腿的足端；②轮子放置在小腿的某一位置上；③轮子的中心与踝关节重合，即安装在踝关节上；④轮子放置在大腿的某一位置上。下面分别就惯量大小、设计难度和轮腿切换难度分析四种构型的优劣。

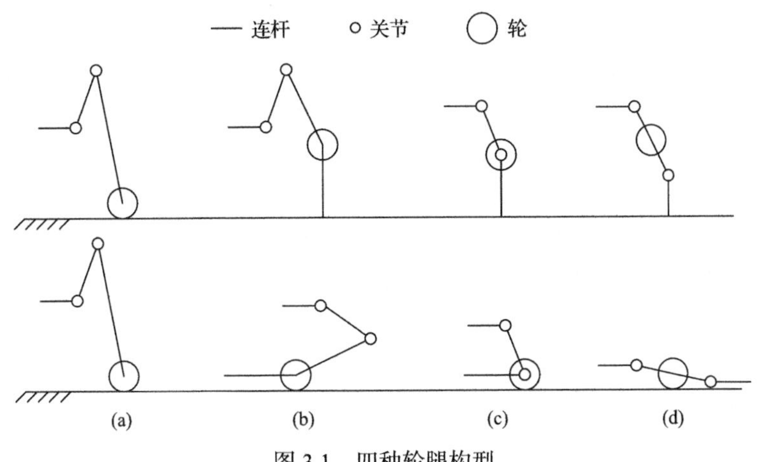

图 3.1　四种轮腿构型

对于图 3.1(a)所示情况，轮子放置在足端，因此轮子成为足，轮式运动和腿式运动切换非常方便，限制轮子的转动即可将轮子当足使用，换到轮行模式时只需要取消限制即可。同时，腿式行走时轮子通过外缘与地面的接触来支撑本体，摩擦和着地冲击对与地面接触的那部分造成不规则的磨损，该磨损将对六条腿的长度造成不同程度的改变，从而导致腿式行走时出现不稳定或不准确问题，还将破坏轮子的圆周形状，使轮行时产生颠簸。另外，轮子放置在足端，其直接驱动也会布置在足端，将增加足端的质量，且足端离本体最远，故运动时将会增大腿的惯性，造成控制困难和行走不稳定。

对于图 3.1(b)所示情况，轮子放置在小腿上，通过协调控制各关节的运动使轮子与地面接触，从而转化成轮行模式。由于放置在小腿上，离本体也比较远，会增加整个腿的惯性，但相比图 3.1(a)情况要好很多。

对于图 3.1(c)所示情况，轮子布置在关节上，将增加该关节的设计难度，轮腿切换的方法与图 3.1(b)所示情况类似。

对于图 3.1(d)所示情况，轮子布置在大腿上，虽然离本体近，相比其他布置情况，对腿的惯性影响小，但轮腿切换难度大，而且切换之后本体高度很低，不利于轮式移动。

综上所述，可以得到如表 3.1 所示的结果，通过对比分析，选定图 3.1(b)所示情况作为样机的轮腿构型。

表 3.1　四种情况的对比分析

参数	图 3.1 (a) 所示情况	图 3.1 (b) 所示情况	图 3.1 (c) 所示情况	图 3.1 (d) 所示情况
对腿惯量影响	大	中等	一般	小
设计难度	中等	易	难	一般
轮腿切换难度	易	一般	中等	难

为了消除轮腿运动耦合带来的问题，有研究者设计了一种具有独立轮式和腿式运动构型的轮腿混合运动机构。由于开链关节式腿机构具有简单紧凑、灵活性好等特点，足式机器人大多采用三节段三关节的腿部构型。其中不同节段长度比例是腿部构型设计的重点。张建斌等[25]以腿部工作空间和雅可比矩阵条件数的倒数作为灵巧度指标，发现腿长比例为 0.05∶0.3∶0.65 时六足机器人运动灵活性较好，不同参数的节段长度比例也会影响最大步行速度和越障能力，而这些性能指标之间又会造成设计参数的矛盾。邓宗全等[26]综合考虑上述指标，提出基节长度比例 $k_1 \in [0, 0.1]$、大腿长度比例 $k_2 \in [0.4, 0.5]$ 时，机器人的运动特性和灵活性较为合理。本节采用开链三关节式的腿部构型设计，节段长度比例符合邓宗全等提出的设计准则。

为了避免上述轮腿混合构型造成的耦合干扰或越障能力降低等缺点，将主动驱动轮设计在机器人小腿上面，可使机器人的行走不会对足端及本体造成干扰，如图 3.2 所示。当机器人转换到轮式构型时，各腿向本体弯曲至足端与本体底部接触，进而形成稳定的支撑结构，如图 3.3 所示。轮式构型的主要设计参数为 L_4、L_5、α_1、α_2。主要考虑的设计目标为减小维持稳定轮式构型所需要的各个关节的主动力矩 τ_1、τ_2、τ_3。机器人轮式运动转弯靠髋关节的横向摆动来完成，此时主要的阻力为轮子与地面的摩擦，为减小主动力矩 τ_1，机器人轮行时轮子的中心需位于髋关节轴线上。假设机器人沿水平方向向右移动，机器人轮子作用在小腿的摩擦反力为 f_1，支撑反力为 n_1。当 $f_1 L_4 \cos\alpha_1 > n_1 L_4 \sin\alpha_1$ 时，机器人足端有离

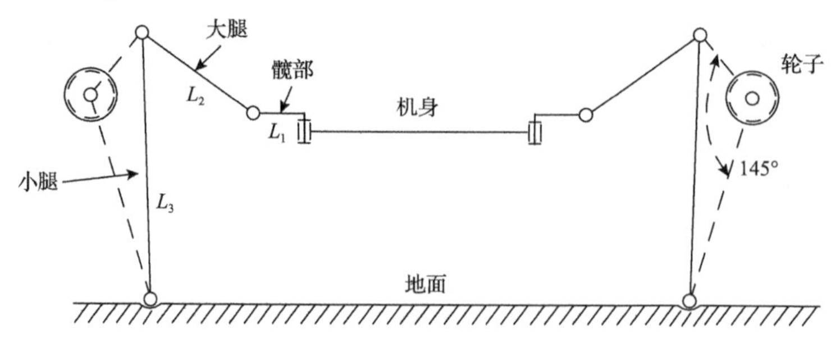

图 3.2　轮腿复合机器人腿式构型简图

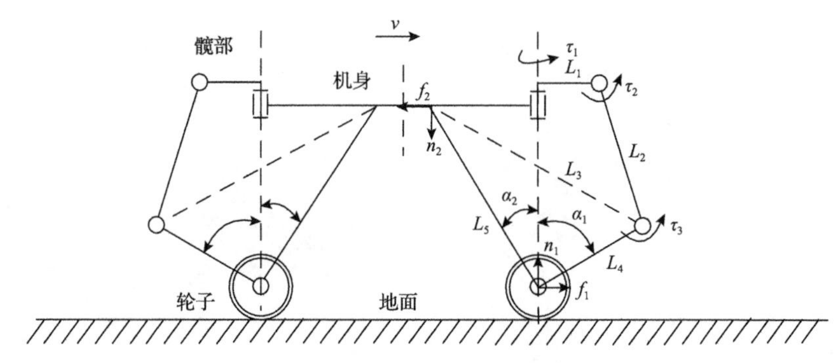

图 3.3　轮腿复合机器人轮式构型简图

开本体底部的趋势，机器人需增大主动力矩 τ_3 来维持轮式运动结构的稳定。为消除这种情况，设计参数 $\alpha_1 = \pi/2$。当 $f_1 L_4 \cos\alpha_1 < n_1 L_4 \sin\alpha_1$ 时，机器人足端与本体形成面接触，假设本体作用在足端的接触摩擦力为 f_2，由关节 3 处受力平衡可得

$$\tau_3 = f_1 L_4 \cos\alpha_1 + n_1 L_4 \sin\alpha_1 + f_2(L_5 \cos\alpha_2 - L_4 \cos\alpha_1) - n_2(L_5 \sin\alpha_2 + L_4 \sin\alpha_1) \tag{3.1}$$

令 $f_1 = f_2$，$n_1 = n_2$，进一步化简得

$$\tau_3 = \sqrt{{f_2}^2 L_5^2 + n_2^2 L_5^2}\sin\left(\alpha_2 - \arctan\frac{f_2}{n_2}\right) \tag{3.2}$$

为了使 τ_3 尽可能小，$\alpha_2 = \arctan\dfrac{f_2}{n_2} \in [0, \arctan\mu]$，其中 μ 为足端与本体底部的摩擦系数。由余弦定理得

$$L_3^2 = L_4^2 + L_5^2 - L_4 L_5 \cos(\alpha_1 + \alpha_2) \tag{3.3}$$

为了获得更大的轮子半径，轮心需与本体之间保持尽量大的距离，因此有

$$L_4 = L_1,\quad L_5 = \frac{L_2}{\cos\alpha_2} \tag{3.4}$$

该构型设计消除了轮腿之间运动耦合带来的干扰，同时保证了较大的轮行半径。轮式构型结构稳定，足底与本体间摩擦自锁的设计使轮式运动时的受力通过结构承受，降低了机器人关节的驱动力矩，节省了能耗。

如图 3.4(a)～(c)所示的多种不同尺度的轮腿复合昆虫构型单分支结构，已用于多种六足轮腿式移动操作机器人样机中。如图 3.4(d)所示的轮腿复合单分支结构，在被动轮外包裹了半面橡胶，当轮着地时为轮滑构型，橡胶着地时为足行构型，应用于四足轮滑机器人结构设计中。

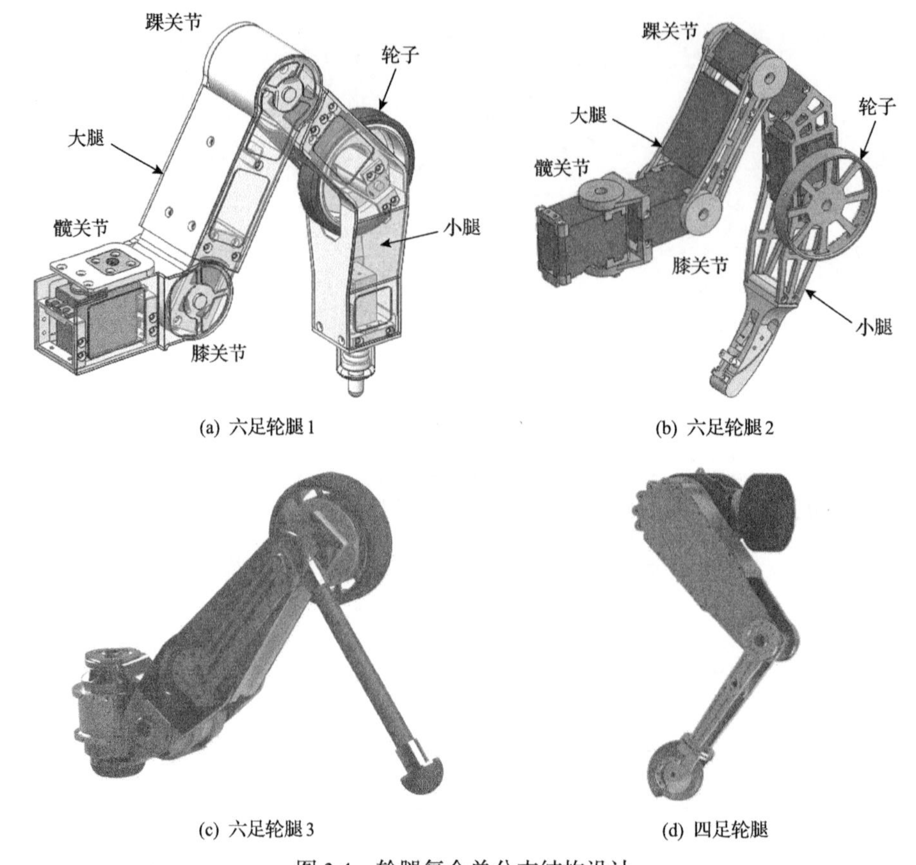

(a) 六足轮腿 1　(b) 六足轮腿 2

(c) 六足轮腿 3　(d) 四足轮腿

图 3.4　轮腿复合单分支结构设计

3.2　可实现三自由度与五自由度切换的腿臂融合单分支设计

四足机器人一般由机器人本体和四条串联机械腿组成，机械腿按照关节布置方式可分为仿爬行动物式和仿哺乳动物式两种。为了提高机器人在不平整地面的灵活性和稳定性，同时使得机器人在操作臂模式时有更高的稳定性和更大的工作空间，这里所设计的腿臂融合机器人均采用仿爬行动物式腿部结构。机器人在操作模式时，腿臂融合分支展开成为五自由度操作臂，其余三条腿支撑机器人本体。这里首先对操作臂进行正运动学建模，在此基础上分析逆运动学求解方法。由于机器人操作臂只有五个自由度，而空间刚体运动包含六个自由度，因而对于给定的期望位置和姿态，单靠操作臂的运动不能保证同时满足。这里针对足式机器人本体位置比姿态更容易调整的特点，将对操作臂位置和姿态的影响分开，提出保证位置和保证姿态的两种逆解方法，并给出每种方法下的姿态或位置偏差。在保证操作臂达到期望姿态的前提下，利用本体移动去补偿位置偏差，这样可以使操作臂同时达到期望的位置和姿态，实现精确操作。

3.2.1　正运动学

操作臂的机构简图如图 3.5 所示。应用指数积方法，取 θ=0 对应于机构完全展开时的位形，并建立基坐标系$\{S\}$和工具坐标系$\{T\}$。其中坐标系$\{S\}$的 z 轴与关节 1 的转轴重合，其 x 轴沿 l_1 方向，坐标系$\{T\}$与坐标系$\{S\}$平行且原点位于操作臂末端。

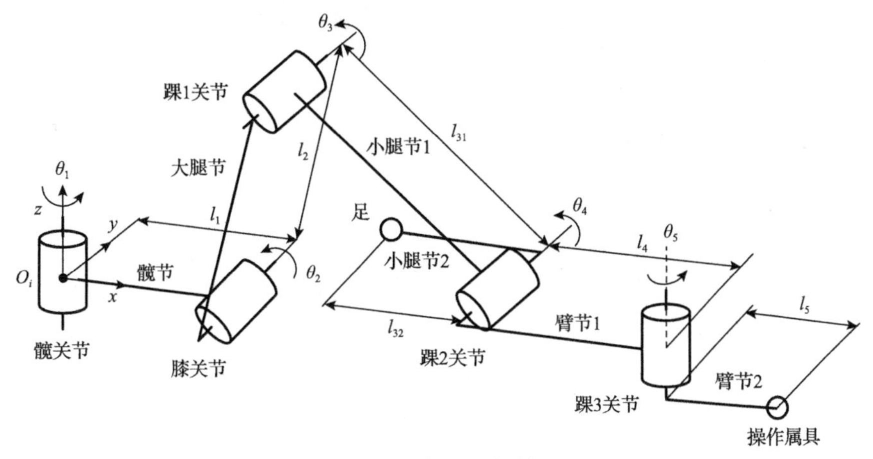

图 3.5　操作臂机构简图

θ=0 时，基坐标系与工具坐标系的变换为

$$
\boldsymbol{g}_{st}(0)=\begin{bmatrix} \boldsymbol{I}_3 & \begin{bmatrix} l_1+l_2+l_3+l_4+l_5 \\ 0 \\ 0 \end{bmatrix} \\ \boldsymbol{0} & 1 \end{bmatrix} \tag{3.5}
$$

第 i 个关节在初始状态下在$\{S\}$中的单位运动旋量可表示为

$$
\boldsymbol{\xi}_i=\begin{bmatrix} \boldsymbol{\omega}_i \\ \boldsymbol{r}_i\times\boldsymbol{\omega}_i \end{bmatrix} \tag{3.6}
$$

其中，$\boldsymbol{\omega}_i=[\omega_{i1}\quad\omega_{i2}\quad\omega_{i3}]^{\mathrm{T}}$，$\boldsymbol{\omega}_i\in\mathbb{R}^3$ 为单位角速度；$\boldsymbol{r}_i$ 为关节 i 到$\{S\}$的位置矢量。构造零位时的转动关节运动旋量：

$$
\boldsymbol{\omega}_1=\boldsymbol{\omega}_5=[0\quad 0\quad 1]^{\mathrm{T}},\quad \boldsymbol{\omega}_2=\boldsymbol{\omega}_3=\boldsymbol{\omega}_4=[0\quad 1\quad 0]^{\mathrm{T}} \tag{3.7}
$$

操作臂正解的指数映射具有如下形式：

$$
\boldsymbol{g}_{st}(\boldsymbol{\theta})=\mathrm{e}^{\hat{\xi}_1\theta_1}\mathrm{e}^{\hat{\xi}_2\theta_2}\mathrm{e}^{\hat{\xi}_3\theta_3}\mathrm{e}^{\hat{\xi}_4\theta_4}\mathrm{e}^{\hat{\xi}_5\theta_5}\boldsymbol{g}_{st}(\boldsymbol{0}) \tag{3.8}
$$

其中，

$$\hat{\xi}_i \in \mathrm{se}(3),\quad \hat{\xi}_i = \begin{bmatrix} \hat{\boldsymbol{\omega}}_i & \boldsymbol{r}_i \times \boldsymbol{\omega}_i \\ \boldsymbol{0} & 0 \end{bmatrix},\quad \hat{\boldsymbol{\omega}}_i = \begin{bmatrix} 0 & -\omega_{i1} & \omega_{i2} \\ \omega_{i3} & 0 & -\omega_{i1} \\ -\omega_{i2} & \omega_{i1} & 0 \end{bmatrix}$$

$$\mathrm{e}^{\hat{\xi}_i\theta_i} \in \mathrm{SE}(3),\quad \mathrm{e}^{\hat{\xi}_i\theta_i} = \exp\begin{bmatrix} \exp(\theta_i\hat{\boldsymbol{\omega}}_i) & \boldsymbol{b} \\ \boldsymbol{0} & 1 \end{bmatrix}$$

$$\mathrm{e}^{\theta_i\hat{\omega}_i} = \boldsymbol{I}_{3\times3} + \hat{\boldsymbol{\omega}}_i \sin\theta_i + \hat{\boldsymbol{\omega}}_i^2(1-\cos\theta_i)$$

$$\boldsymbol{b} = (\theta_i \boldsymbol{I}_{3\times3} + \hat{\boldsymbol{\omega}}_i(1-\cos\theta_i) + \hat{\boldsymbol{\omega}}_i^2(\theta_i - \sin\theta_i))(\boldsymbol{r}_i \times \boldsymbol{\omega}_i)$$

式(3.8)用指数积公式展开各式得

$$\boldsymbol{g}_{st}(\boldsymbol{\theta}) = \begin{bmatrix} \boldsymbol{R}(\boldsymbol{\theta}) & \boldsymbol{P}(\boldsymbol{\theta}) \\ \boldsymbol{0} & 1 \end{bmatrix} = \begin{bmatrix} r_{11} & r_{12} & r_{13} & p_x \\ r_{21} & r_{22} & r_{23} & p_y \\ r_{31} & r_{32} & r_{33} & p_z \\ 0 & 0 & 0 & 1 \end{bmatrix} \tag{3.9}$$

该矩阵描述了末端工具坐标系在基础坐标系中的位置和姿态。

3.2.2 逆运动学

当机器人操作臂联合本体运动时，两者可等效为一个冗余自由度串并混联机构，按照传统方法求解其逆运动学较为复杂。这里根据机器人本体位置可移动范围较大的特点，采用操作臂保证姿态的逆解方法求得位置误差，然后使用机身补偿位置误差，从而可实现腿臂融合分支的位姿精确控制。

给定腿臂融合分支期望位置和姿态后，可计算保证位置的逆运动学，逆运动学解如下所示：

$$\begin{cases} \theta_1 = \mathrm{atan2}(r_{23}, r_{13}) \\ \theta_2 = \mathrm{atan2}\dfrac{v}{u} + \arccos\left(\dfrac{s^2 + l_2^2 + l_3^2}{2sl_2}\right) \\ \theta_3 = \arccos\left(\dfrac{-s^2 + l_2^2 + l_3^2}{2l_2 l_3}\right) \\ \theta_4 = \arccos r_{33} - \theta_2 - \theta_3 \\ \theta_5 = \mathrm{atan2}(-r_{32}, r_{31}) \end{cases} \tag{3.10}$$

其中，

$$u = \theta_a - l_1 - l_4 \sin(\arccos r_{33}),\quad v = \theta_b - l_4 \sin(\arccos r_{33})$$

$$\theta_b = p_z - l_5 r_{31},\quad \theta_a = (p_x - l_5 r_{11})\cos\theta_1 + (p_y - l_5 r_{21})\sin\theta_1$$

将各关节变量代入正运动学方程可计算得到实际的手臂末端位置 $\boldsymbol{P}_a(\boldsymbol{\theta})$，所需机身补偿的位置为

$$\boldsymbol{P}_e(\boldsymbol{\theta}) = \boldsymbol{P}(\boldsymbol{\theta}) - \boldsymbol{P}_a(\boldsymbol{\theta}) \tag{3.11}$$

其中，$\boldsymbol{P}(\boldsymbol{\theta})$ 为末端期望的位置，经过各支撑足的腿分支使机身补偿运动后可达。

3.2.3　结构及样机设计

本节中的四足腿臂融合机器人的四个髋关节舵机在机器人本体上对称布置，髋关节、大腿、小腿关节采用单自由度铰链连接，地面对于其足部的约束可以等价为一个球铰。机器人的一条腿被设计为腿臂融合分支，包含有五个转动关节，如图 3.6 所示。当机器人行走时，腿臂融合分支折叠，实现正常的腿部功能，进行行走；当使用手臂末端执行器进行操作时，利用其他三条腿支撑本体，腿臂融合分支展开后成为以机器人本体为基座的五自由度操作臂，进行相应操作，如图 3.7 所示。

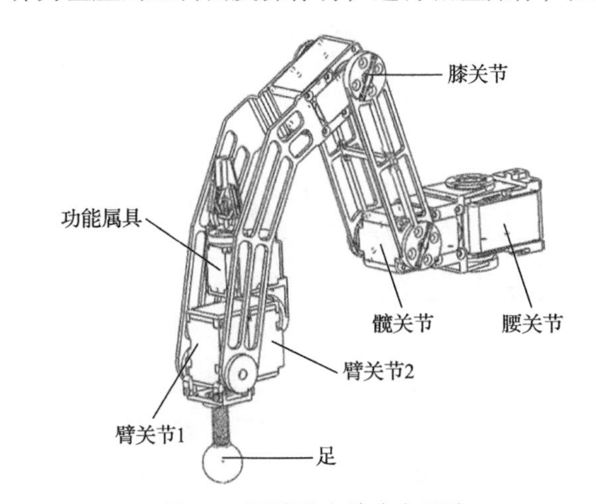

图 3.6　腿臂融合单分支设计

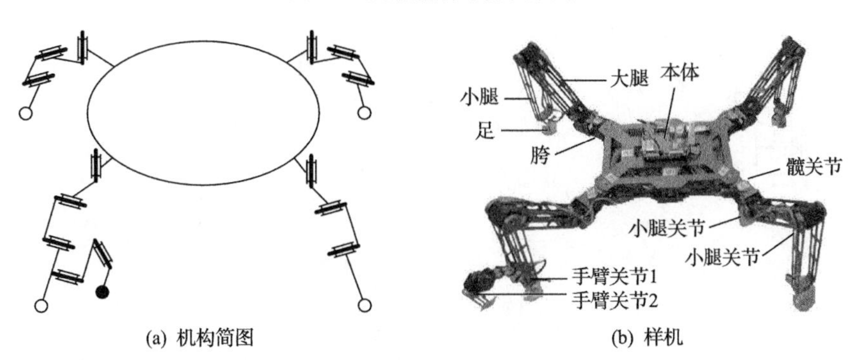

图 3.7　腿臂融合四足机器人

3.3　可实现三自由度与六自由度切换的腿臂融合单分支设计

足式机器人的腿机构常见有类昆虫式和类哺乳动物式两种构型。对于腿臂融合机器人腿分支，采用如图 3.8 所示的三自由度类昆虫式构型。腿臂融合分支机构行走时，其腿也是三自由度的类昆虫式构型，而操作时为臂，为了增加分支操作的灵活性，采用六自由度的构型。为了保证分支构型变换时两个构态为三自由度的类昆虫式构型腿与六自由度的机械臂，遍历了六自由度构型，从中选择了如图 3.9 所示的六自由度构型，设计了如图 3.10 所示的变构型腿臂融合机器人整体构型。

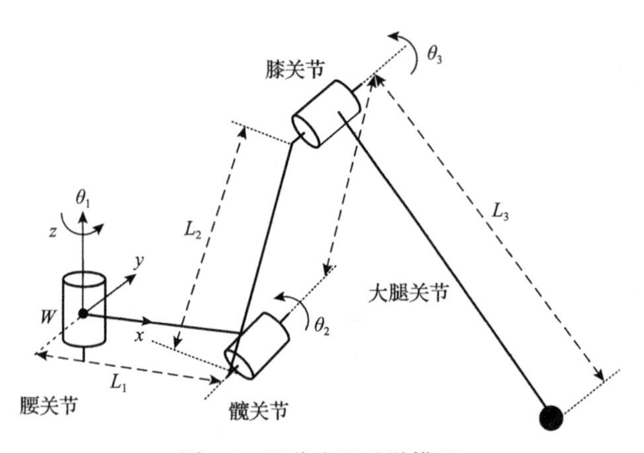

图 3.8　腿分支运动学模型

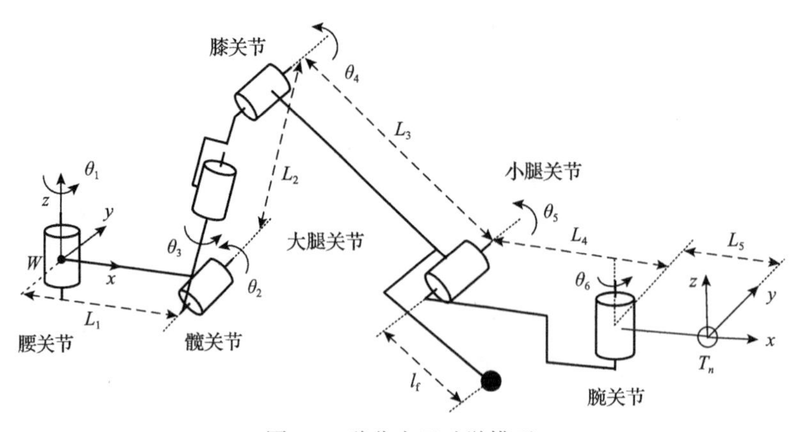

图 3.9　臂分支运动学模型

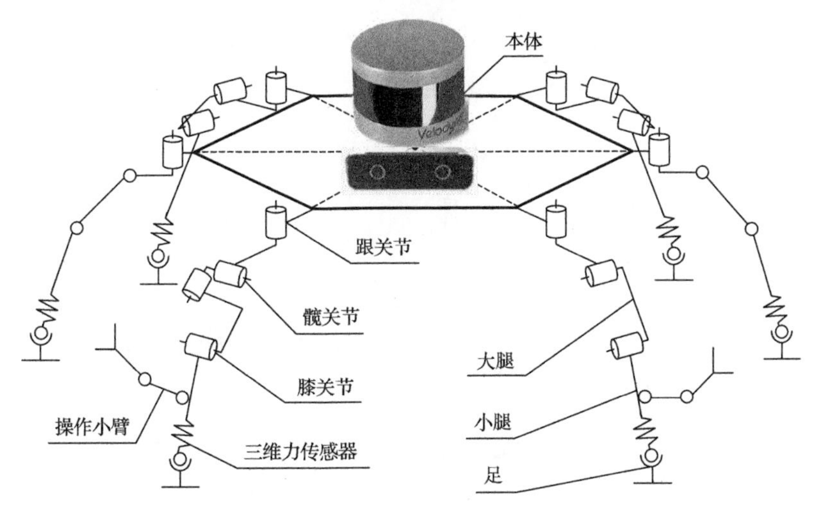

图 3.10　变构型腿臂融合移动操作机器人整体机构简图

3.3.1　正运动学

计算关节的位姿变换矩阵为

$$
\mathrm{e}^{\theta_1\xi_1}=\begin{bmatrix}\cos\theta_1 & -\sin\theta_1 & 0 & 0\\ \sin\theta_1 & \cos\theta_1 & 0 & 0\\ 0 & 0 & 1 & 0\\ 0 & 0 & 0 & 1\end{bmatrix},\quad \mathrm{e}^{\theta_2\xi_2}=\begin{bmatrix}\cos\theta_2 & 0 & \sin\theta_2 & 0\\ 0 & 1 & 0 & 0\\ -\sin\theta_2 & 0 & \cos\theta_2 & 0\\ 0 & 0 & 0 & 1\end{bmatrix}
$$

$$
\mathrm{e}^{\theta_3\xi_3}=\begin{bmatrix}1 & 0 & 0 & 0\\ 0 & \cos\theta_3 & -\sin\theta_3 & 0\\ 0 & \sin\theta_3 & \cos\theta_3 & 0\\ 0 & 0 & 0 & 1\end{bmatrix},\quad \mathrm{e}^{\theta_4\xi_4}=\begin{bmatrix}\cos\theta_4 & 0 & \sin\theta_4 & L_2(\cos\theta_4-1)\\ 0 & 1 & 0 & 0\\ -\sin\theta_4 & 0 & \cos\theta_4 & L_2\sin\theta_4\\ 0 & 0 & 0 & 1\end{bmatrix}
\tag{3.12}
$$

$$
\mathrm{e}^{\theta_5\xi_5}=\begin{bmatrix}\cos\theta_5 & 0 & \sin\theta_5 & (L_2+L_3)(\cos\theta_5-1)\\ 0 & 1 & 0 & 0\\ -\sin\theta_5 & 0 & \cos\theta_5 & (L_2+L_3)\sin\theta_5\\ 0 & 0 & 0 & 1\end{bmatrix}
$$

$$
\mathrm{e}^{\theta_6\xi_6}=\begin{bmatrix}\cos\theta_6 & -\sin\theta_6 & 0 & (L_2+L_3+L_4)(1-\cos\theta_6)\\ \sin\theta_6 & \cos\theta_6 & 0 & -(L_2+L_3+L_4)\sin\theta_6\\ 0 & 0 & 1 & 0\\ 0 & 0 & 0 & 1\end{bmatrix}
$$

末端执行器位姿变换矩阵如下：

$$G_{\mathrm{Arm}} = \mathrm{e}^{\theta_1\xi_1}\mathrm{e}^{\theta_2\xi_2}\mathrm{e}^{\theta_3\xi_3}\mathrm{e}^{\theta_4\xi_4}\mathrm{e}^{\theta_5\xi_5}\mathrm{e}^{\theta_6\xi_6} \tag{3.13}$$

末端位置可以表示为

$$\boldsymbol{P}_{\mathrm{Arm}} = \boldsymbol{G}_{\mathrm{Arm}}\boldsymbol{P}_0 \tag{3.14}$$

其中，$\boldsymbol{P}_0 = [L_2 + L_3 + L_4 + L_5 \quad 0 \quad 0 \quad 1]^{\mathrm{T}}$。

3.3.2 逆运动学

对于腿机构，单腿坐标系 W 建立如图 3.8 所示，根据串联机器人的指数积公式可以得到单腿末端位置的运动学正解为

$$\boldsymbol{P}^W = \begin{bmatrix} x^W \\ y^W \\ z^W \end{bmatrix} = \begin{bmatrix} (l_1 + l_2\cos\theta_2 + l_3\cos(\theta_2+\theta_3))\cos\theta_1 \\ (l_1 + l_2\cos\theta_2 + l_3\cos(\theta_2+\theta_3))\sin\theta_1 \\ l_2\sin\theta_2 + l_3\sin(\theta_2+\theta_3) \end{bmatrix} \tag{3.15}$$

运动学逆解利用几何解法，可以通过如下公式计算：

$$\begin{cases} \theta_1 = \mathrm{atan2}(y^W, x^W) \\ \theta_2 = \mathrm{atan2}(z^W, s) + \arccos\left(\dfrac{L_2^2 + s^2 - L_3^2}{2sL_2}\right) \\ \theta_3 = \pi - \arccos\left(\dfrac{L_2^2 + L_3^2 - s^2}{2L_2L_3}\right) \end{cases} \tag{3.16}$$

其中，$s = \sqrt{(y^W)^2 + (x^W)^2} - L_1$。

单臂运动学模型如图 3.9 所示，假设单臂的基坐标系原点建立在腰关节上并且姿态和大地平行。针对手臂模式分支，将末端与根部的关系互换，当成一个新的机构求解。此时前面单腿结构相似，最后三个交于一点仅影响姿态。

假设需求的位姿矩阵为

$$\boldsymbol{G}_0 = \begin{bmatrix} \boldsymbol{R}_0 & \boldsymbol{P}_0 \\ \boldsymbol{0} & 1 \end{bmatrix}$$

其逆解方法如下。

将末端的位姿由物体坐标系转换到腕关节坐标系：

$$\boldsymbol{G}_{\mathrm{w}} = \begin{bmatrix} \boldsymbol{R}_{\mathrm{w}} & \boldsymbol{P}_{\mathrm{w}} \\ \boldsymbol{0} & 1 \end{bmatrix} = \begin{bmatrix} \boldsymbol{R}_0^{\mathrm{T}} & -\boldsymbol{R}_0^{\mathrm{T}}\boldsymbol{P}_0 - \begin{bmatrix} L_5 \\ 0 \\ 0 \end{bmatrix} \\ \boldsymbol{0} & 1 \end{bmatrix} \tag{3.17}$$

根据位置求解 θ_4 、θ_5 和 θ_6 ，其中 $\theta_4\in[0,\pi]$，$\theta_5\in[-\pi,0]$，$\theta_6\in\left[-\frac{\pi}{2},\frac{\pi}{2}\right]$，求解方法和单腿求解相同。设

$$\boldsymbol{P}_{\mathrm{w}}=\begin{bmatrix}x_{\mathrm{w}}\\ y_{\mathrm{w}}\\ z_{\mathrm{w}}\end{bmatrix}$$

可得

$$\theta_4=\pi-\arccos\left(\frac{L_3^2+L_2^2-D_{xyz}^2}{2L_2L_3}\right) \tag{3.18}$$

$$\theta_5=-\operatorname{atan2}(z_{\mathrm{w}},D_{xy})-\arccos\left(\frac{D_{xyz}^2+L_3^2-L_2^2}{2D_{xyz}L_3}\right) \tag{3.19}$$

$$\theta_6=\pi-\operatorname{atan2}(y_{\mathrm{w}},x_{\mathrm{w}}) \tag{3.20}$$

其中，$D_{xy}=\sqrt{x_{\mathrm{w}}^2+y_{\mathrm{w}}^2}-L_4$，$D_{xyz}=\sqrt{D_{xy}^2+z_{\mathrm{w}}^2}$ 。

根据姿态求解 θ_1 、θ_2 和 θ_3 ，其中 $\theta_1\in\left[-\frac{\pi}{2},\frac{\pi}{2}\right]$，$\theta_2\in\left[-\frac{\pi}{2},0\right]$，$\theta_3\in[-\pi,0]$，为典型 zyx 欧拉角求解。假设

$$\begin{aligned}\boldsymbol{R}_{123}=\boldsymbol{R}_0\boldsymbol{R}_{456}^{\mathrm{T}}&=\begin{bmatrix}r_{11}&r_{12}&r_{13}\\ r_{21}&r_{22}&r_{22}\\ r_{31}&r_{32}&r_{33}\end{bmatrix}\\ &=\begin{bmatrix}\cos\theta_1\cos\theta_2&-\sin\theta_1\cos\theta_3+\cos\theta_1\sin\theta_2\sin\theta_3&\sin\theta_1\sin\theta_3+\cos\theta_1\sin\theta_2\cos\theta_3\\ \sin\theta_1\cos\theta_2&\cos\theta_1\cos\theta_3+\sin\theta_1\sin\theta_2\sin\theta_3&\sin\theta_1\cos\theta_3-\cos\theta_1\sin\theta_2\sin\theta_3\\ -\sin\theta_2&\cos\theta_2\sin\theta_3&\cos\theta_2\cos\theta_3\end{bmatrix}\end{aligned} \tag{3.21}$$

可得

$$\theta_2=\arcsin r_{31},\quad \theta_1=\operatorname{atan2}(r_{21},r_{11}),\quad \theta_3=\operatorname{atan2}(r_{32},r_{33}) \tag{3.22}$$

3.3.3　结构及样机设计

普通的行走腿分支采用传统的三自由度昆虫模式结构，腰关节轴线垂直于机器人本体，髋关节和膝关节轴线平行并与腰关节轴线垂直，足与小腿之间安装有三维力传感器。对于具备行走和操作能力的腿臂融合分支，它行走时为腿，操作

时为机械臂。为满足操作时对灵巧性能的要求，采用六自由度的机构进行设计，其中一条分支末端操作工具为剪刀，另外一条分支末端操作工具为夹持器。所设计的分支结构如图 3.11 所示。

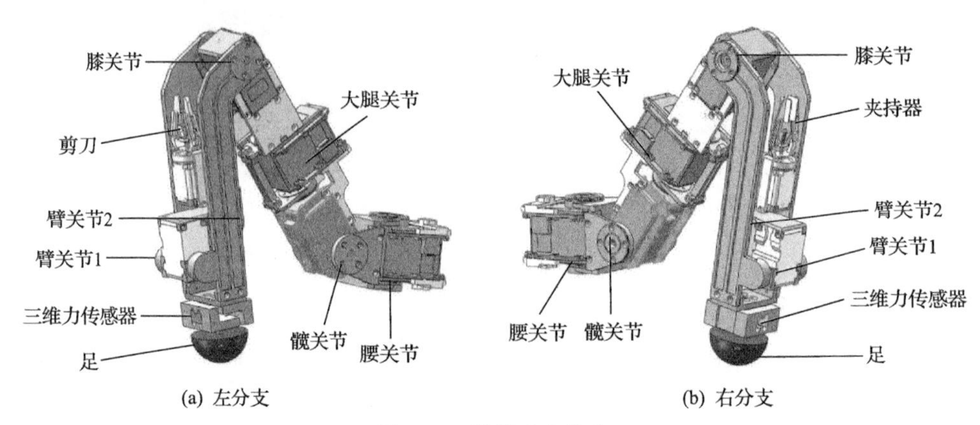

图 3.11　腿臂融合分支

机器人整体三维虚拟模型如图 3.12 所示。图 3.12(a)展示了机器人内部结构，图 3.12(b)展示的是机器人的外观。

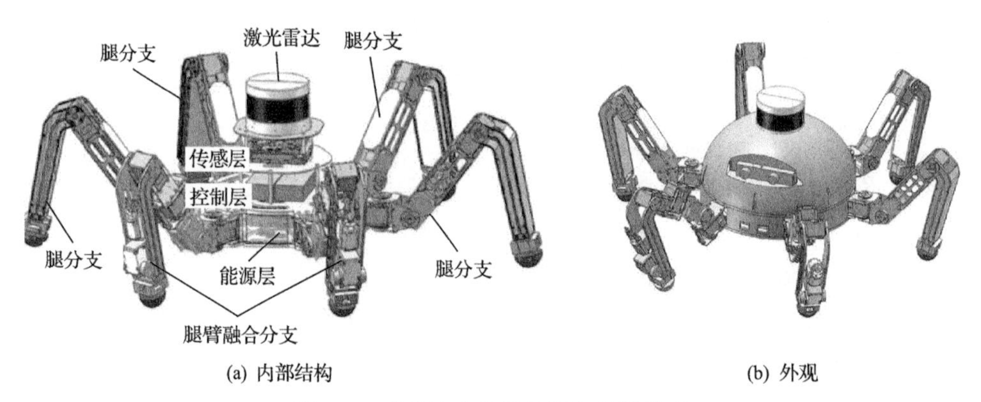

图 3.12　机器人整体结构图与整体外观

3.4　手足一体化设计

自然界存在的手足复用机制可为手足一体化机器人的设计提供启示。自然界中最常见的手足复用的灵长类动物是大猩猩和黑猩猩，它们的四肢可用于行走，同时前面两肢的手指可用来握持物体。在行走时，手指向手掌收缩，指关节压在地面上，中指骨的背面承受载荷，这种运动方式称为指撑型运动(knuckle-walking)。

在指关节支撑行走阶段，手腕通过活动的指间关节和掌指关节保持稳定位置，手掌因此垂直于地面并与前臂成一直线。

手足一体化装置融合兼顾机械手/爪与机械足的特定功能，在结构上为二者的有机结合，因此手足融合机构主要存在两种设计思路：①机械手与机械足为同一组零件，结构在收拢紧固时可充当机械足使用，在张开活动时充当机械手使用；②机械手与机械足不为同一组零件，在结构上相对分离，对应的手与足结构在功能转换过程中进行相应的结构切换。为兼顾足对于行走支撑的需求与手/爪对操作的需求，最终选定方案②。初始状态使用机械足的支撑功能，手指收拢在小腿内部；待抓取物体时，机械手足开始切换，手指整体滑移伸出后开始抓取物体。图3.13为所设计的手足一体化变胞机构。图3.14显示了机构在足式工作模式与手/爪工作模式间的切换过程。

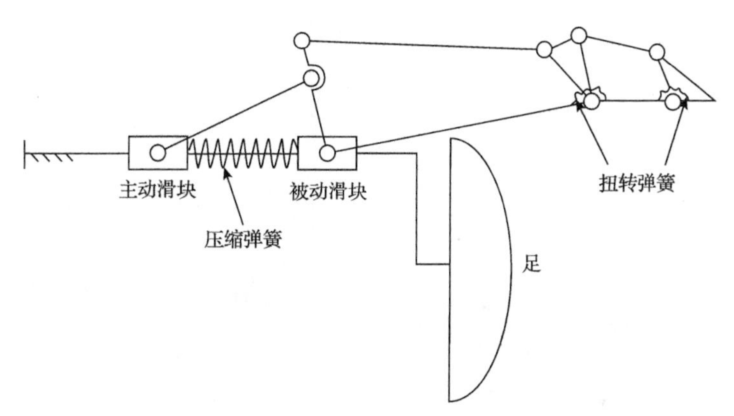

图3.13　手足一体化装置机构简图

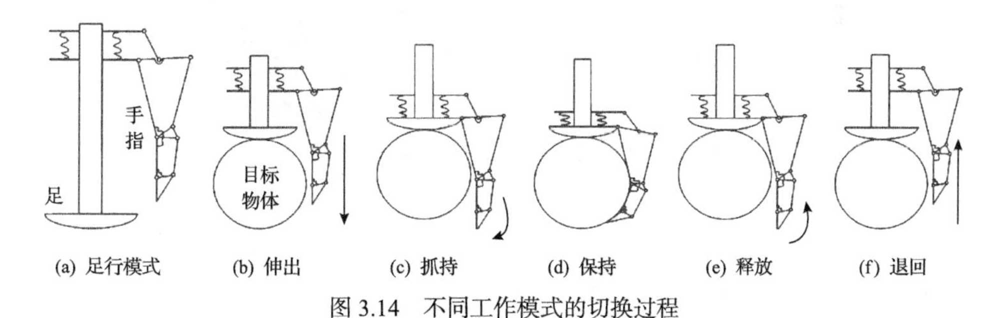

图3.14　不同工作模式的切换过程

欠驱动手指大致可分为连杆型欠驱动手指、腱绳型欠驱动手指、齿轮带轮混合型欠驱动手指等。其中，齿轮带轮混合型欠驱动手指的尺寸较大，不能与体积较小的机械足相匹配。腱绳型欠驱动手指通过绳索拉伸，依靠不同弹性刚度的扭簧作用，实现手指弯曲以及包络抓取。但由于绳索的拉动运动与手足融合设计难以匹配，利用腱绳型欠驱动手指进行手足切换的可行性不高。因此，综合考虑手足切换的可行性及机构的紧凑性，选取连杆型欠驱动手指。在手足切换过程中，手指滑移伸出机构可采用丝杆直线运动单元驱动。连杆型欠驱动手指的驱动可分为直线驱动与转动驱动两种形式。为统一手足切换及手指抓取的驱动方式，连杆型欠驱动手指同样采用直线运动单元驱动。机械足需要适应各种复杂环境的地面情况，能够承载多足机器人本体的重量，而且能使机器人稳定前行。考虑到以上设计要求，这里采用半球形的机械足底，球弧面的足底能与地面实现类球铰接触，承载面积相对较大，能够保持机器人支撑稳定性，使多足机器人可适用于各种复杂地形。机械足的小腿内部用于收纳机械手指，因此小腿需要具备手指整体滑移的空间，在适当减轻足部重量的基础上，保证足掌面受力后不会过载失效的前提下，采用支撑杆形式作为机械足的支撑件。对单分支的运动静力学进行分析，并应用遗传算法对单分支的尺度进行优化，使各指节的受力尽可能均衡。手足一体化装置三维计算机辅助设计模型与抓持实验如图 3.15 所示。

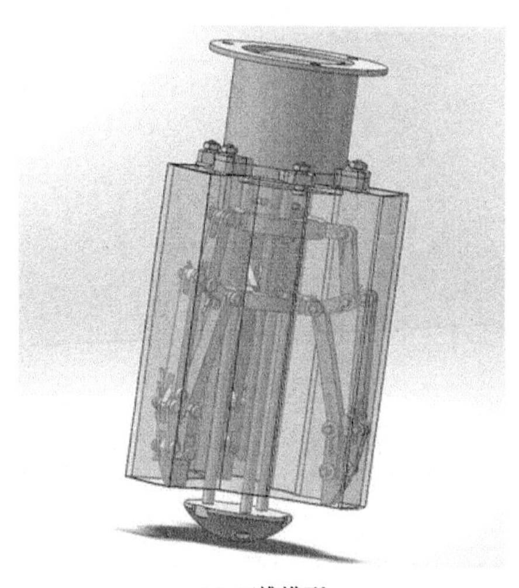

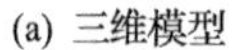

(a) 三维模型

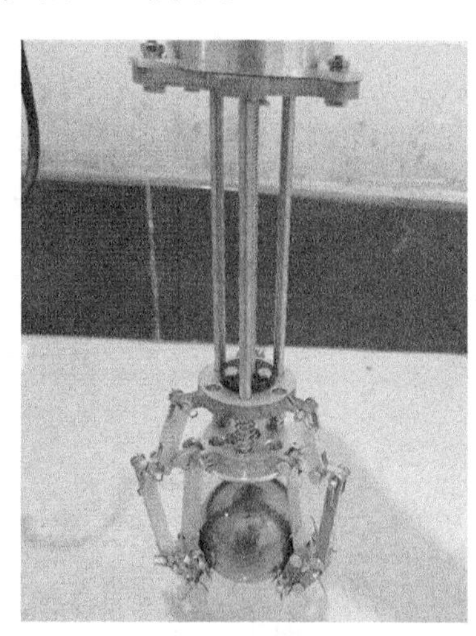

(b) 抓持实验

图 3.15　手足一体化装置三维计算机辅助设计模型与抓持实验

第4章　模块化仿生机械足设计

以往机器人设计中的仿生设计方法大致可分为以下两种思路：一是模仿生物的形态学外形对机器人部件进行设计以完成相应的功能；二是对生物特殊的组织进行仿造以实现某些特定功能。但以上两种方法对仿生机理的解析较为单一和局限。生物器官有优异的性能往往是因为它们是材料、结构、驱动、运动高度耦合的产物，所以需要对生物器官的形态与结构进行研究，结合运动观测对生物器官进行解构，建立其等价机构模型，在此基础上进行运动学研究和功能特性解析，才能根据移动操作机器人的实际作业需求，对相应的仿生构型进行简化、重构与优化，实现结构与功能的仿生映射，进而设计机器人的关键零部件。足与地面之间的接触力学行为是影响机器人适应复杂地形地质环境行走的关键因素，本章以自然界岩羊、水牛、骆驼等哺乳动物的足为仿生对象，揭示不同动物足部与地面接触的交互力学机理，提出刚柔耦合的模块化仿生机械足设计方法，研制一系列能够实现机器人在硬质地面、软质地面、沙地可靠附着移动的模块化仿生机械足及其快换装置。

4.1　适应山地环境行走的大附着力仿岩羊机械足设计

本节基于等价机构的仿生映射方法，对奇蹄动物和偶蹄动物的足部结构及功能开展深入研究，着重探讨双指(趾)结构的足部在复杂地形环境下的足地适应性和缓冲储能机理等问题。所提出的理论方法可用于具有类似结构的动物足部的共性和特性功能解析。根据马和岩羊足部骨骼结构及关节连接方式，可以得出其足部等效机构，如图 4.1 所示[27]。

有蹄动物腕关节具有复杂的结构，但整体作为屈戌关节，等效为单自由度的转动关节；掌骨认为是同一构件；球节关节等效为单自由度转动关节；冠关节和蹄关节是鞍状关节，等效为二自由度的虎克铰。可以看出，马和牛羊等反刍动物的足部结构的差别是，马等奇蹄动物腕关节以下只有一个支链，而牛羊等反刍动物有两个支链。而腕关节及以上的关节在构型上没有差别。这里只讨论前脚关节，而后脚关节与前脚关节在整体结构类似。后脚的跗关节(tarsal joint)结构上与腕关节差别很大，但在功能上都是作为屈戌关节存在的。后脚跖关节和趾关节与前脚对应关节类似。本章主要关注偶蹄动物的双趾结构，即腕关节以下球节关节、冠关节和蹄关节的部分(若没有特殊说明，下文简称足部)[27]。

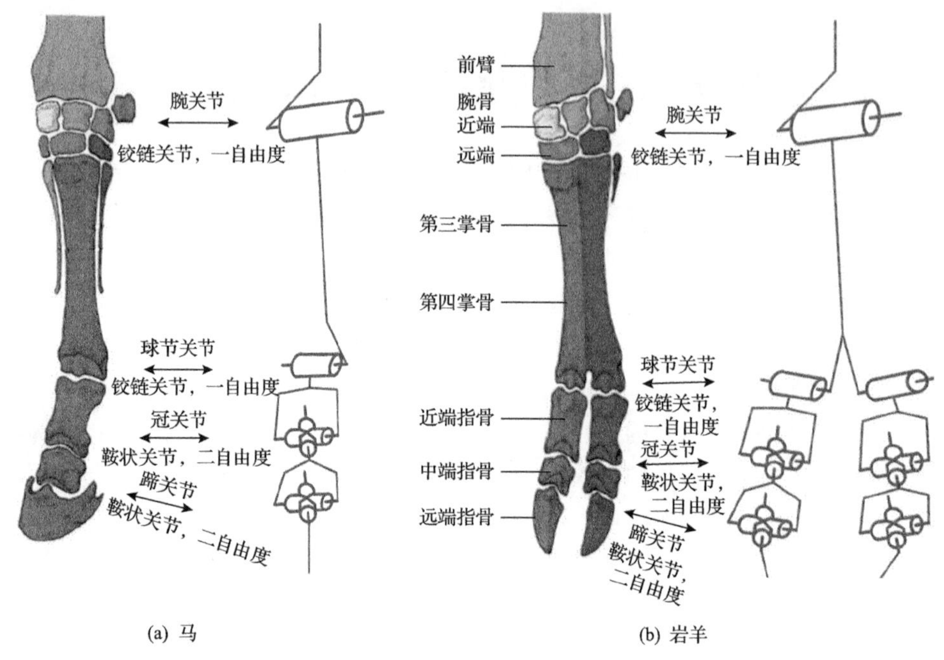

(a) 马　　(b) 岩羊

图 4.1　马和岩羊足部的等效机构

运用蒙特卡罗法，可以得到偶蹄动物双趾和单趾的等价机构的工作空间，如图 4.2 所示。图 4.2(a)表示一趾的工作空间，图 4.2(b)用黑色和红色表示两趾各

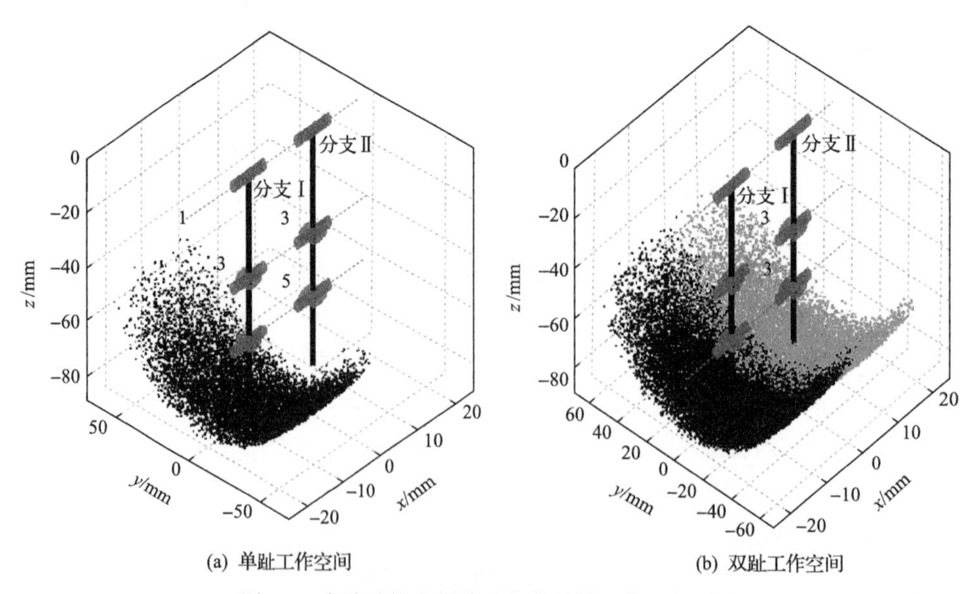

(a) 单趾工作空间　　(b) 双趾工作空间

图 4.2　奇蹄动物和偶蹄动物的足端工作空间对比

自的工作空间。两趾运动到工作空间的重叠部分时，会发生干涉，实际上无法同时达到该区域。因此，摆动状态下双趾可以改变相对位置，为下一步接触地面做准备。在山地动物准备落足时，双趾可以根据地形特点和实际需要改变两趾的姿态，以便在支撑相时更好地附着地面。而奇蹄动物只有一趾，末端的工作空间类似于图 4.2(a)，相当于偶蹄动物仅有一趾着地，是偶蹄动物足着地的特殊情况。

通过对偶蹄动物尤其是典型反刍动物足部的建模和运动学分析，可以得出具有类似结构的偶蹄动物足部的共性功能。通过对偶蹄动物和奇蹄动物足部解剖结构的分析，可以得出足部的主要功能是屈伸，次要功能是展收运动。在摆动相时，奇蹄动物可以改变单指(趾)的姿态，保证支撑相与地面的良好接触；偶蹄动物可以改变两指(趾)的相对位置和姿态，为下一步接触地面实现其特殊功能做准备。例如，山羊和岩羊在下坡时，足接触地面前两趾张开，增大了与土地的接触面积，增加了稳定性，防止打滑。

在支撑相，奇蹄动物如马等足部接触地面后，足部可以较灵活地改变掌骨(跖骨)相对地面的姿态和位置，灵活性高，便于选择合适的发力蹬地位置。但是刚性差，侧向冲击大时关节可能发生侧向移动超限，韧带撕裂，丧失部分或全部运动功能。而偶蹄动物双指(趾)接触地面，末端形成了并联机构，在同一关节活动范围内，改变掌骨(跖骨)相对地面位置和姿态的能力稍差，侧向倾斜的角度较小(关节范围–10°～10°时，最大仅有 3.89°)，但双趾会形成三角支撑结构，刚度大，也更稳定，对环境适应性有了很大的提高。特别是对于山地复杂环境，双趾结构有很大的优势。根据对岩羊偶蹄的运动等效机构模型进行分析，得出如图 4.3 所示的山地大附着力足的设计准则。

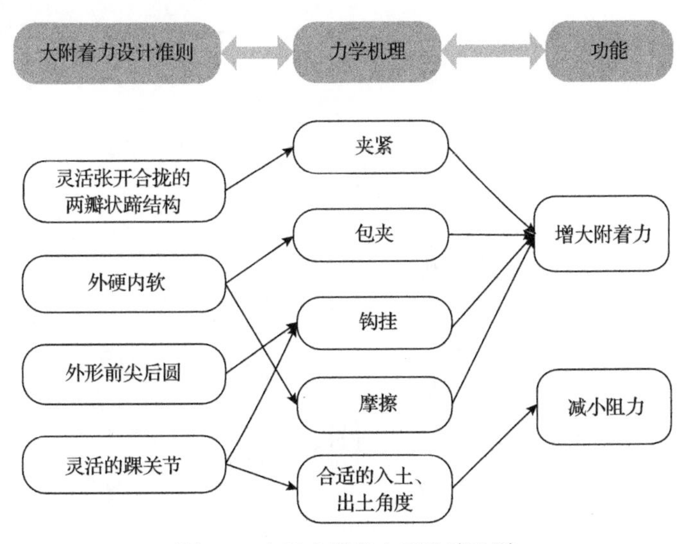

图 4.3　山地大附着力足设计准则

而现有的四足机器人足部结构设计简单，一般为平面足、曲面足和球面足；功能上只适合在刚性平整地面行走，在沙地、软土地行走时，会产生下陷过深、推动力不足、出土困难等现象，在崎岖地面或坡面行走时，会出现附着力不足、支撑点打滑等现象；一些仿生足的研究主要针对爬杆、爬壁、爬树等方面，通过主动或者被动地黏附来攀爬，要求爬行表面刚性、光滑或者不易碎，不适合山地复杂地面环境。

由山地大附着力足设计准则可知，大附着力仿生足机构设计部分主要是实现可张开合拢的两蹄瓣。参考岩羊蹄的等效机构，将仿生足分为两个部分：与地面接触的下部实现侧向倾角和两蹄瓣张开合拢，而连接的上部实现前后转动。前后转动很容易实现，从而需要设计一个仿生足机构来实现侧向倾角和两蹄瓣张开合拢。而偶蹄动物足部的多自由度和冗余驱动等，实现复杂，性价比不高，故而舍弃。只保留如下设计要求：①具有可张开合拢的两蹄瓣；②可实现侧向倾角；③可加入减振缓冲弹簧；④为减少转动惯量，采用被动驱动；⑤可通过改变设计参数形成不同的输出特性。

根据岩羊的足部机构，设计了一种如图 4.4 所示的能够实现夹紧包夹功能的机构，通过改变其结构参数可实现上板下压时两趾夹紧且角度可调。上板为动平台，最下面的两个连杆是蹄瓣，其中右侧蹄瓣是定平台。整个机构相对关节 ξ_{10} 对称。左支链包括三个转动关节（ξ_{10}、ξ_{11}、ξ_{14}）和一个圆柱关节。圆柱关节等效成一个转动关节（ξ_{12}）和一个移动关节（ξ_{13}）。右支链比左支链少一个转动关节（ξ_{10}）。将定坐标系固定在定平台对应的连杆上，在参考位形下，z 轴与关节 ξ_{10} 轴重合，y 轴与 ξ_{11} 轴和 ξ_{21} 轴平行。动坐标系与定坐标系在参考位形(各关节角度为零)下重

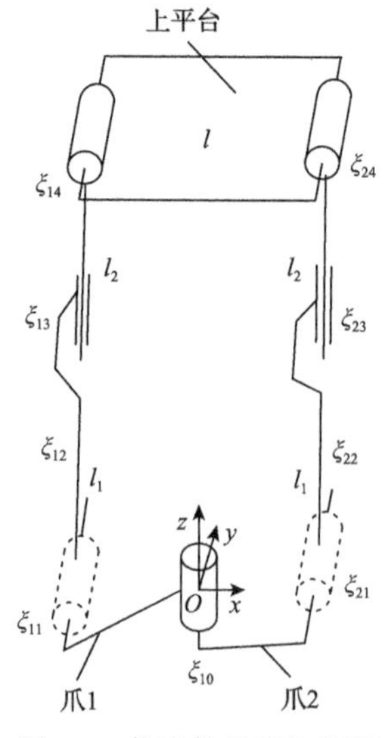

图 4.4　仿岩羊足机构简图

合。当上板下降时，两蹄瓣夹紧。

基于山地大附着力足设计准则研制的大附着力仿生机械足如图 4.5 所示，仿真与实验结果验证了该机械足能够实现如下功能：

(1) 足部触地后，上板下降，蹄瓣合拢；离开地面后，蹄瓣张开恢复。

(2) 具有缓冲减振弹簧，能够在足部机构触地下降时，减振储能；足部机构离地时，弹簧回弹，释放能量。

(3) 足部机构整合了踝关节侧向自由度、蹄瓣张开自由度和缓冲减振机构，左右支链的缓冲储能弹簧限制了其自由度，形成了具有两个被动自由度的欠驱动机械足。足部机构结构简单，工作可靠。

(4) 具有侧向自由度，上板可以左右倾斜适应倾斜地形，增加了机器人的行走稳定性。

(a) 初始状态

(b) 完全压缩

(c) 侧向倾斜

图 4.5　大附着力仿生机械足

4.2　适应松软沙地行走的仿骆驼机械足设计

目前国内外对具有特殊地貌适应性的机械足研究甚少，不能满足步行机器人的实际应用需求。因此，本节考虑到四足机器人在沙地、软土地等地面行走的问题，以骆驼为生物原型，研制了一种用于四足机器人的仿骆驼机械足，并进行了可行性仿真分析与实验验证。

骆驼足结构很特殊，与一般动物的足不同，如图 4.6 所示。由于长期在沙漠中活动，骆驼形成了有特殊结构的足。根据结构剖分可知，骆驼足有二趾，每趾有三个趾节，趾下侧和前端有趾枕和蹄。趾枕很发达，二趾的趾枕位于近、中趾节的部分相互连接在一起，形成足掌盘，二趾结合处有纵沟。蹄很小，位于远趾背侧部和前端。趾枕系皮肤的派生物，分表皮层、真皮层和皮下层。趾枕以表皮层与地面接触，表皮层厚(7.5～9mm)而软，既有保护作用又可防寒隔热。皮下层很发达，后部很厚(55～74mm)，主要由弹性组织构成；向前渐薄，主要由弹性纤维组织和脂肪组织构成。真皮层由致密的结缔组织构成，很坚韧，以确保皮下层和表皮层的连接。

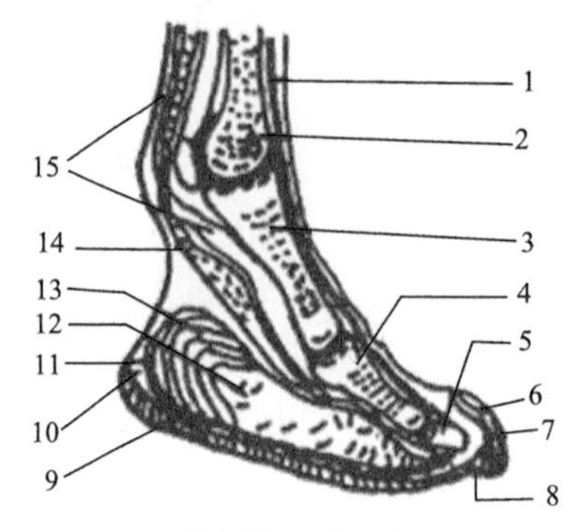

(a) 骆驼第四趾纵切面

1-指伸肌腱；2-掌骨；3-近指骨节；4-中指骨节；5-远指骨节；6-蹄褶；7-蹄壁；8-蹄底；9-指枕角质层；10-蹄枕真皮层；11-纤维鞘；12-中心脂肪垫；13-弹性纤维垫；14-指深屈肌腱支；15-指浅屈肌腱支

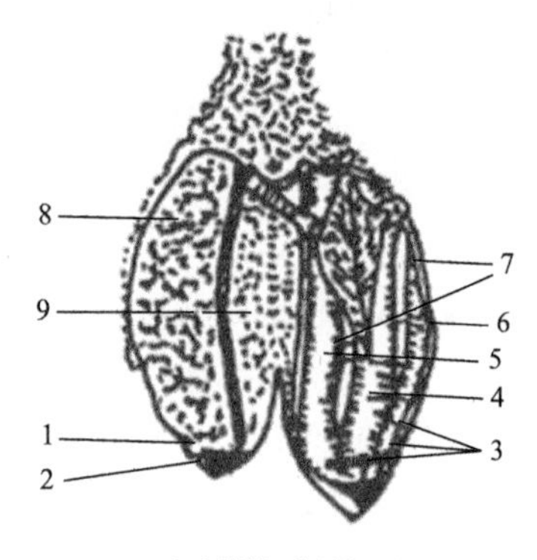

(b) 骆驼指枕(分层切开)

1-蹄底角质层；2-蹄壁角质层底缘；3-指枕皮下层；4-中间弹性纤维脂肪；5-轴侧弹性纤维脂肪；6-远轴侧弹性纤维脂肪；7-弹性纤维脂肪中隔；8-指枕角质层；9-指枕真皮层

图 4.6　骆驼足的解剖学图解

根据骆驼足的结构与功能特点，提出了仿骆驼机械足机构功能上的设计构思：

(1) 仿骆驼机械足着地后能迅速扩大接地面积。为了避免仿骆驼机械足着地后，底部面积仍在扩展而破坏表层沙颗粒的结合强度，要求足着地后迅速变形，当足完全踏地时，以最大面积与地面接触。

(2) 当足完全接地后载荷进一步增大时，仿骆驼机械足底部能形成内凹的接地形状，防止沙承压后流动，起到固沙作用。

(3) 仿骆驼机械足在踏沙过程中的重心前移，逐渐向前转动，增大推进力，模拟“旋转蹬沙”。

(4) 当仿骆驼机械足离地时，足部具有收缩作用，并且足跟先出沙，模拟“旋转出沙”效果，以减少足在出沙时发生“挑沙”现象，减小出沙阻力。

在分析了骆驼足部结构后，对仿骆驼机械足的机构进行设计，其构型及工作过程如图 4.7 所示。上板和下板、连杆板、摇杆板、脚掌导杆组成了仿骆驼机械足脚掌的基本骨架，起到扩张支持面积和形成固沙轮廓的作用，由刚度很小的回位弹簧和刚度较大的承载弹簧组成的串联弹簧组与足表面的橡胶薄膜共同完成仿驼步行足弹性纤维组织的模拟。仿骆驼机械足的工作过程主要包括面积扩展状态、承载状态、恢复状态。

仿骆驼机械足脚掌机构与沙地的相互作用分为三个阶段：

(1) 接触面积扩展阶段。当仿骆驼机械足着地时，在载荷作用下，小刚度回位弹簧迅速被压缩(此时上板未接触承载弹簧)，上板在脚掌导杆的引导下向下移动，并通过连杆板使摇杆板从 θ_1 初始位置(与地面夹角约 30°)摆至 θ_2 水平位置，此时下板与摇杆板形成了最大接触面积，并形成了一定的固沙轮廓。

(2) 承载阶段。面积扩展完成后，上板与刚度较大的承载弹簧接触。随着足承载力的增大，上板压缩承载弹簧，摇杆板从 θ_2 位置摆至 θ_3（与地面夹角约–30°）位置，使足的周缘产生内收运动，同时底部中央内凹加深，加强了固沙作用，提高了承载能力。

(3) 恢复阶段。当下板离开沙地时，随着承载能力的减小，底板、摇杆和连杆等都在弹簧作用下，上板迅速回到原来位置，使足的支撑面积在出沙时变小，以避免出现“挑沙”现象。

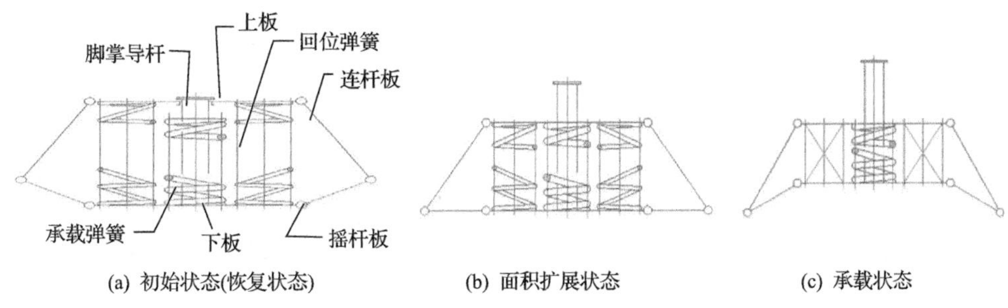

(a) 初始状态(恢复状态)　(b) 面积扩展状态　(c) 承载状态

图 4.7　仿骆驼机械足脚掌机构及工作过程示意图

在选择好仿骆驼机械足脚掌机构并分析其性能后，对仿骆驼机械足进行了三维建模。四足机器人要适应不同的地貌，应具备不同种类的机械仿生足，因此本节还设计了不同机械足间的快速更换机械接口。在行走过程中希望脚掌以固定姿态接触地面，不依赖于步态，这里设计了欠驱动的踝关节，可使脚掌相对小腿在平面内自由转动。考虑到骆驼足的外形及脚掌的受力稳定性，将脚掌设计为前端两趾、后面一趾的形状。仿骆驼机械足从结构上分为机械接口、踝关节、脚掌三部分，如图 4.8 所示。

机械接口将机械足与机器人的腿部固定，分为接口外壳、接口内壳和快速更换系统，其中接口外壳与机器人腿部连接，接口内壳套在接口外壳内，与仿生足踝关节固连，只有一个移动自由度，可通过快速更换系统的插销进行快速固定和拆卸，机械接口具有快速更换功能，可对机器人的各种足端进行快速更换。踝关节固定于机械接口下方，包括一对相互垂直的转动关节，具有沿水平面两个方向轴自由转动的功能，使脚掌在重力作用下可相对于机器人具有二自由度转动，保证脚掌可以以正确的姿态接触、离开地面。脚掌安装在踝关节下方，上板与下板通过连杆板与摇杆板连接，内部通过回位弹簧与承载弹簧支承，并通过脚掌导杆导引运动轨迹，通过机构特性完成与地面接触，模拟骆驼足变形等功能。仿骆驼机械足的实物样机及沙地实验如图 4.9 所示，足地实验验证表明，所设计的仿骆驼机械足装置具有运动缓冲、固沙增力、出沙减阻以及快速更换的功能。

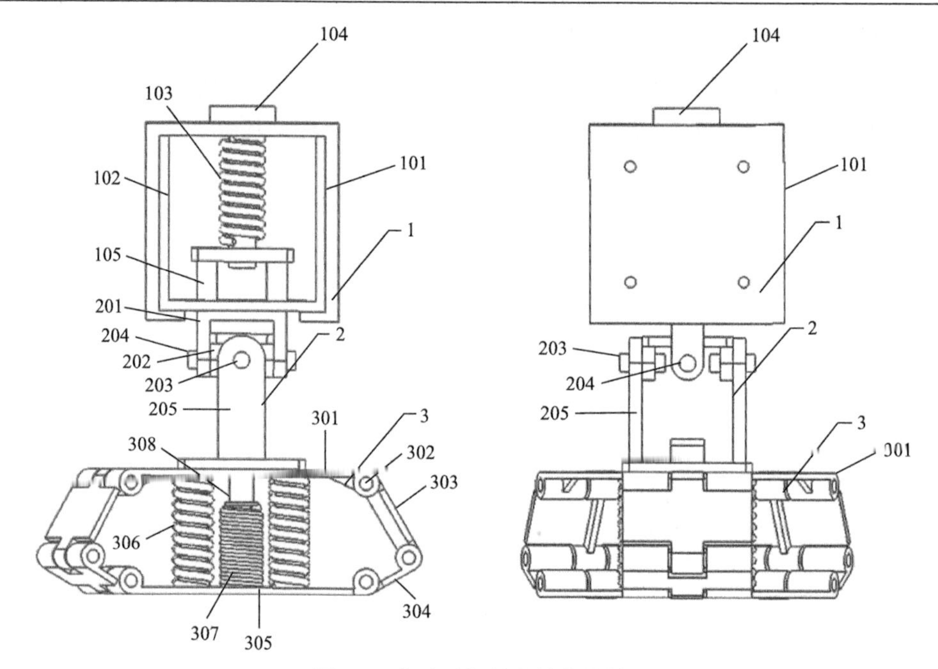

图 4.8　仿骆驼机械足结构设计

1-机械接口；2-踝关节；3-脚掌；101-接口外壳；102-接口内壳；103-预紧弹簧；104-预紧弹簧导杆；105-插销；201-上关节；202-下关节；203-短轴；204-长轴；205-支承座；301-上板；302-圆柱销；303-连杆板；304-摇杆板；305-下板；306-回位弹簧；307-承载弹簧；308-垫片

(a) 实物样机

(b) 样机沙地实验

图 4.9　仿骆驼机械足实物样机及沙地实验

4.3　适应湿软地面行走的仿水牛机械足设计

松软地面承载能力差、抗剪强度低，行走机构的性能取决于对土壤的摩擦力和外附力，常常出现下陷过深与打滑，因此需要控制行走机构下方土壤的流动。

黄牛经常行走在松软土壤上，在与土壤的长期相互作用中，黄牛的足蹄经过不断的进化，逐步形成了优良的几何形状，具有在松软土壤上通过能力强、运动阻力小和行动效率高等特点。

牛蹄的运动过程可分为如下两个时期：

(1) 负重期。牛蹄着地时，蹄尖率先着地，然后蹄跟着地，蹄掌垂直入土，在土壤支撑力的作用下两个蹄瓣张开，土壤进入蹄瓣间的缝隙，增大了蹄掌的摩擦力和对土壤的附着力。蹄瓣间的十字韧带可限制蹄瓣的张开角度，并使蹄瓣内侧凹面夹紧其间的土壤，防止土壤流动，起到固土的作用。

(2) 离地期。牛蹄抬起的过程中，牛蹄以一定角度从地面离开，由于其外形特征，出土阻力很小。随着地面对蹄掌的支承力减小，蹄瓣所受的张力也减小，在十字韧带的作用下，蹄瓣间夹角消失，恢复蹄掌的原始状态。

由此可见，牛蹄在软土地行走时具有蹄尖着地、垂直入土、蹄瓣张开、蹄瓣固土、出土恢复等功能，所以仿牛机械足除在形态结构上需与牛足相似外，还需具有上述特殊功能。

仿牛机械足结构包括机械接口、踝关节、脚掌三部分，如图 4.10 所示。仿牛机械足的快换机械接口的功能及结构与仿骆驼机械足类似，在行走过程中希望脚掌以固定姿态接触地面，不依赖于步态，因此设计了欠驱动的踝关节，可使脚掌相对小腿在平面内自由转动。

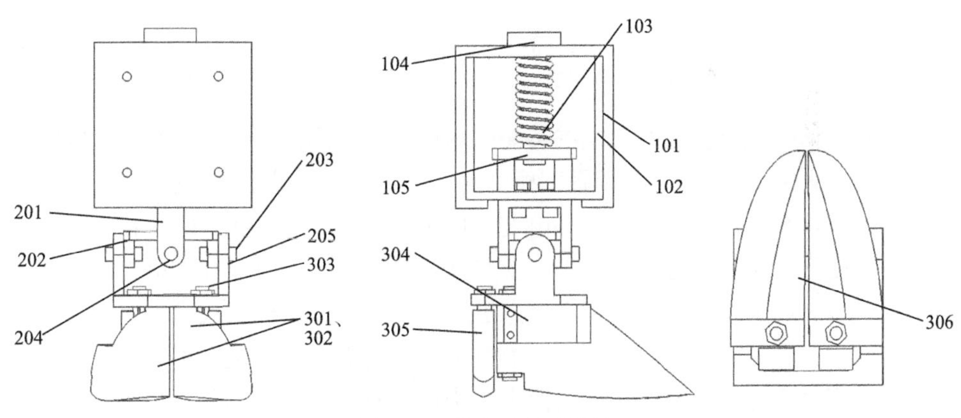

图 4.10　仿牛机械足结构

101-接口外壳；102-接口内壳；103-预紧弹簧；104-预紧弹簧导杆；105-插销；201-上关节；202-下关节；203-短轴；204-长轴；205-支承座；301、302-左、右蹄瓣；303-蹄轴；304-柔性铰链；305-悬蹄；306-主蹄内侧斜面

仿牛机械足的脚掌固定在支承座上，在外力作用下主蹄的两个蹄瓣可绕蹄轴向外转动，同时受到柔性铰链的阻力。柔性铰链一端与蹄轴中间凹槽平面通过螺钉连接，另一端与主蹄瓣外侧竖直凸台接触。脚掌结构与外形模拟牛足，同时可

模拟牛足行走的特征。

仿牛机械足脚掌结构如图 4.11 所示，包括左蹄瓣、右蹄瓣、蹄轴、柔性铰链、悬蹄。两个蹄轴两端有螺纹，通过螺母和制动垫片与支承座前端两个孔连接固定，蹄轴上开有凹槽，安装蹄轴时两个蹄轴的凹槽平行向内侧位置，凹槽平面上打有两个螺纹孔，与柔性铰链的通孔配合，并用螺钉连接，主蹄的两个蹄瓣分别通过其通孔对应安装在蹄轴上，上端与支承座下表面接触，下端用螺母固定轴向位置，外侧小平面刚好与柔性铰链另一端的活动平面接触，使蹄瓣可以绕蹄轴转动同时受到柔性铰链的阻力，两个悬蹄圆端有螺纹，通过螺母与制动垫片固定在支承座两个后孔上，安装悬蹄时其平面法线为前后方向。

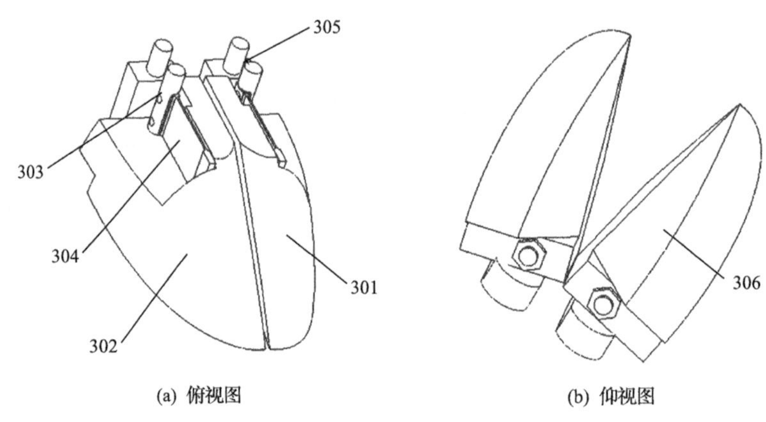

图 4.11　仿牛机械足脚掌结构

301-左蹄瓣；302-右蹄瓣；303-蹄轴；304-柔性铰链；305-悬蹄；306-主蹄内侧斜面

初始时脚掌未接触地面，左右蹄瓣内侧铅垂平面保持平行，此时柔性铰链未受力作用，没有发生变形，与蹄轴凹槽的接触面和与相应蹄瓣的接触面保持平行。由于踝关节具有两个维度的转动自由度，仿牛机械足在悬空状态时，在主蹄与悬蹄重力作用下，脚掌保持接近水平且主蹄略低的姿态，可以保证在落地时主蹄的足尖先着地。当脚掌着地时，脚掌姿态迅速变为水平，在机器人重力作用下，脚掌垂直入土，土的反力作用在主蹄瓣内侧下部的斜面上，产生水平向外方向的分力，进而产生相对于蹄轴的转矩，使主蹄绕蹄轴向外侧转动，并挤压柔性铰链，使铰链产生变形及反力，此时泥土嵌入两蹄瓣之间，增大了地面与脚掌的摩擦力，防止了足端下陷；当柔性铰链变形达到一定程度时，提供的反力可抵消主蹄的转动力矩，主蹄停止转动，此时主蹄内侧两铅垂平面存在一定夹角，并夹紧蹄瓣间的土壤，起到了固土的作用，进一步防止了足端下陷，悬蹄陷入土壤中，可防止脚掌打滑并提供一部分使机器人向前的推动力。当仿牛机械足抬起时，后端较轻的悬蹄先抬起，然后主蹄出土，由于前端主蹄的曲面外形设计，其出土阻力很小，随着接触力的减小，柔性铰链变形减小，两蹄瓣间夹角逐渐减小为零，脚掌重新回到悬空状态。

参照牛足的行走特点，设计的仿牛机械足装置具有以下功能：

(1)仿牛机械足在悬空时前端略向下倾斜，足尖先接触地面，在支持力作用下脚掌迅速变为水平。

(2)当仿牛机械足完全接地后载荷增大，土壤的支持力作用在主蹄内侧主受力斜面上，产生水平分力矩使主蹄张开，土壤嵌入蹄瓣间增大了摩擦力。

(3)蹄瓣张角增大到一定角度(20°左右)时，柔性铰链变形产生的制动力矩使蹄瓣停止转动，蹄瓣在制动力矩作用下夹紧中间的土壤，限制了土壤的流动，产生固土效果。

(4)当仿牛机械足离地时，主蹄瓣从土壤中抽出，同时主受力斜面受力减小，蹄瓣姿态复原。

(5)具有快速更换功能。

4.4　大附着力仿生攀岩手爪设计

面向复杂山地岩石及行星岩石环境，基于攀岩动物的攀附机理研究，本节提出融合夹持、爪刺钩挂与机械锁合的仿生附着装置设计方法，开展了具有复合模式的可变构型攀岩附着机构创新设计，研制了可用于四足攀岩机器人的仿生攀附爪手，其附着力自重比可达10以上，突破传统附着装置功能单一、附着力不足的瓶颈，提高了攀爬机器人在复杂山岩环境的行走攀爬能力。

鞘翅目金龟子科是大型陆生甲虫，主要在树木、岩石和沙漠等粗糙的表面活动。它们的跗节链中不含黏附垫，仅通过甲虫跗节链末端的钳状爪可以牢牢地抓住粗糙的基底，其跗节链形态如图4.12所示。甲虫的每条腿上有两到三个钳状爪，其爪的结构和特点可以为机器人在粗糙表面上攀附提供设计灵感。甲虫跗节链中只有一个主动的爪牵肌，它与掣爪腱相连来驱动爪，当爪牵肌收缩时，爪会绕其关节旋转完成抓持。弹性蛋白所在的关节可以看成柔性铰链，当无载荷时，爪形轨迹近似为圆弧。当爪的运动受到约束时，爪受到的弯矩和扭矩都会使弹性蛋白产生变形，这可使爪在脱附时被动弹回初始位置。此外，弹性蛋白在接触过程中还起缓冲作用，爪的附着过程顺序如图4.13所示。其中，图4.13(a)为鞘翅目昆虫爪的结构图；当爪牵肌收缩，爪尖旋转到接近表面，如图4.13(b)所示；爪尖与表面接触后，法向运动受到约束，沿切线方向滑动，寻找可附着的凸起或凹槽，如图4.13(c)所示；爪和表面之间产生稳定的机械锁合，如图4.13(d)所示；爪牵肌卸力，爪被弹回到初始位置，如图4.13(e)所示。

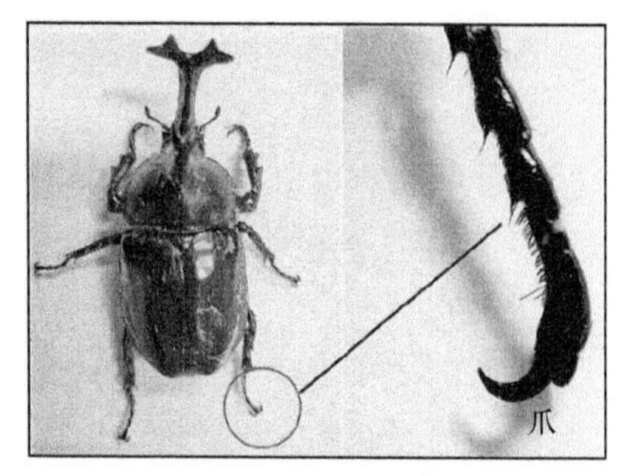

(a) 独角仙及其跗节链

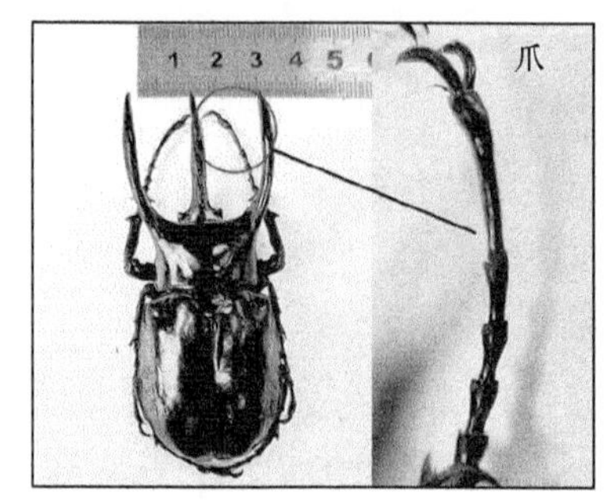

(b) 南洋大兜虫及其跗节链

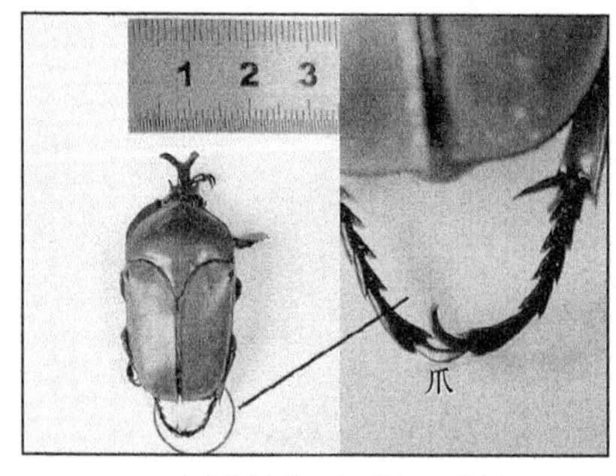

(c) 史密斯角花金龟及其跗节链

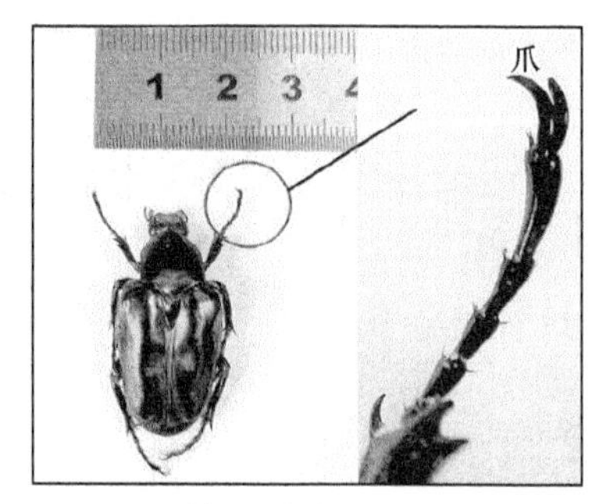

(d) 婆罗花金龟及其跗节链

图 4.12　鞘翅目甲虫的跗节链

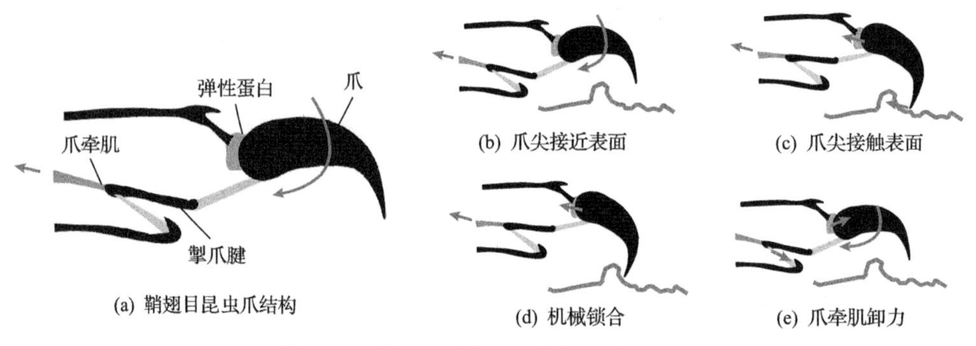

(a) 鞘翅目昆虫爪结构　(b) 爪尖接近表面　(c) 爪尖接触表面　(d) 机械锁合　(e) 爪牵肌卸力

图 4.13　鞘翅目昆虫爪的结构及附着过程

甲虫的跗节链仅使用一个主动爪牵肌收缩来控制爪的张开和闭合，虽然其灵活性不及哺乳动物与爬行动物的爪，但其结构简单、附着力自重比大、功率质量比大，仅用单个驱动就可完成附着，因此更适合指导机器人附着装置的设计。如图 4.14 所示的多爪刺单指的设计灵感来自生物爪，手指上的弹性元件的作用类似于生物爪上软组织和韧带所起到的作用。附着与脱离的过程如图 4.15 所示，模仿了生物爪的附着与脱附过程。单分支的机构主要由一个滑块、三个连杆和若干弹性元件组成，其中，杆 AB 为主动件，由固定在机架上的扭转弹簧和连接绞盘的尼龙绳驱动。在杆 AD 和滑块 E 之间有压缩弹簧，在初始位置时加有预紧力。当单分支被释放且爪尖未与表面接触时，动力由杆 *AB* 传入，滑块在压缩弹簧的预紧力作用下相对于杆 *AD* 静止，此时整个单分支机构绕 *A* 轴旋转，如图 4.15(a)所示。在爪尖接触表面后，其在沿附着面法向的运动受到的约束如图 4.15(b)所示，每个爪刺上方的弹簧被压缩，可使爪尖适应不平整表面，同时可避免在接触时发生反弹并减小冲击。然后滑块沿附着面切向往手掌内部收缩，爪刺通过在附着表面上的滑动寻找可以附着的凸起，如图 4.15(c)所示。当爪刺成功附着后，机构中的弹性元件也可被动地调整附着力。随着爪尖最大滑动距离的增大，手爪的附着稳定性会变弱，因此应将爪尖的滑动限制在 3mm 以内。在脱附过程中，连接到杆 *AB* 外侧的绳索会将整个手指拉起，同时杆 *AD* 和滑块 *E* 之间的压缩弹簧回弹，使滑块返回到如图 4.15(d)所示的初始位置。

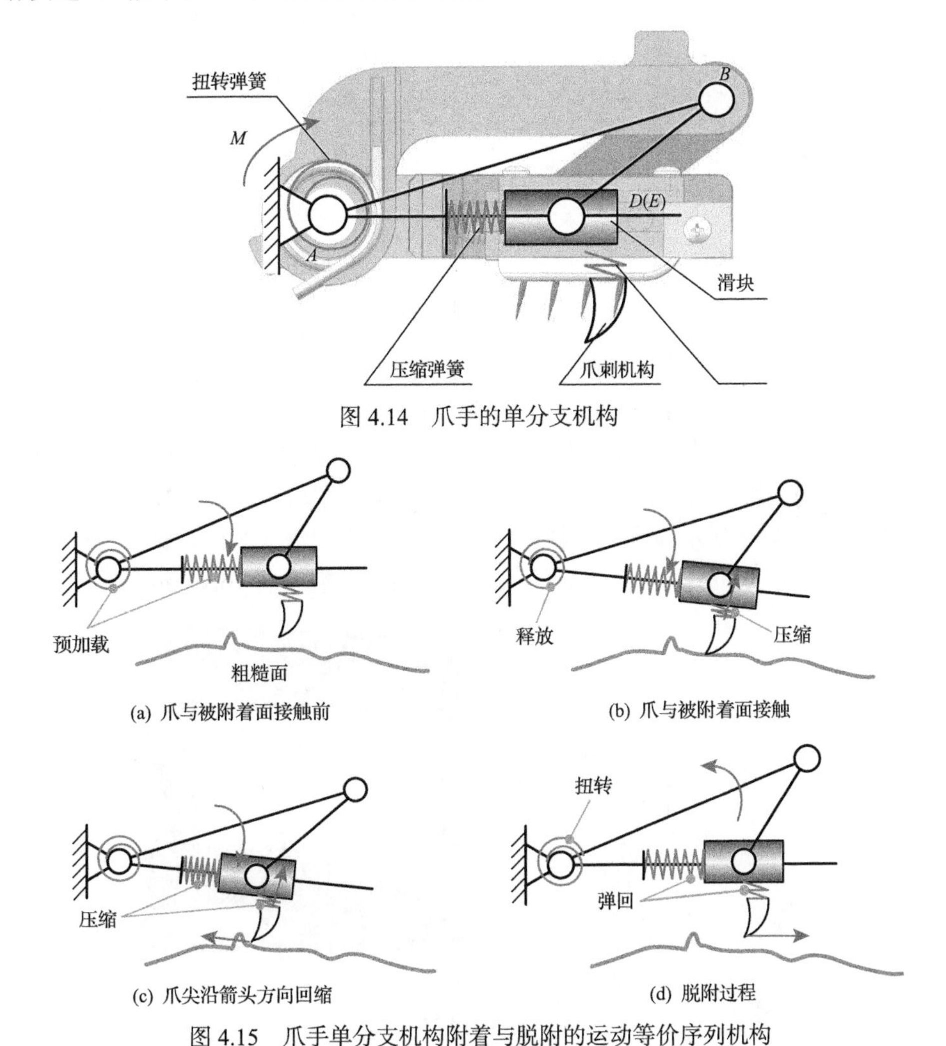

图 4.14　爪手的单分支机构

(a) 爪与被附着面接触前

(b) 爪与被附着面接触

(c) 爪尖沿箭头方向回缩

(d) 脱附过程

图 4.15　爪手单分支机构附着与脱附的运动等价序列机构

攀爬机器人附着装置的设计目标是使其有效载荷、附着成功率和表面适应性最大化，同时使其重量最小化。如图 4.16 所示的多爪刺附着装置由三个主要部件组成：以 90°等分圆周布置的四个多爪刺仿生爪指、绳驱动绞盘的伺服电机驱动模块(伺服舵机)以及爪手的基座。该爪手由一个伺服舵机拉动绳腱驱动所有手指的运动。附着装置质量为 390g，采用低黏度光敏树脂 3D(三维)打印大部分零件。

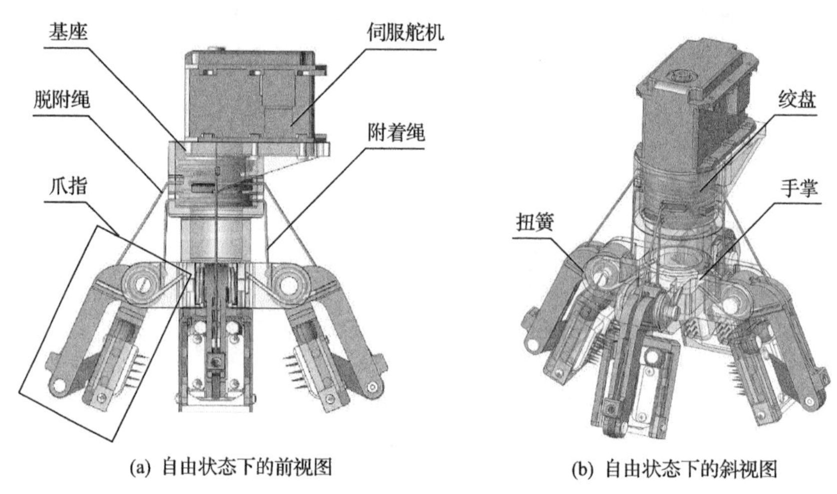

(a) 自由状态下的前视图　　(b) 自由状态下的斜视图

图 4.16　仿生爪手三维设计图

仿生爪手的每个手指上装有 20 根具有独立悬挂的钢针作为线性运动约束爪刺机构，该设计的优点是爪刺沿法向的刚度低、运动范围大，相比于美国波士顿动力公司的 RiSE 和 JPL 的 LEMUR3 所使用的刚柔一体化的爪刺机构能更好地适应凹凸不平的表面。此外，高密度的爪刺还可以增加附着成功率。3D 打印制造的爪刺机构如图 4.17 所示。单个爪刺长约 15mm，由不锈钢针制成，轴径为 0.8mm，尖部半径为 15～30μm。爪刺上方的压缩弹簧刚度非常小(0.16N/mm)，可使爪刺

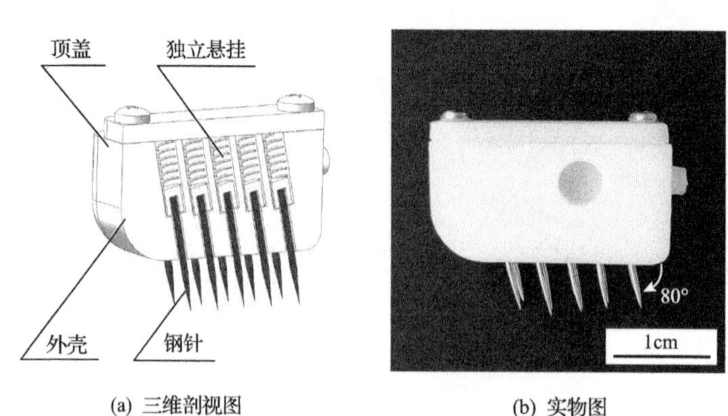

(a) 三维剖视图　　(b) 实物图

图 4.17　线性约束爪刺机构

能够适应被附着面的形状。爪刺的运动滑轨与模块外壳的切向夹角为 80°，便于插入凹面。导轨与爪刺之间的间隙为 0.1mm，以保证爪刺能平稳运动且不被卡压。

在不同粗糙表面的附着实验验证了附着装置的功能和性能。附着装置附着力的测试流程为：先使附着装置与附着表面产生机械锁合，之后通过一根绳索施加外力将附着装置拉离表面，测得其可承受的最大载荷，其中法向承载力和切向承载力是主要的性能指标。实验概况如图 4.18 所示，在实验装置中，玄武岩(一种广泛存在于地球、月球、火星等行星上的岩石)被环氧树脂固定在基板上，外力通过定滑轮施加。为了进一步验证附着装置的性能，分别在砾石路面、沥青路面和页岩上进行了户外附着实验，如图 4.19 所示。

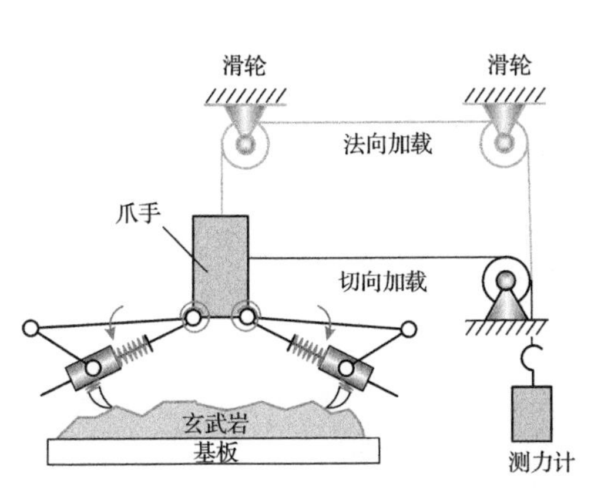

(a) 装置概图

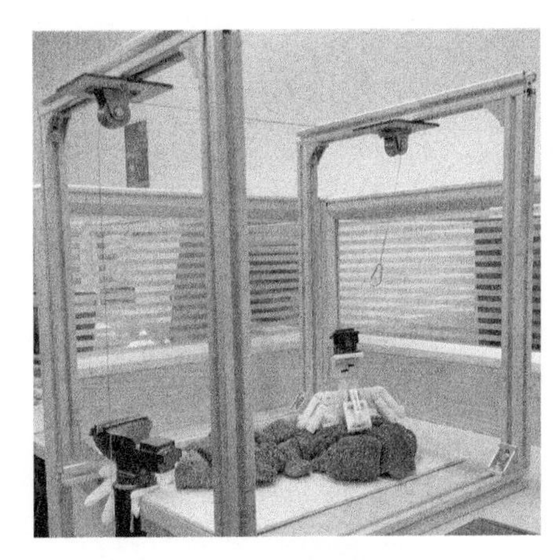

(b) 实物图

图 4.18　附着性能的实验装置概图和实物图

(a) 砾石路面

(b) 沥青路面

(c) 页岩表面

图 4.19　户外附着实验

实验结果表明，附着装置对玄武岩具有良好的附着性能，其最大法向附着力可达 39.7N，最大切向附着力可达 47.5N，是其自重的 10 倍以上。由于在附着装置中装配了多种弹性元件，附着装置可在测试中适应载荷的大范围变化。在连续抓取实验中，腕部浮动的夹持器可以在 6s 内完成一个附着与脱离的周期，且对表面形状具有良好的自适应性，这得益于将爪刺钩挂和多指包夹相结合的仿生构型设计，以及主被动结合的驱动传动系统。相比之下，JPL 的 LEMUR3 攀岩机器人在实际攀爬中需要 3min 才能完成一个附着周期。该附着装置已用于四足攀岩机器人在岩石表面的攀附[28]。

第5章　四足变拓扑机器人的步态运动规划

步态通常指人走路时所有的动作以及所表现的姿态，而对于足式机器人，它在不同地面环境和运动功能需求下采用不同的机身位姿与腿部动作组合，也统称为步态。对于足式机器人，步态的研究主要包括两个方面：连续的机身运动轨迹与非连续的腿部动作。而对于腿部动作的研究又可分为两方面：一方面为腿部的运动时序，包括步态周期、占空比、相位差等；另一方面为足端的运动轨迹，包括步长、步距、步高等。这两个方面分别从时间和空间的角度对腿部动作进行描述，可以根据不同的运动要求选择不同的步态参数，以得到最适合的步态。

本章所展示的变拓扑四足机器人具有很强的地面环境适应能力，在较崎岖地面以仿昆虫构型采用静步态低速行走，在较平坦地面以仿哺乳动物构型采用动步态快速行走，因此本章内容围绕不同构型间的切换步态、“3+1”步态及对角小跑步态(简称 Trot 步态)的步态分析与运动规划展开。

5.1　四足机器人步态分类

足式机器人作为一种移动机器人，其运动性能是研究的终极目标，因此步态分析作为足式机器人运动规划的重要一环，一直是足式机器人的研究热点。在研究足式机器人步态的过程中，通常使用下面一些既定参数来对步态进行描述[13,29]。

步态周期 T: 机器人完成一个完整的步态循环所用的时间。

步长 λ：在一个完整步态周期中，机器人质心移动的水平距离。

步速 v：步长与步态周期的比值，作为衡量机器人行走速度的重要参数。

步距 l：摆动腿足端起始点与落地点之间的水平距离。

步高 h：摆动腿抬腿过程中，足端与起始点之间的最大垂直距离。

占空比 β：单腿在地面的支持时间和步态周期的比值，作为区分不同步态的一个重要特征参数，一般来说步态的占空比越小，行走速度越快。

相位差 ϕ：其余摆动腿着地时刻与指定参考腿着地时刻的时间差，也是区别不同步态的一个特征参数。

经过几十年的研究发展，学者提出了多种四足机器人的步态分类方法。根据步态周期是否固定，步态可分为周期步态与非周期步态两种。周期步态是指四足机器人在不同步态周期内执行相同的重复性的抬腿、落下、机身运动等动作。而非周期步态也可称为自由步态，在不同的步态周期内动作不完全一样，常适用于较复杂的环境，如崎岖地面或遇到障碍物，此时步态运动的周期性被打破[30]。

目前，四足机器人步态分类普遍采用的是根据占空比 β 和相位差 ϕ 的分类方法。按照占空比取值不同，步态可分为静态步态(static gait)和动态步态(dynamic gait)。静态步态占空比大于 0.5，即任一时刻至少有三条腿支撑，其行走速度较慢，典型的静态步态有波形步态(wave gait)与爬行步态(crawl gait)。动态步态占空比小于等于 0.5，由于不能时刻处于静态平衡状态，因此必须在运动中不断改变机身位姿与腿部位形来保持动态平衡。典型动态步态有单侧小跑(pace)、对角小跑(trot)和双足跳跃(bound)等。根据四条腿之间的相位差又可进一步细分为慢走(amble)、慢跑(canter)、对角小跑、单侧小跑、O 形飞跑(rotary gallop)、Z 形飞跑(transverse gallop)、双足跳跃、四足跳跃(pronk)等[29]。总结四足机器人步态的分类树状图如图 5.1 表示。

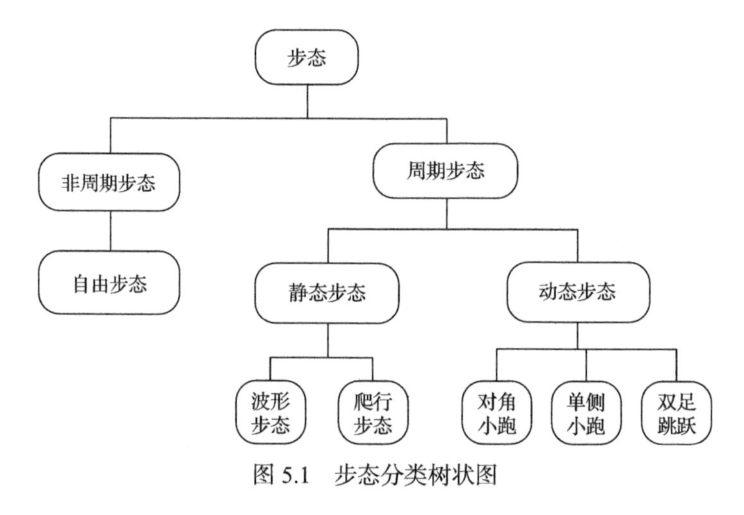

图 5.1　步态分类树状图

5.2　四足变拓扑机器人的构型切换

昆虫构型与爬虫构型都将锁定水平腰关节，二者之间的区别可简化为机身高度存在差异，为了使切换过程具有较高的稳定性，采用非抬腿只抬高机身的方法，变换过程如图 5.2 所示。

该切换过程不包含抬腿动作，所以需要关注的问题点是切换时落足点的选择。从能量最优的角度考虑，即产生所需的足端外力，各关节输出力矩之和最小。四足机器人足端外力主要是沿 z 轴方向的外力，这里忽略其他两个方向的力。根据单腿力雅可比矩阵建立足端工作空间与关节空间的力数学模型，如图 5.3 所示，其中 H 表示机身高度，L 表示足端与机身在投影水平面的距离，M 表示关节合力矩。由图 5.3 可知，单腿的前两个关节输出力矩不影响足端 z 轴方向的外力，在所标注的交线处，即该落足点下的各关节输出合力矩最小，即此时构型切换过程符合能量最优准则。

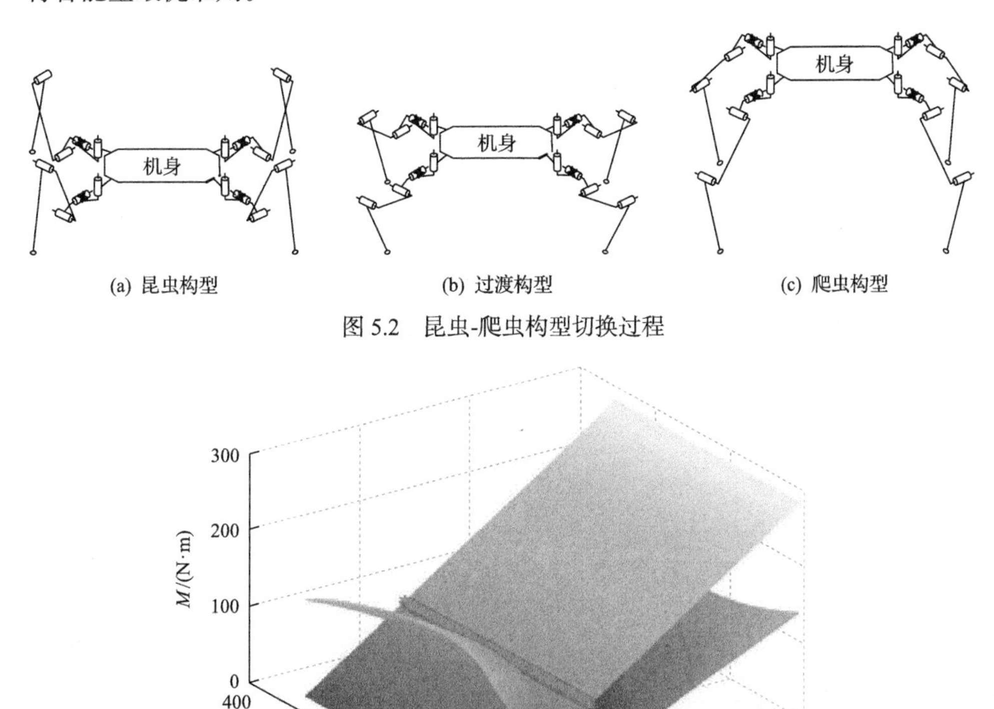

(a) 昆虫构型　　(b) 过渡构型　　(c) 爬虫构型

图 5.2　昆虫-爬虫构型切换过程

图 5.3　关节合力矩示意图

爬虫构型与外展哺乳动物构型的区别在于垂直腰关节的角位移不同，所以该切换过程必须移动落足点，为了具备较高的稳定性，采用“3+1”步态进行切换，即每次先移动机身至稳定支撑区域内，然后移动一条腿到合适位置，切换过程如图 5.4 所示。

该切换过程变换了立足点，需要关注的问题是切换后的立足点的选择。同理，需分析产生确定的足端外力所需要的关节输出力矩。仅分析 z 轴方向的外力所需要的各关节力矩，如图 5.5 所示，各曲线分别表示关节合力矩、髋关节力矩和膝关节力矩。在 L_0 落足点处合力矩达到最小，但此时髋关节力矩为零，而膝关节力矩较大。对比 L_1 落足点，关节合力矩稍大一点，但是两个关节力矩都较小。为了使电机供应电流峰值较小，并且使用寿命相差较小，所以选择落足点 L_1。

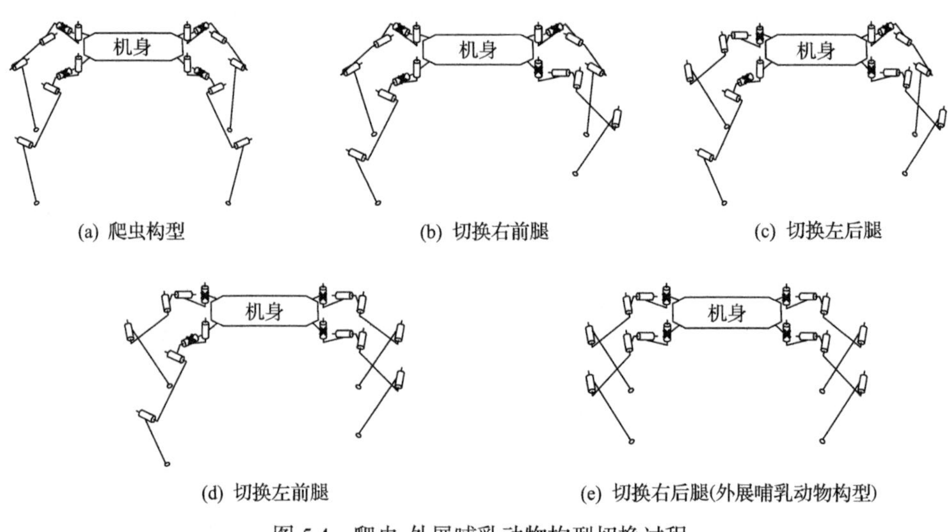

图 5.4 爬虫-外展哺乳动物构型切换过程

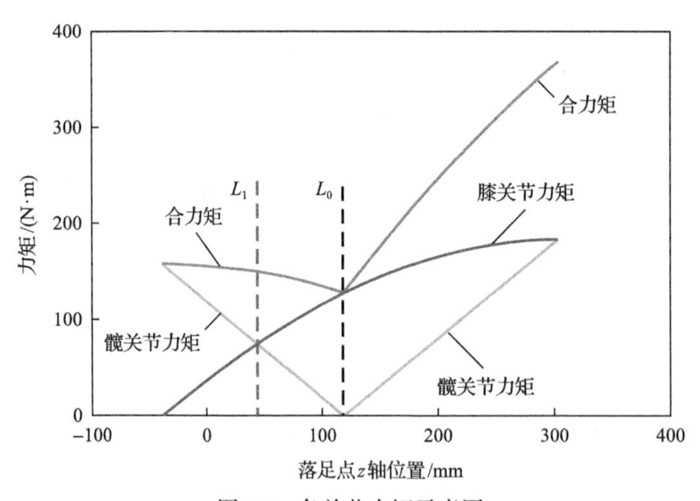

图 5.5 各关节力矩示意图

单腿哺乳动物构型可分为肘式与膝式两种，分别如图 5.6(a)和(b)所示，肘式构型沿前进方向后收，而膝式构型沿前进方向外展。基于此，外展哺乳动物构型与内收哺乳动物构型的差异是外展哺乳动物构型的前腿为膝式构型、后腿为肘式构型，相反，内收哺乳动物构型的前腿为肘式构型、后腿为膝式构型。因此，两种构型的切换可以不变换落足点，从而实现较高的稳定性。详细变换过程如图 5.7 所示。外展与内收哺乳动物构型的变换过程为先抬高机身至最高点，然后降低机身至合适高度，整个过程中不改变足端落足点。

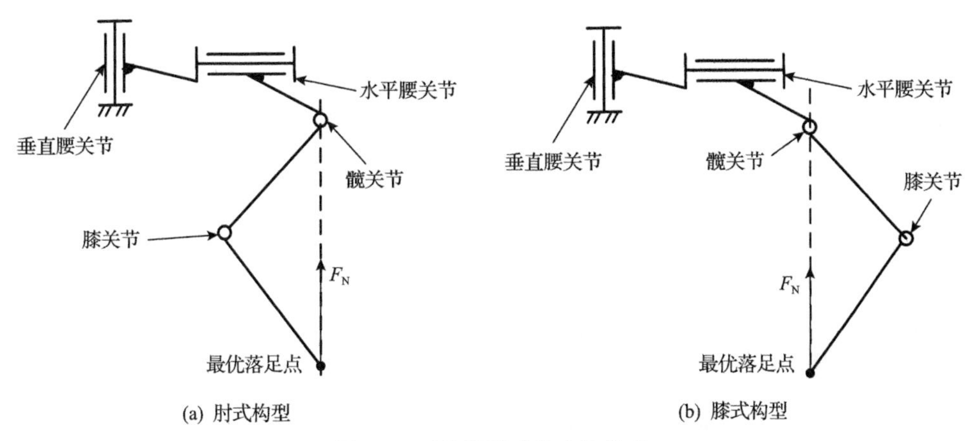

(a) 肘式构型　(b) 膝式构型

图 5.6　两种单腿哺乳动物构型

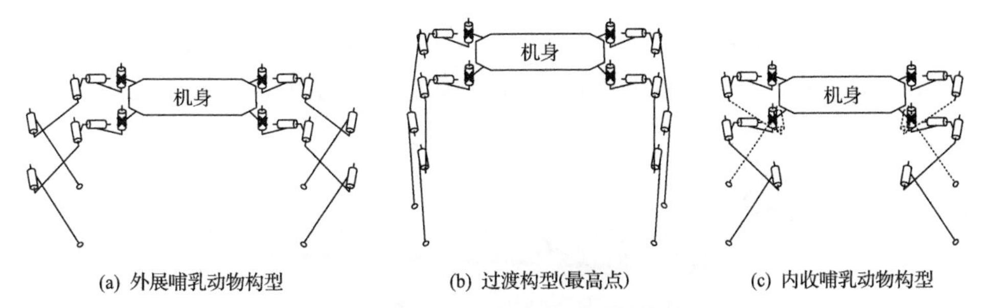

(a) 外展哺乳动物构型　(b) 过渡构型(最高点)　(c) 内收哺乳动物构型

图 5.7　外展-内收哺乳动物构型切换过程

5.3　仿昆虫摆腿“3+1”步态设计

“3+1”步态是指在一个步态周期内每一次迈步动作只抬一条腿，其占空比大于等于 0.75，即对于四足机器人，任意时刻至少有 3 条腿支撑。该步态行走特点是速度较慢，但具有较高的稳定性和避障能力，且易于控制。所以在山地、碎石等较为崎岖复杂的地形下，变拓扑四足机器人需要采用静步态行走，以提高运动稳定性和安全性。

5.3.1　摆动腿序列规划

四足机器人的“3+1”步态只有 6 种摆动序列，如果以顺时针方向定义腿部编号，这 6 种步态摆动腿顺序分别是 1-2-3-4、1-2-4-3、1-3-2-4、1-3-4-2、1-4-2-3、1-4-3-2。其中 1 代表左前腿，2 代表右前腿，3 代表右后腿，4 代表左后腿。理论上，摆动腿序列可以根据地面环境与工作需求自由选择，但是前后腿交替摆动更符合自然界动物运动的规律，所以一般可选择 1-3-2-4 或者 1-3-4-2 步态，如图 5.8 所示。

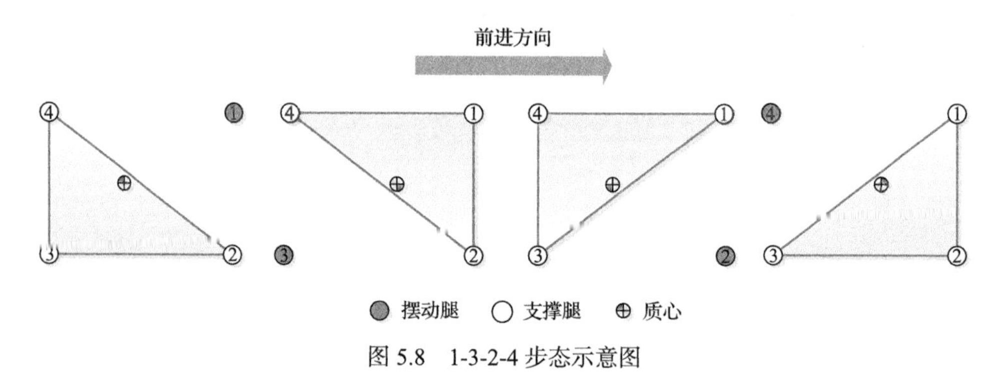

图 5.8　1-3-2-4 步态示意图

机器人采用“3+1”步态行走时，为了使其稳定裕度达到最大，每进行一次腿部摆动前需要进行一次质心移动，即每个步态周期内需要移动质心四次。图 5.9 为 1-3-2-4 步态的腿部运动时序图，灰色区域表示腿部与地面接触，空白区域表示腿部抬起，机器人在行走时与地面形成的等效序列机构如图 5.10 所示。

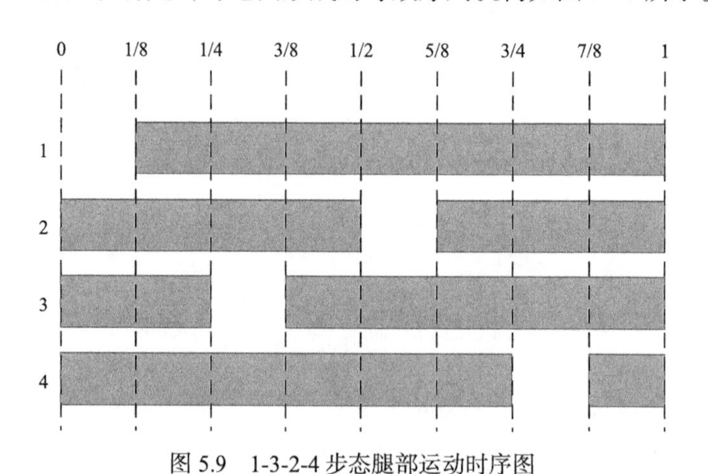

图 5.9　1-3-2-4 步态腿部运动时序图

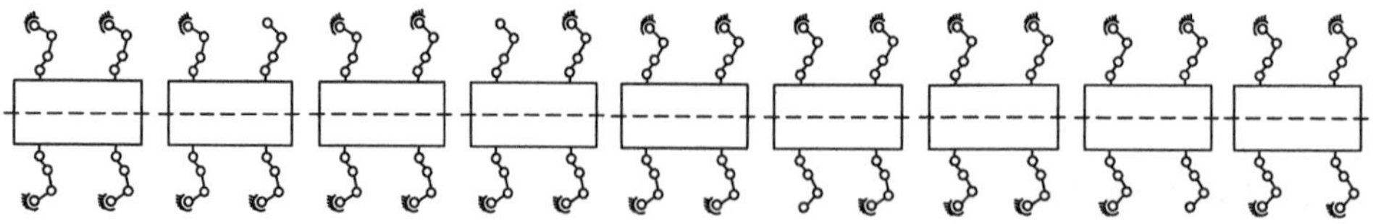

图 5.10　仿昆虫摆腿“3+1”步态腿部运动时序图

5.3.2　机身运动轨迹规划

为了最大限度地提高“3+1”步态时机器人运动的稳定性，将机身移动与抬腿动作分开，即在抬腿动作之前需要移动机身，并且使机器人质心投影位于其余支撑足所构成的稳定三角形区域，以保持运动过程中的稳定性。对于足式机器人静步态，稳定裕度是衡量其稳定性的一个重要指标，如图 5.11 所示，本书给出了一种稳定裕度的定义。

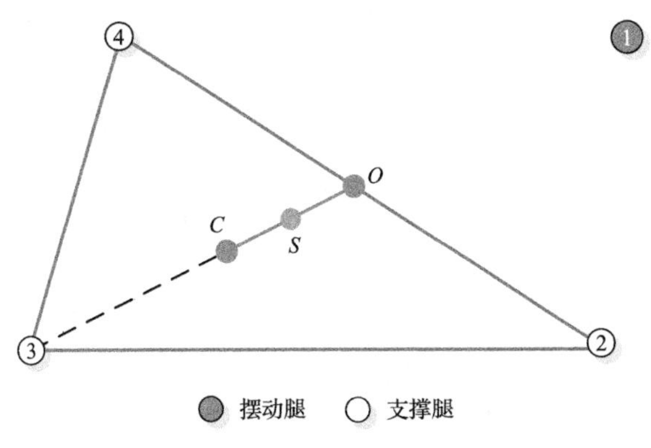

图 5.11　稳定裕度定义说明

图 5.11 中，1 号腿为摆动腿，点 O 为其相邻的 2、4 号支撑腿落足点连线的中点，点 C 为 2、3、4 号支撑腿落足点构成的三角形的几何重心，点 S 为机器人质心移动之后的位置，理论认为机器人质心在运动前与点 O 平面投影重合，那么定义稳定裕度为

$$k=\frac{|OS|}{|OC|} \tag{5.1}$$

其中，OS 为机身几何中心到支撑三角形中心的距离；OC 为机身几何中心与所期望到达位置的距离。

只规划机器人在步长为 0(即原地踏步)时的机身运动轨迹，图 5.12 为 1-2-4-3 摆动序列时的机身运动轨迹示意图，其中点 O 为机器人质心，k_1、k_2、k_3、k_4 分别为给定稳定裕度下计算得到的机身每次移动所需要到达的理想位置。同时为了使机身在运动的起始和终点时刻稳定无冲击，机身运动轨迹曲线为

$$X_{k_i}(t)=X_{k_i}+\frac{1}{2\pi}\left(\frac{2\pi t}{T_c}-\sin\frac{2\pi t}{T_c}\right)(X_{k_{i+1}}-X_{k_i}) \tag{5.2}$$

其中，X_{k_i} 为第 i 次计算得到的机身移动所要到达的理想位置；T_c 为机身一次移动的周期。

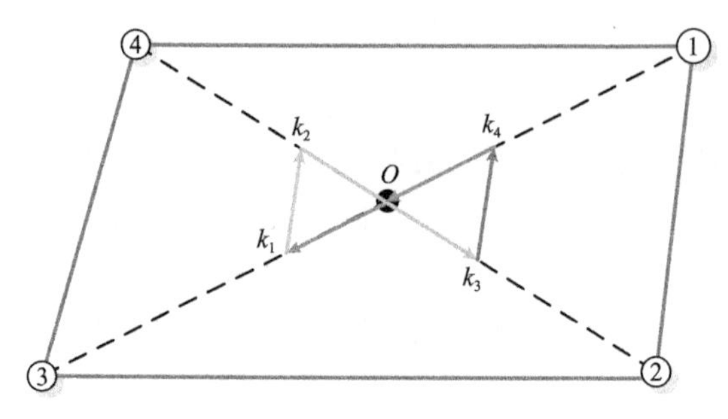

图 5.12　1-2-4-3 机身运动轨迹示意图

由图 5.12 也可以看出，以 1-2-4-3 摆动序列运动时，机身的运动轨迹类似于 8 字形。实际上，机器人行走时机身的运动轨迹是规划的单步态周期内的运动轨迹与机身非步态周期内运动轨迹的复合运动。

5.3.3　摆动足足端轨迹规划

摆动足的足端运动轨迹规划只需要考虑起始点、落足点、最高点高度和摆动周期，理论上落足点、最高点的选取只要在工作空间内即可，根据这四个要素可选取的轨迹曲线一般多种多样。一般情况下，在较崎岖地面环境下运动时，为提高越障能力，可选取简单的方形曲线。而在平坦地面下可选用摆线曲线。其轨迹在起点时刻和终点时刻质心的加速度和速度都为零，有利于减小启动和停止时的冲击。摆线轨迹方程如下：

$$\begin{cases} x_i(t) = x_i + \dfrac{1}{2\pi}\left(\dfrac{2\pi t}{T_{\mathrm{q}}} - \sin\dfrac{2\pi t}{T_{\mathrm{q}}}\right)(x_{i+1} - x_i) \\ h_i(t) = h_{\max}\sin\left(\dfrac{\pi t}{T_{\mathrm{q}}} - \dfrac{1}{2}\sin\dfrac{2\pi t}{T_{\mathrm{q}}}\right) \end{cases} \tag{5.3}$$

其中，$x_i(t)$ 为第 i 条摆动腿在投影平面内的轨迹；$h_i(t)$ 为第 i 条腿在竖直方向的运动轨迹；T_{q} 为一次摆腿的周期，其轨迹如图 5.13 所示。变构型四足机器人使用仿昆虫摆腿“3+1”步态时一个周期的时序如图 5.14 所示。

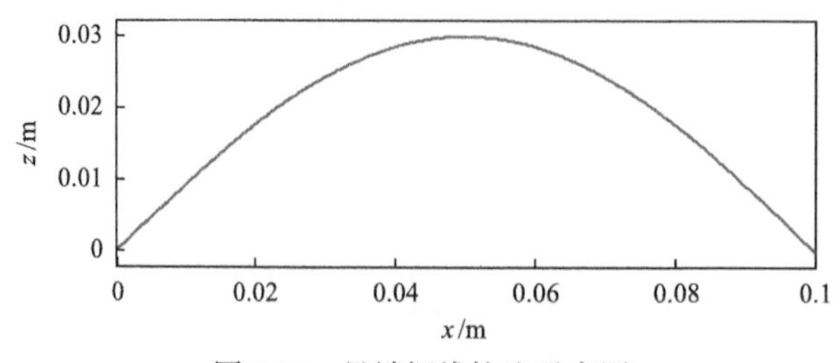

图 5.13　足端摆线轨迹示意图

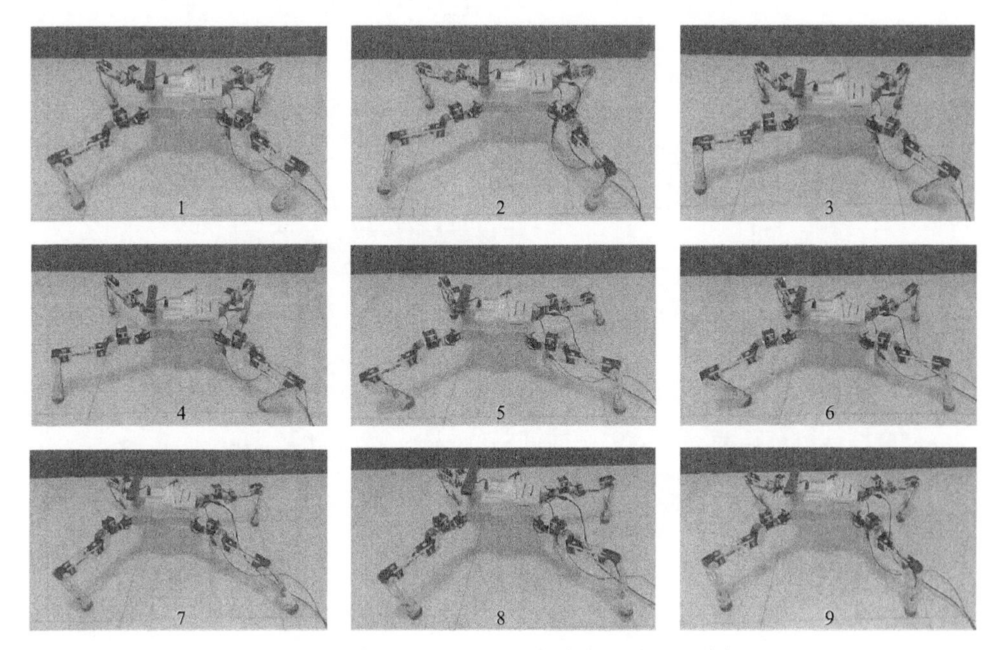

图 5.14　仿昆虫摆腿“3+1”步态运动过程分解

5.4　仿哺乳动物踢腿 Trot 步态设计

Trot 步态是自然界四足动物常用的一种典型步态，属于动态步态的一种，行走时对角位置的两条腿同时抬起或落下，依次支撑身体前进。该步态的特点是行走速度较快，但双足支撑时的四足机器人处于静态不平衡状态，容易翻倒，控制难度较大。因此，一般在较平坦地面环境下会采用 Trot 步态行走，以提高运动速度和工作效率。

5.4.1　摆动腿序列规划

四足机器人 Trot 步态的占空比一般为 0.5，其前后腿交替抬起和落下，所以摆动序列只有一种，即“13-24”。图 5.15 为摆动序列腿部时序。

但有时也会采用伪 Trot 步态，为了提高运动稳定性，采用占空比大于 0.5 的 Trot 步态，即在交换支撑腿时有一小段四足支撑时间，此时步态时序如图 5.16(a) 所示。伪 Trot 步态步序的机构简图如图 5.17 所示。为了提高运动速度，采用占空比小于 0.5 的 Trot 步态，即在交换支撑腿时有一小段四足腾空时间，如图 5.16(b) 所示。

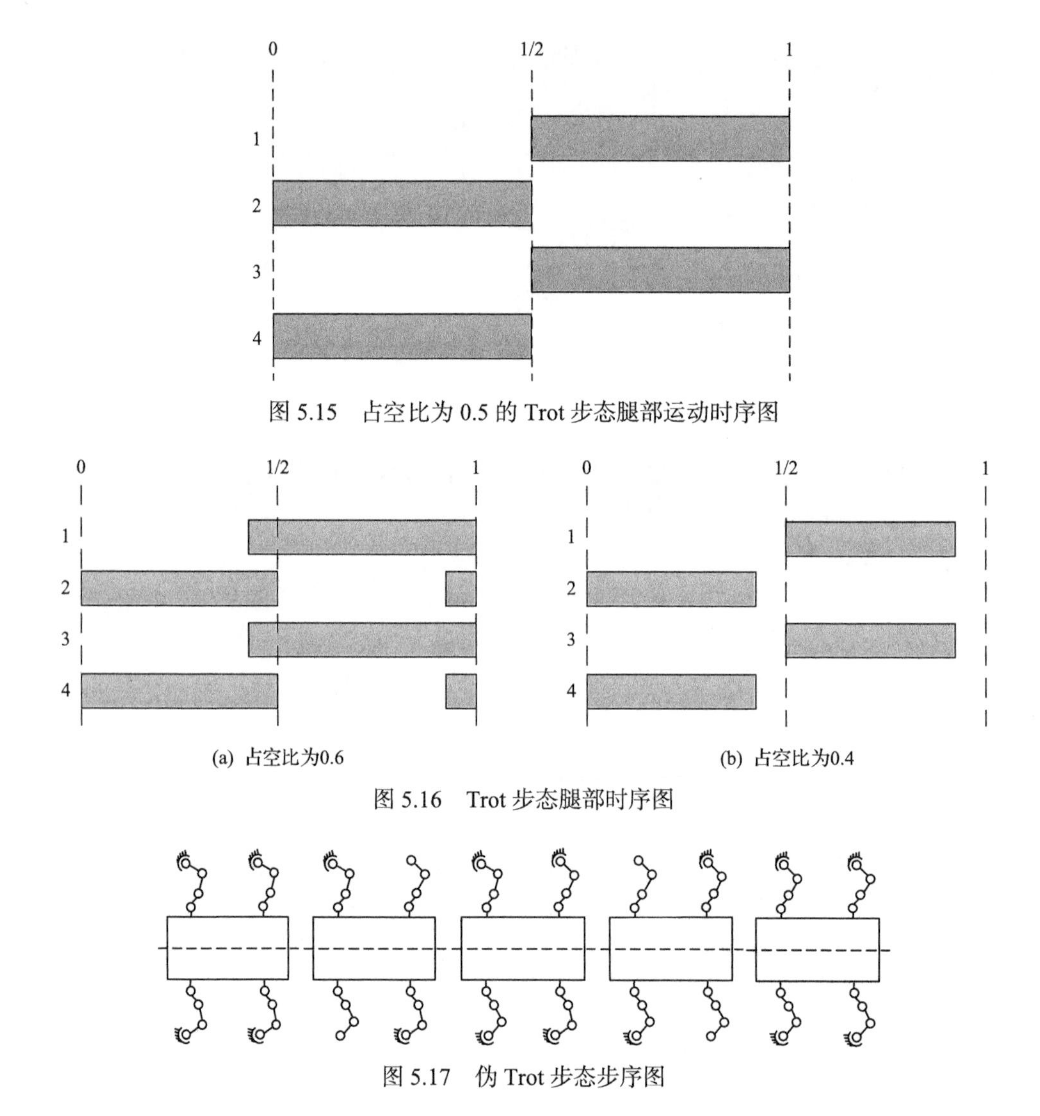

图 5.15　占空比为 0.5 的 Trot 步态腿部运动时序图

(a) 占空比为0.6　　(b) 占空比为0.4

图 5.16　Trot 步态腿部时序图

图 5.17　伪 Trot 步态步序图

5.4.2　机身速度规划

Trot 步态行走始终处于一种动态平衡，但是在机器人启动与停止时，机器人处于静态平衡状态，因此在机器人启动与停止时必须涉及静态平衡与动态平衡的切换过渡。基于此，要求机器人必须具有平稳的加速、匀速与减速阶段，以减小冲击，实现动态平衡与静态平衡的平稳过渡。设计一种加速阶段的起始时刻和终点时刻与减速阶段的起始时刻和终点时刻的加速度都为零的曲线，如图 5.18 所示。

$$
V=\begin{cases}\dfrac{2\pi t/T_{\mathrm{up}}-\sin(2\pi t/T_{\mathrm{up}})}{2\pi}V_{\max}, & t\in[0,T_{\mathrm{up}}]\\ V_{\max}, & t\in\left(T_{\mathrm{up}},T_{\mathrm{down}}\right)\\ \dfrac{2\pi(T_{\mathrm{c}}-t)/T_{\mathrm{down}}-\sin(2\pi(T_{\mathrm{c}}-t)/T_{\mathrm{down}})}{2\pi}V_{\max}, & t\in[T_{\mathrm{down}},T_{\mathrm{c}}]\end{cases} \tag{5.4}
$$

其中，$V_{\max}$ 为匀速时的最大速度；T_{up} 为加速阶段时长；T_{down} 为减速阶段时长；T_{c} 为完整周期。

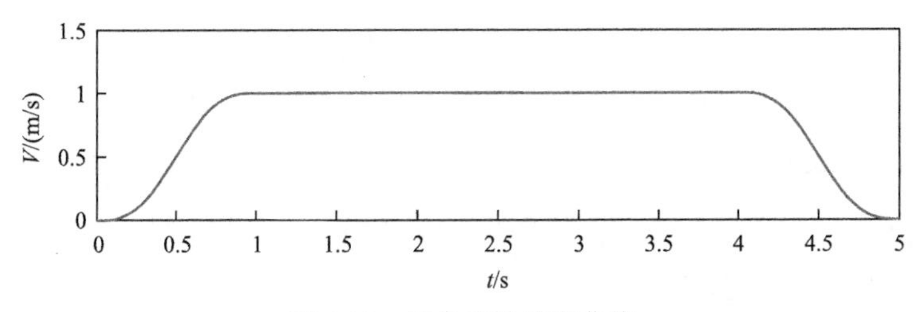

图 5.18　机身运动速度曲线

5.4.3　摆动足足端轨迹规划

摆动足的足端运动轨迹规划只需要考虑起始点、落足点、最高点高度和摆动周期，Trot 步态行走时的四足机器人可等效为弹簧负载倒立摆（SLIP）模型[18]。SLIP 模型由代表机器人机体的质点和带有弹性单元的腿部组成，如图 5.19 所示，图中 COM 表示机器人质心。对于 SLIP 模型，机器人的腿部在足端触地时，如果触地点在整个支撑过程质点水平位移的中点，那么其终点速度和初始速度相同，机器人将保持匀速前进，如图 5.19(a)所示；如果触地点处于质点水平位移的中点前，质点的终点速度将大于初始速度，机器人做加速前进，如图 5.19(b)所示；如果触地点处于质点水平位移的中点之后，质点的终点速度将小于初始速度，机器人做减速前进，如图 5.19(c)所示。

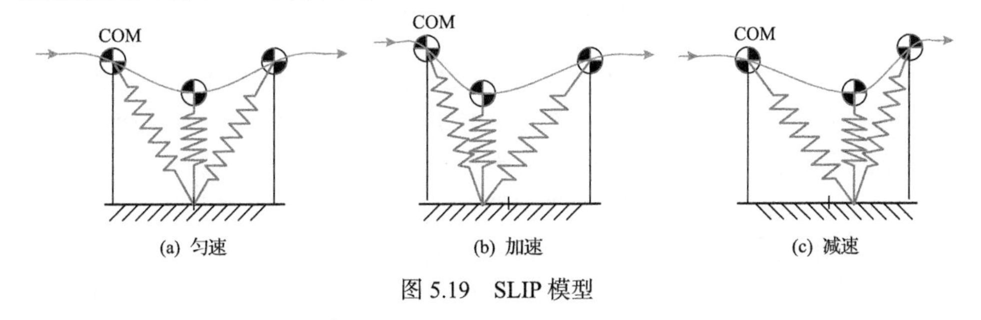

图 5.19　SLIP 模型

因此，基于该模型可以选择四足机器人在 Trot 步态行走时摆动腿落足点的位置，用数学表达式表示为

$$
\begin{cases}
x_{\mathrm{f}}=\dfrac{\dot{x}T_{\mathrm{s}}}{2}+k_{\dot{x}}(\dot{x}-\dot{x}_{\mathrm{d}}) \\
y_{\mathrm{f}}=\dfrac{\dot{y}T_{\mathrm{s}}}{2}+k_{\dot{y}}(\dot{y}-\dot{y}_{\mathrm{d}})
\end{cases}
\tag{5.5}
$$

其中，$\dot{x}$、$\dot{y}$ 分别为实际的 x、y 方向的速度；$\dot{x}_{\mathrm{d}}$、$\dot{y}_{\mathrm{d}}$ 分别为期望的 x、y 方向的速度；T_{s} 为摆腿周期。机器人在 Trot 步态时的足端运动轨迹规划曲线与 5.3.3 节中静步态规划曲线类似，一般在较平坦地面会选择摆线轨迹，以减小触地的冲击，提高行走过程中的动态平衡能力。

图 5.20 为 Trot 步态一个周期内的运动过程分解，由图可以看出，对角线上的两条腿触地时间几乎一致，有助于降低触地时的反冲击，提高运动的平稳性。

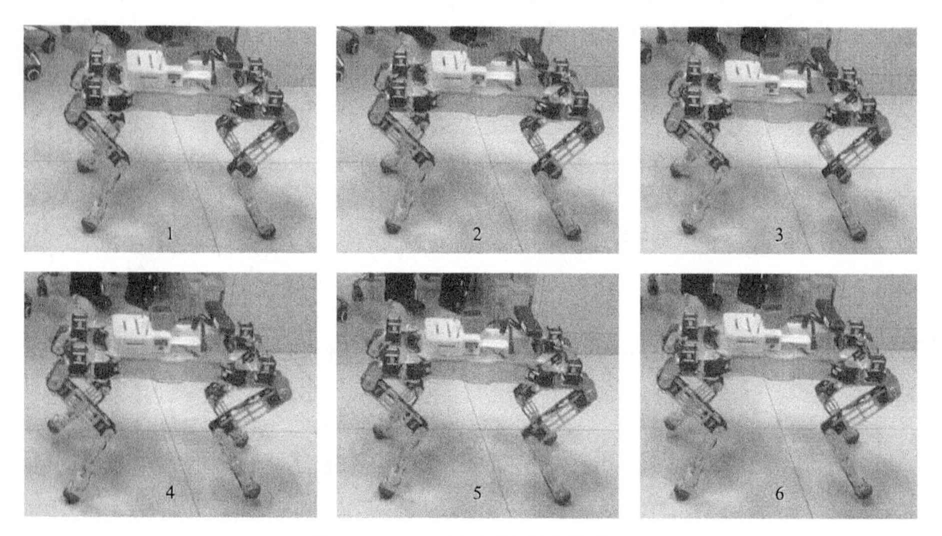

图 5.20　Trot 步态运动过程分解

5.5　仿山羊 Bound 爬坡步态规划

山羊在斜坡上攀爬常见步态是变相位差的双足跳跃步态(简称 Bound 步态)。本节参考山羊上坡 Bound 步态，设计了一种仿生步态。山羊在斜坡攀爬时，其前后腿作用不同，一般来说，后腿受力更大，抬起困难，所以将后腿作为发力腿，先蓄力再摆动，采用 Bound 步态向前跳跃；前腿受力小，可以轻松抬腿，所以后腿触地后，前腿再依次向前迈步。Bound 步态腿部时序图如图 5.21 所示，以前腿占空比为 0.8、后腿占空比为 0.9 为例，在运动过程中，后腿先蓄力向后蹬地，质心向前移动，然后后腿开始摆动。在后腿蓄力抬起后落地这段时间内，质心向前匀速移动一个步长；参考弹簧模型，将质心在 z 轴方向的运动规划为单周期的三角函数运动，如图 5.22 所示，在 1/2 周期处，即质心 z 轴方向速度最大时抬腿，在正弦运动结束后触地。此时，后腿和本体质心运动结束，四腿着地，开始调整期，前腿依次完成摆动动作。一个完整的 Bound 步态周期结束。

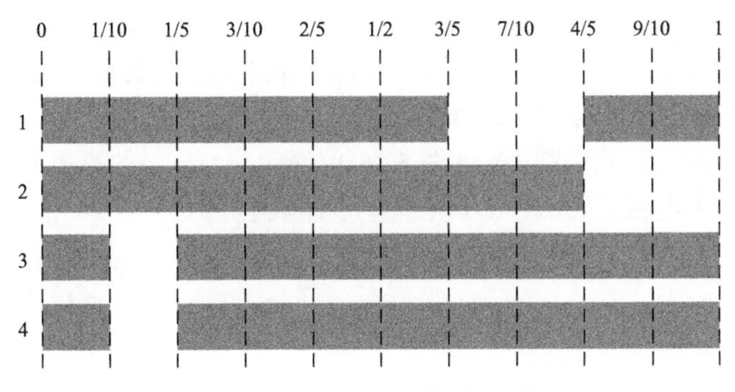

图 5.21　Bound 步态腿部时序图

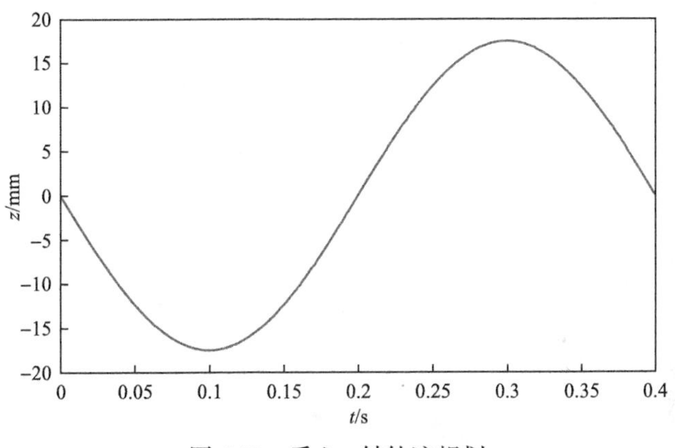

图 5.22　质心 z 轴轨迹规划

在 20°草地斜坡上进行 Bound 步态爬坡实验，如图 5.23 所示，机器人沿直线攀爬，步态周期 T 为 2s，步长为 200mm，质心高度为 420mm，抬腿高度为 50mm，

(a) 后腿蹬地

(b) 腿1迈步

(c) 腿2迈步

图 5.23　20°草地斜坡上的 Bound 步态爬坡实验

前腿占空比为 0.8，前腿相位差为 0.2，后腿占空比为 0.9。质心 z 轴振幅为 17.5mm，周期为 0.4s。后腿蹬地时间为 0.2s。后腿蓄力蹬地后向前迈步(图 5.23(a))，前腿依次迈步(图 5.23(b)、(c))，即完成整个步态周期。三个步态周期内腿的各关节角度如图 5.24 所示，关节 1 在运动过程中保持不变。可以看出，前腿实际转角对目标转角的跟随较好，后腿由于运动过快和平滑因素，实际转角没能达到尖峰。腿 1 关节电流如图 5.25(a)所示，关节 1 电流很小，关节 2 和膝关节摆动时电流出现峰值，约 1.5A；腿 3 关节电流如图 5.25(b)所示，关节 2 的峰值电流可到达 3～4A，膝关节峰值电流 2A，表明其功率远大于前腿。

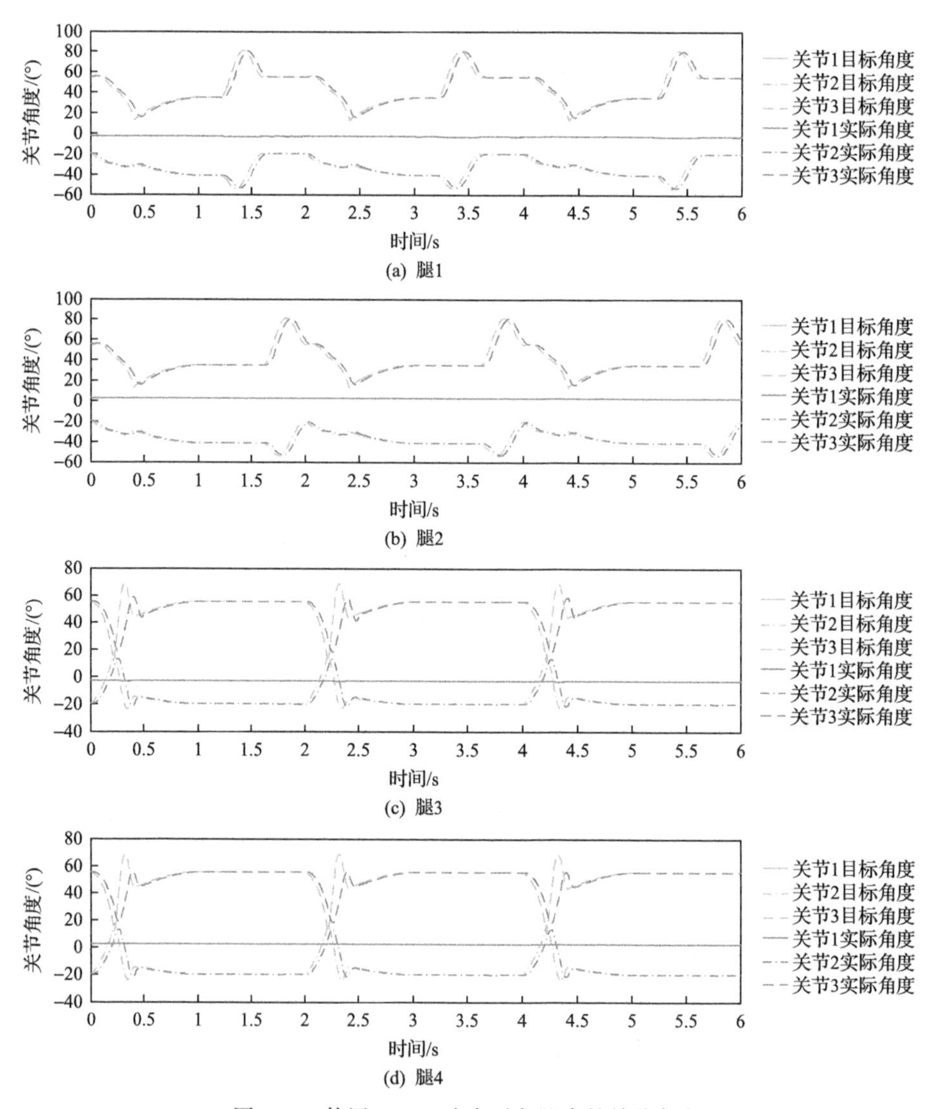

图 5.24　使用 Bound 步态时各腿中的关节角度

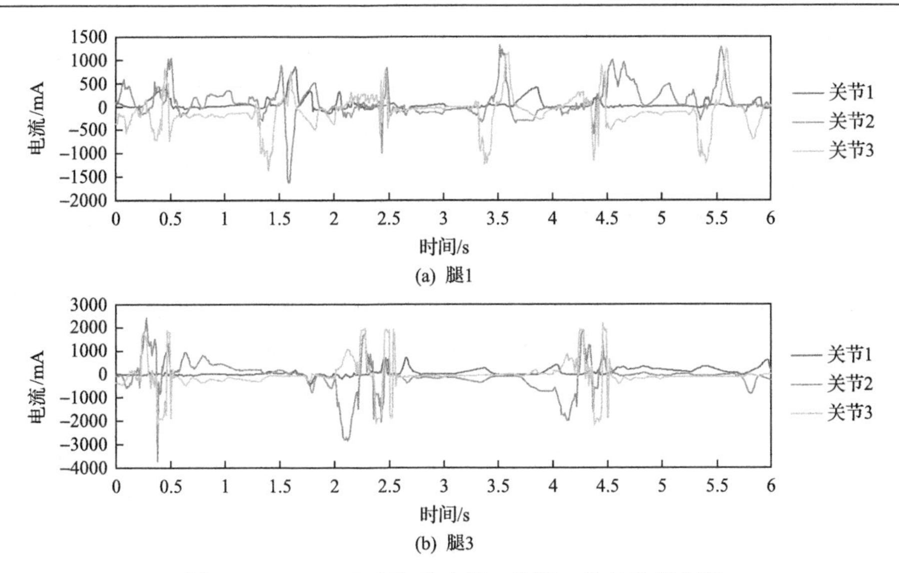

(a) 腿1

(b) 腿3

图 5.25　Bound 步态实验中腿 1 和腿 3 的各关节电流

机器人在中等坡度斜坡攀爬时，其足较少出现打滑；而后腿受力过大是主要问题。机器人在仿生 Bound 步态行走过程中，在后腿抬起前，先将质心前移，使得后腿受力减小，再蓄力向后蹬腿，推动身体前移，且腿部伸长形成死点支撑，方便之后的抬腿弯曲。实验表明，仿生 Bound 步态减少了后腿电流，实现了后腿的跳跃，且机器人侧向非常稳定，只在前后方向有一定振动，可以实现在 20°中等坡度斜坡上以 Bound 步态攀爬，验证了仿生变相位差 Bound 步态的正确性和可行性。

5.6　陡坡攀爬静态步态规划

陡坡爬行时，重力沿斜坡向下的分力很大，机器足需要克服分力向上攀爬，所需附着力很大，足与地面间易产生相对滑动，而质心沿重力方向的投影不在立足点的中部，在偏后腿位置，甚至落在立足点之外，这就使得后腿受力过大，电机电流大，后侧稳定裕度减小。前后腿受力不平衡也带来了正压力不平衡，导致前腿正压力小，能提供的附着力小；后腿受力大，沿斜坡向下的分力大，加剧了后腿的足地打滑现象。此时，足地附着力不足和前后腿受力不平衡都是主要问题。山羊攀爬时，为了保证稳定，防止沿斜面翻倒，山羊前腿和后腿都处在本体下部。参考山羊攀爬机理，为了适应机器人的工作空间和自由度，设计了一种静态攀爬步态，抬腿顺序为 3-2-4-1，与山羊上坡静态步态的步序相同。由于后腿受力更大，选择了较大的占空比。以前腿占空比 0.75、后腿占空比 0.875 为例，机器人爬坡静态步态腿部时序图如图 5.26 所示，相邻抬起的同侧腿相位差为 0.125，非同侧腿相位差为 0.375。为保证机器人处于静态稳定状态，后腿在抬腿前将质心侧移，将后侧稳定裕度增大，防止向斜坡下方翻倒，而且保证了其他三条腿有足够的附着力；同时，另一个支撑的后腿在机器人移动后处于基本伸直的状态，利用死点效应支撑，避免电机电流过大。如图 5.27(a)所示，初始时质心在本体左侧，腿 3 向后死点支撑，与腿 4 前进方向距离差值为 1/2 步长，腿 2 与腿 1 同样相差 1/2 步长。接着，质心先向右侧移动，如图 5.27(b)所示，然后摆动腿 3 的同时质心向前移动 1/2 步长，支撑三角形为 1-2-4。腿 3 落地后，腿 4 处于基本伸直的状态，开始死点支撑，与腿 3 在前进方向相差 1/2 步长，然后摆动腿 2，质心不变。在腿 2 落地后，如图 5.27(c)所示，质心开始左侧运动，之后摆动腿 4 同时质心向前移动 1/2 步长，腿 3 又形成了死点支撑。腿 4 落地后，腿 1 移动，质心不移动，完成整个步态周期。

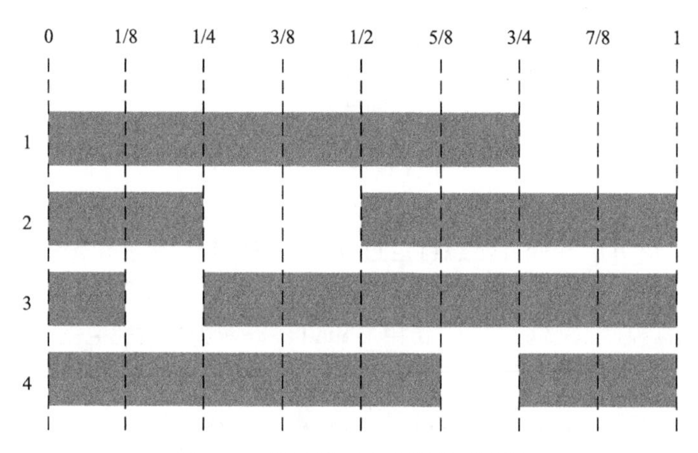

图 5.26　爬坡静态步态腿部时序图

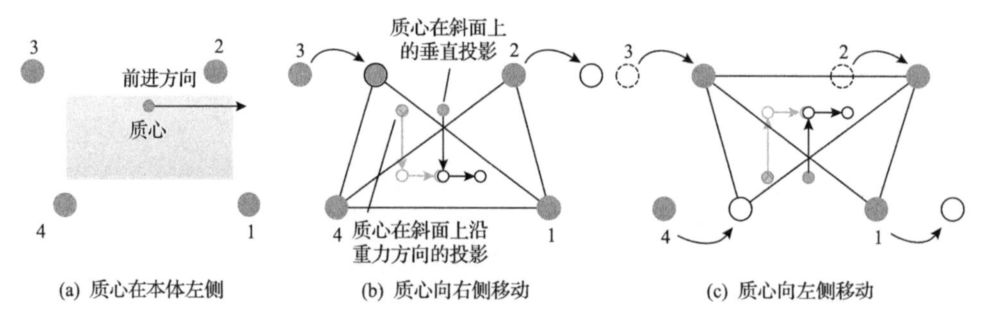

图 5.27　静态步态爬坡质心轨迹规划

在底部 35°、上部最小 25°的草地斜坡上进行如图 5.28 所示的静态步态爬坡实验。考虑陡坡爬行时前后腿受力不平衡，后腿需要的附着力更大，所以后腿足采用大附着力仿生足，以保证足够的附着力；而前腿足采用较小的普通球形足，以保证一定的附着力，并使得前腿总长变短，机器人本体前倾，降低重心，从而增大稳定裕度。机器人沿直线攀爬，步态周期 T 为 8s，步长为 200mm，质心高度为

380mm，抬腿高度为 100mm，前腿占空比为 0.75，后腿占空比为 0.9，各腿相位差见 5.5 节。质心在左右方向偏离中轴线 80mm。图 5.28 为机器人静态步态在 35°～25°草地斜坡上一个步态周期的运动过程：腿 3 处于死点支撑状态，向右侧移动机身后，腿 3(左后腿)向前迈步同时向前移动机身，腿 3 落地后，腿 4 形成死点支撑(图 5.28(a))；腿 2(左前腿)迈步(图 5.28(b))；向左移动机身后，腿 4(右后腿)迈步，同时机身向前移动，腿 4 落地后，腿 3 又形成死点支撑(图 5.28(c))；腿 1(右前腿)迈步(图 5.28(d))，即完成整个步态周期。图 5.29 给出了六个步态周期内腿的各关节角度，可以看出，实际转角对目标转角的跟随较好。前腿腿 1 关节电流如图 5.30(a)所示，三个关节电流在 1A 附近；而后腿关节电流稍大于前腿，如图 5.30(b)所示，膝关节峰值电流 1.5A。

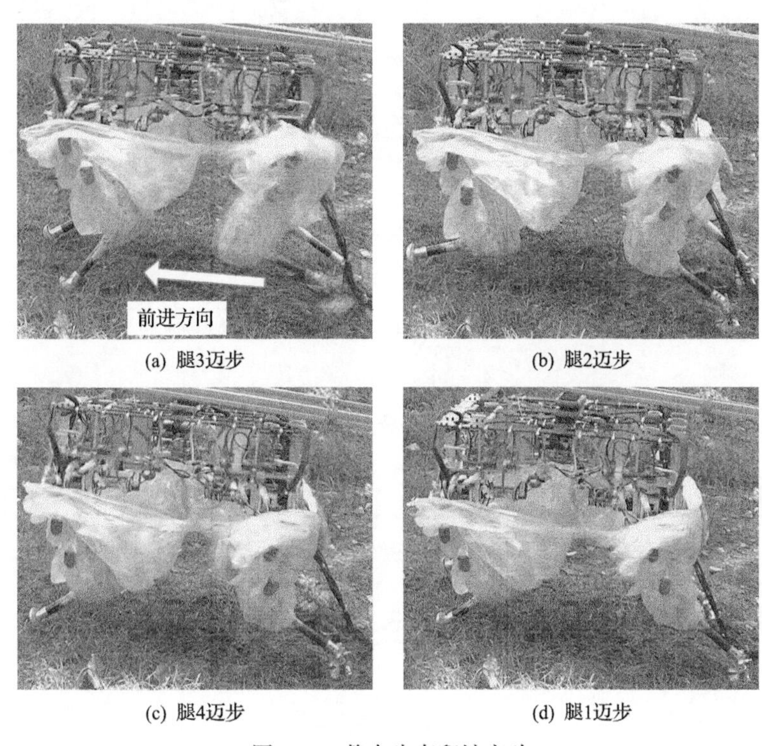

图 5.28　静态步态爬坡实验

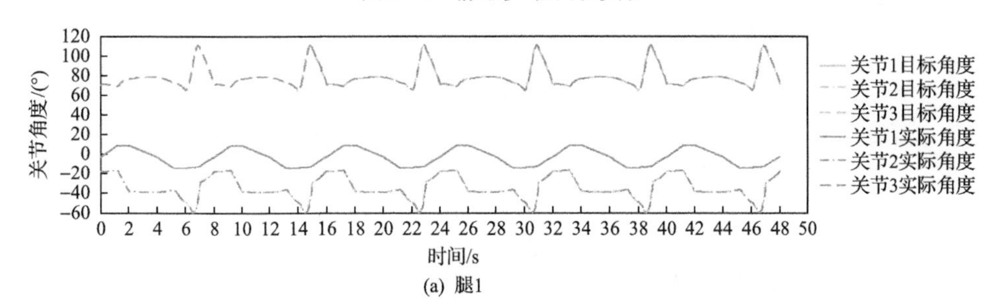

(a) 腿1

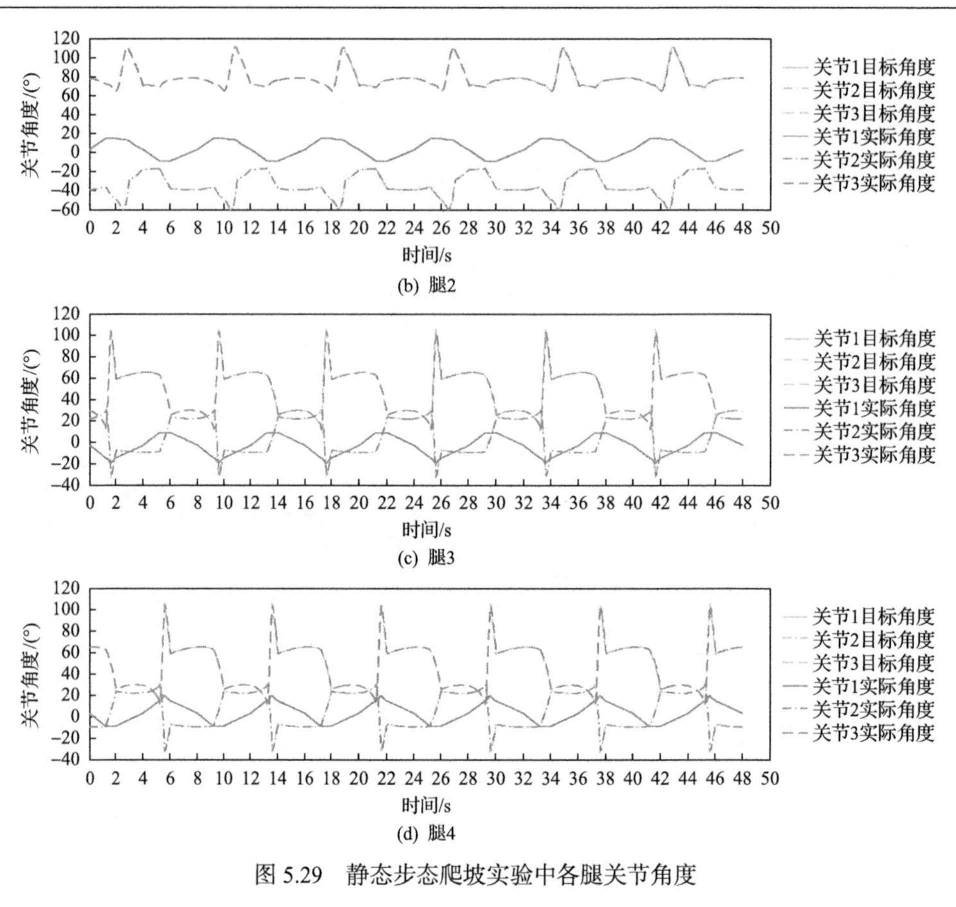

(b) 腿2

(c) 腿3

(d) 腿4

图 5.29　静态步态爬坡实验中各腿关节角度

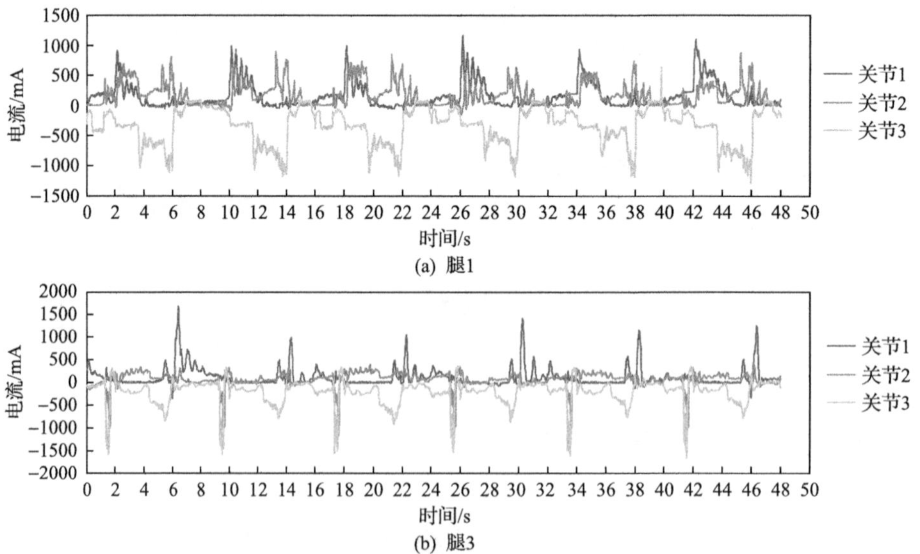

(a) 腿1

(b) 腿3

图 5.30　静态步态爬坡实验中腿 1 和腿 3 各关节电流

陡坡攀爬时，足地附着力不足和前后腿受力不平衡阻碍了机器人的攀爬行走。为了具有最大的稳定裕度，机器人质心重力方向的斜坡投影点应该处于支撑三角形内部。而随着斜坡坡度的增大，投影点不断向机器人后侧移动。陡坡攀爬时，投影点很容易落在支撑三角形外部，造成机器人失稳。斜坡的不平整增大了这种失稳的可能。机器人本体降低有助于增大稳定裕度，但本体降低意味着腿的弯曲程度增大，对电机的负担也会加大。实验中，利用山羊攀爬机理，后腿支撑点在身体后部，增大了稳定裕度；利用死点支撑原理，两条后腿不断切换死点支撑，减少了后腿的受力，使得前后腿电机峰值电流基本相同；同时将后腿占空比增大，保证了本体的稳定性。由于所研制的机器人单腿只有三个自由度，保证末端位置时就无法保证触地姿态。因此，在受力较大的后腿上安装大附着力仿生足，可实现前后和侧向被动自由度，保证足与地面的平面接触，从而保证了大附着力仿生足的推土附着效果。由于机器足必须克服重力分力向上爬行，对附着力要求很大，如果缩短步长、减小周期，那么足对土扰动很大，且推土区域相互影响，大大降低了土壤的附着力，形成“刨坑效应”，类似车轮在泥中打滑，最终足会陷进坑中，无法向上攀爬。所以，在满足稳定裕度的同时，必须尽量增大步长，保证足地稳定附着向上攀爬。实验表明，机器人攀爬平稳，速度较快，电机电流较小，足地附着良好，可以实现在 35°坡度斜坡上以静态步态攀爬。大附着力仿生足在爬坡过程中表现出了良好的附着力，推土情况良好，如图 5.31 所示。

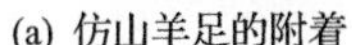

(a) 仿山羊足的附着

(b) 仿山羊足的推土效果

图 5.31　大附着力仿生足爬坡效果

第 6 章　NOROS 机器人的多种运动步态与多模式运动切换方法

本章借鉴动物在不同环境下的运动机理，探明仿昆虫摆腿和仿哺乳动物踢腿步态以及发明二者相结合的混合步态，面向星球探测的特殊需求，设计一种轮腿混合、径向对称圆周分布的六足机器人，即 Novel Robotic System for Space Exploration(简称 NOROS 机器人)[31]，依据六足机器人径向对称圆周分布结构，提出仿昆虫摆腿步态与仿哺乳动物踢腿步态，并进一步提出混合步态与特定故障模式下的容错步态，以提高六足机器人的地形适应性与容错性，同时设计了故障模式下的容错步态以及极端状况下的翻倒自恢复功能。

6.1　六足机器人的仿生步态规划

第 2 章提出的径向对称圆周分布六足机器人具有四种典型“3+3”三角步态，根据其初始站立姿态(或支撑三角形)可分为两类，如图 6.1 所示。I 型昆虫摆腿步态和哺乳动物踢腿步态的初始姿态下，六条腿分为两组，分别平行地布置在机器人本体的两侧，如图 6.1(a)所示，I 型昆虫摆腿步态的前进方向与哺乳动物踢腿步态的前进方向垂直，且每种步态可以沿同一直线的两个方向行进，它们的立足点所构成的三角形在本书称为哺乳动物类支撑三角形。II 型昆虫摆腿步态和混合步态的初始姿态下，六条腿均匀布置在机器人本体的四周，如图 6.1(b)所示，混合步态的行进方向可沿任意一条腿的指向方向。由于 II 型昆虫摆腿步态的行进方向可以沿任意相邻两条腿角平分线的方向，因此 II 型昆虫摆腿步态的行进方向与混

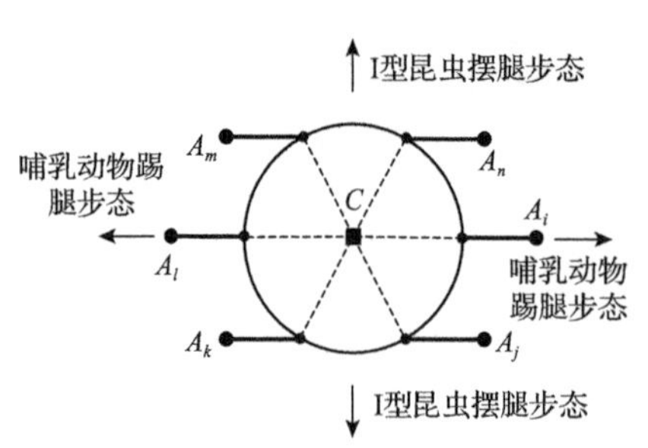

(a) I型昆虫摆腿步态和哺乳动物踢腿步态初始姿态

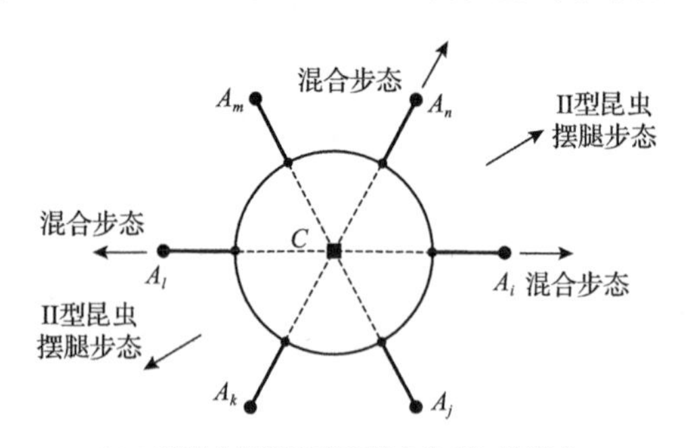

(b) II型昆虫摆腿步态和混合步态初始姿态

图 6.1　六足机器人初始姿态

合步态行进方向成 30°角，且每种步态可以沿 6 个方向前进，它们的立足点所构成的三角形称为混合类支撑三角形。在同一个位置，机器人可以改变立足点的位置，调整自己的站立姿态，从而实现不同步态之间的切换，改变行走步态和前进方向，实现零半径转弯，因此圆周对称的六足机器人是全向运动的机器人。

三腿连续周期步态的特征是，机器人在行走过程中，始终有三条腿在地上支撑机器人并推动本体前进，而其余三条腿则在空中由后向前摆动，在每一个步态周期中，本体运动两步。最快的“3+3”步态是当占空比 β 为 1/2 时的步态。机器人行走之前，各种步态的初始位置均可调整大约归类为两种：一种是当膝关节和髋关节都为零位时，称为第一种初始状态；另一种是适当调整个别腿往前或者往后迈一步，以此可增大支撑多边形和步长，称为第二种初始状态。昆虫摆动“3+3”步态的两种初始状态如图 6.2 所示，哺乳动物踢腿步态中各腿的初始位置如图 6.3 所示，其中 s 为步长。两种步态中，机器人的六条腿分布在本体的两侧，每侧三条腿，如同矩形六足机器人，在第一种初始状态中，六条腿都相互平行或在同一条直线上。行走过程中，六条腿分成两组，每组由三条间隔腿组成(如 1、3、5 号和 2、4、6 号两组)。

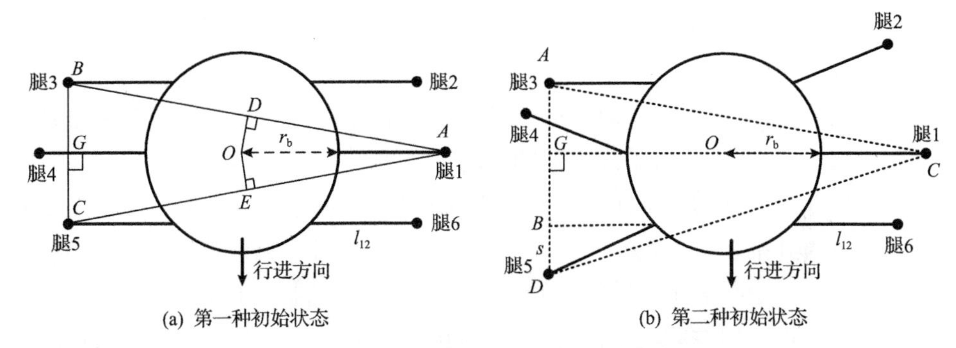

(a) 第一种初始状态　(b) 第二种初始状态

图 6.2　昆虫摆腿步态的两种初始状态

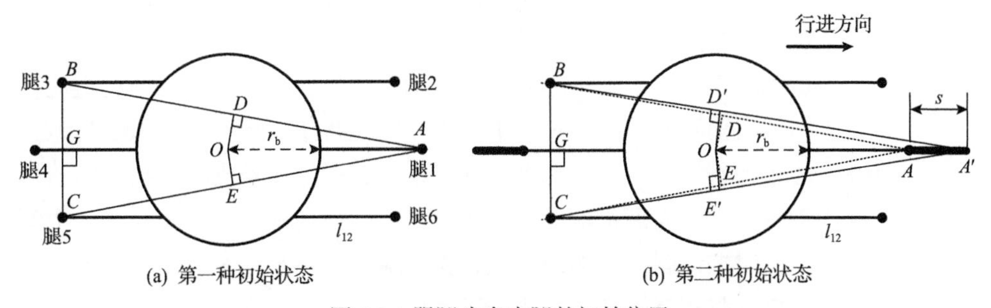

(a) 第一种初始状态　(b) 第二种初始状态

图 6.3　踢腿步态中腿的初始位置

在图 6.2(a)和图 6.4(a)中，1 号腿到 6 号腿的肩关节角度分别为 0°、–30°、30°、0°、–30°和 30°，其余各关节角度都为 0°，其中 1 号腿为引导腿，当 1 号腿的肩关节为 0°时，沿一号腿的行走方向为 0°，也称为主要运动方向。图 6.2(b)和图 6.4(b)中的个别腿各个关节的初始位置还取决于步长。图中$\triangle ABC$是支撑面，定义为连接所有支撑脚的多边形，在昆虫摆腿步态和哺乳动物的踢腿“3+3”步态第一种情况中，均为等腰三角形，但第二种摆腿步态则不一样。

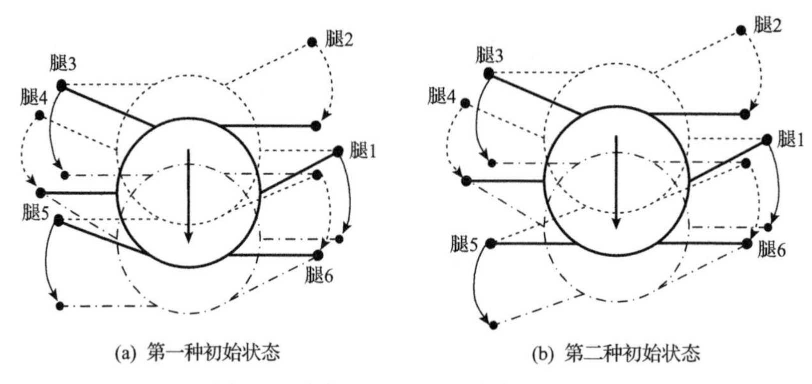

图 6.4　昆虫“3+3”摆腿步态摆腿顺序

昆虫“3+3”步态的主要特征为：机器人腿从后往前依靠肩关节的旋转摆动，由本体一侧的中间腿和另外一侧的前后腿组成一组，两组交替摆动。如图 6.4(a)所示，机器人主要的运动方向是沿着本体的中心线，垂直于初始状态腿的方向，即图中箭头所指示方向(垂直向下)，定义为主要行走方向。图 6.4(a)和(b)分别是“3+3”昆虫摆腿步态两种情况下腿的运动顺序的一个例子。两种昆虫“3+3”摆腿步态的周期运动序列分别如图 6.5 和图 6.6 所示，图中，“●”表示该腿处于着地状态，支撑并推动机器人本体前进；“○”表明该腿处于离地状态，并往前摆动准备下次着地；虚线表示摆动腿；实线表示支撑腿。机器人的运动过程可以看成一系列不断变换的串并联混合机构。在不同的运动时期，支撑面与机器人构成的系统可以有不同的等效机构。一个步态周期可以分成几个不同的运动时期，不同的运动时期系统有其特定的等效机构。图 6.5 和图 6.6 中，①阶段为初始站立状态，②、③为一个运动时期，三条腿抬起并向前摆动，另外三条腿支撑并向后蹬地，从而使机器人本体向前移动；④为一个中间转(切)换状态，此时摆动腿足与地面接触，支撑腿还未抬起；⑤、⑥为一个运动时期，此时原三条支撑腿抬起向前摆动，原三条摆动腿支撑并向后蹬地，从而使机器人本体向前移动；⑦为一个中间转(切)换状态，此时摆动腿足与地面接触，支撑腿还未抬起；⑧、⑨为一个运动时期，支撑腿和摆动腿相互转换，并协调运动使机器人本体向前移动。①～⑥为一个起始步态周期；④～⑨为连续行走过程中的一个步态周期，起始步态周期和终止步态周期与连续行走过程中的步态周期有一定的区别。

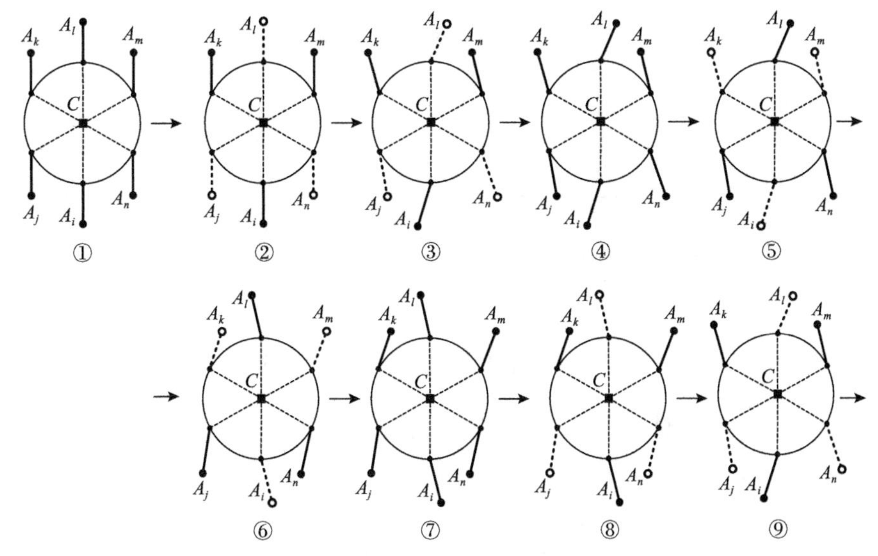

图 6.5　I 型昆虫摆腿步态运动序列

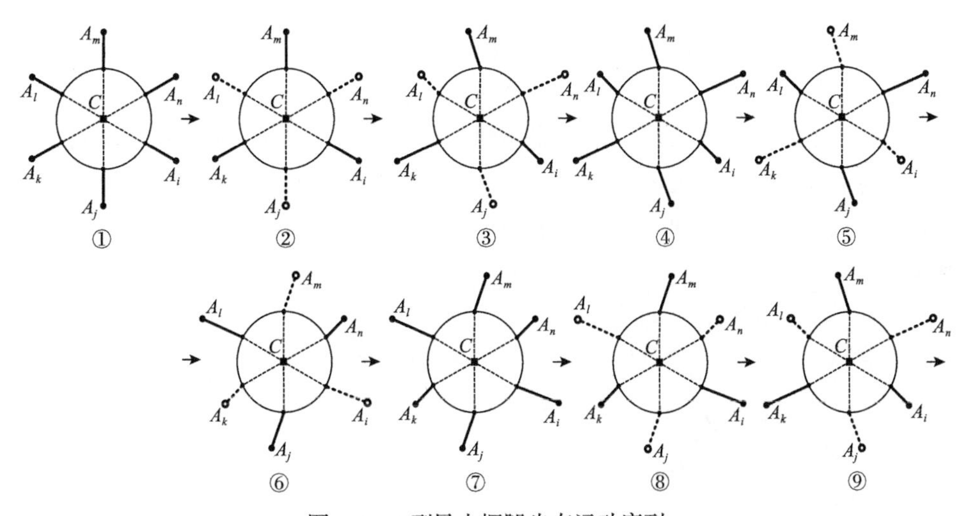

图 6.6　II 型昆虫摆腿步态运动序列

在哺乳动物踢腿步态中，腿的运动多数情况下是在一个垂直于本体底盘的平面，主要由髋关节和膝关节的作用产生，其主要运动方向是沿着引导腿第一个连杆的轴线方向(当腰关节或者肩关节角度为 0°时)，如图 6.3 箭头方向所示(由左至右)。当机器人偏转角为 0° 时，各个腰关节或肩关节的速度为零，机器人的转弯主要靠腰关节的旋转实现。六足机器人哺乳动物踢腿步态运动序列如图 6.7 所示，其中虚线表示摆动腿，实线表示支撑腿。

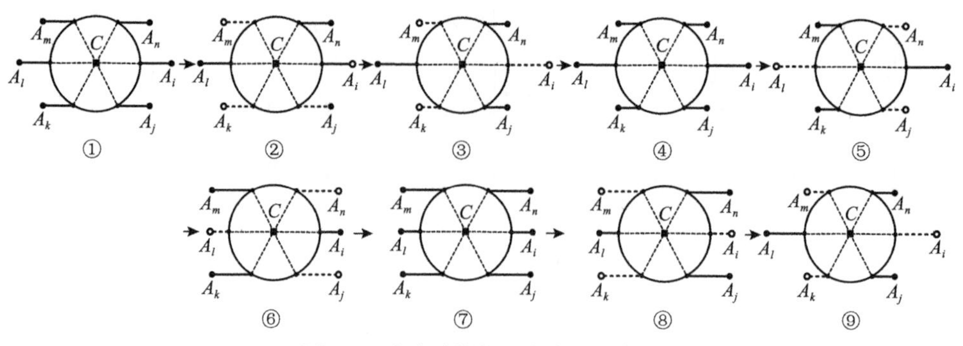

图 6.7　哺乳动物踢腿步态运动序列

除上述“3+3”周期步态外，还有一种融合昆虫摆腿和哺乳动物踢腿的新步态，即混合步态，该步态仅适用于径向对称的六足机器人。如图 6.8(a)所示，混合步态第一种初始位置为，各个关节角度均为 0°。在“3+3”混合步态中，有两条腿(引导腿和与其对称的腿)主要以哺乳动物踢腿运动形式行走，而其他四条腿则主要以昆虫摆腿步态行走，其支撑多边形为等边三角形或等腰三角形(图 6.8 中的△*ABC*或者△*ABC'*)，图中的黑点标示机器人重心的位置。在每半个周期，有一条腿是踢腿运动，其余两条腿为摆动腿，如图 6.9 所示，虚线表示摆动腿，实线表示支撑腿。图 6.10 描述了“3+3”混合步态腿的移动方式和顺序，机器人主要行走方向定义为引导腿腰关节的关节变量为 0 时的轴线方向，其中点划线为机器人行进前的初始状态，虚线为机器人步态中的过渡状态，实线表示结束一个周期步态时的状态。

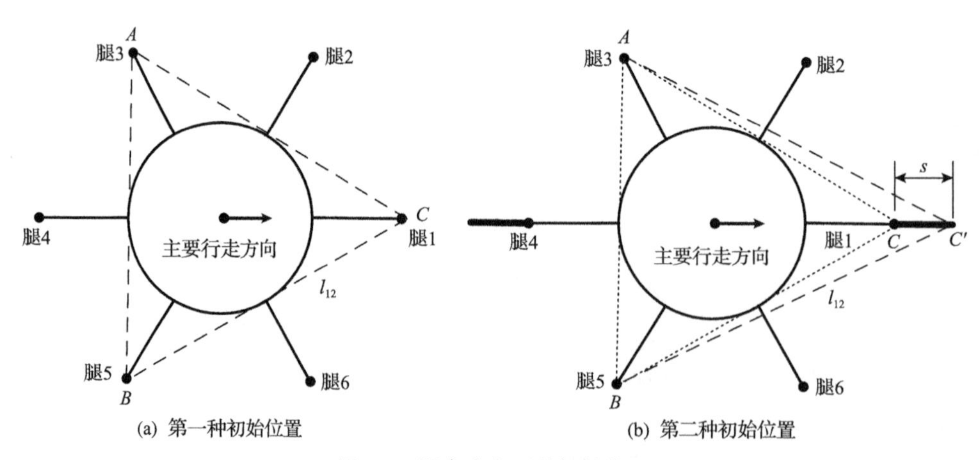

图 6.8　混合步态两种初始位置

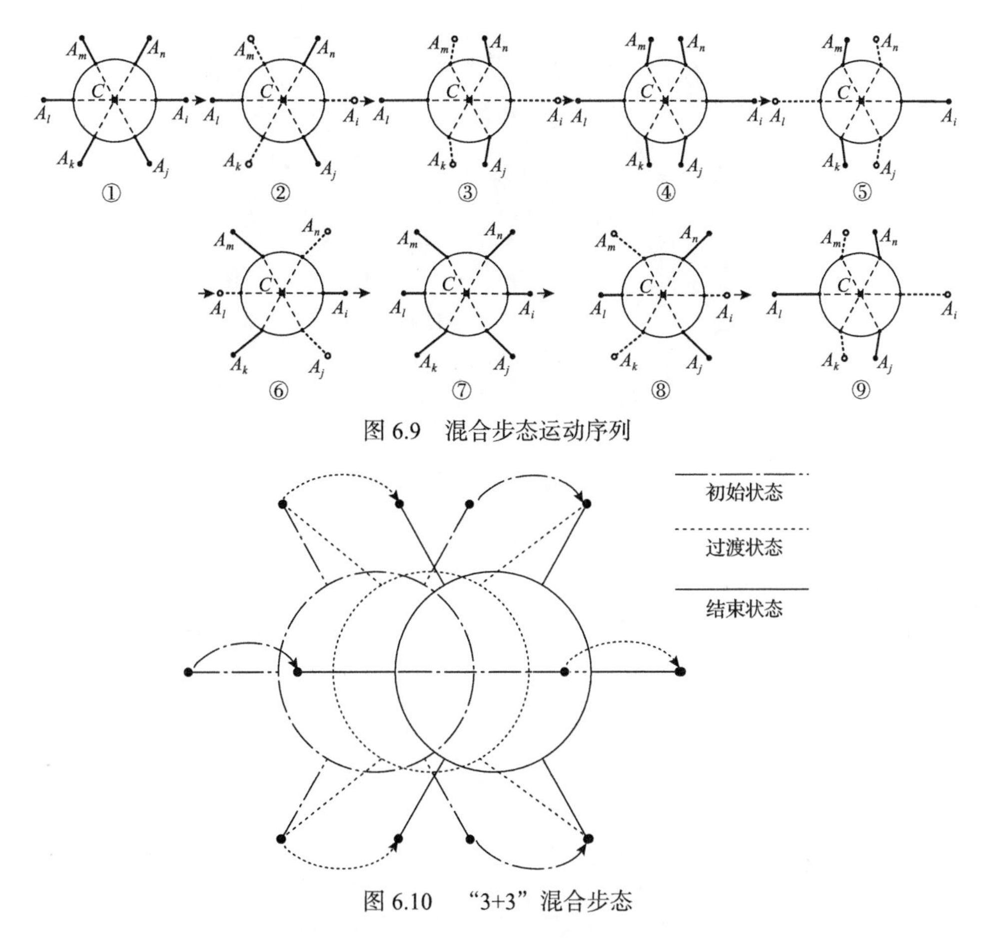

图 6.9　混合步态运动序列

图 6.10　“3+3”混合步态

由图 6.2～图 6.10 可以看出，对于一个给定的机器人，昆虫摆腿步态与哺乳动物踢腿步态的第一种情况有相同大小的支撑面△ABC；第二种情况下，昆虫摆腿步态的支撑面较哺乳动物踢腿步态的宽而短，混合步态的第一种情况的支撑三角形是正三角形，从第二种初始位置开始行走的支撑面是等腰三角形。

6.2　仿昆虫和哺乳动物混合步态在 NOROS 机器人中的应用

本节所涉及的机器人为北京航空航天大学空间机器人实验室所研制的 NOROS-III 机器人，如图 6.11 所示。该机器人的设计目标是在非结构环境中执行特定任务，它具有轮腿式的结构设计，能够实现腿式行走和轮式运动。NOROS-III 机器人由半球形的本体和六条相同的轮腿构成，六条相同的轮腿均匀布置在本体的周围，在本体上安装有透明的半球壳用来保护本体上的仪器设备。

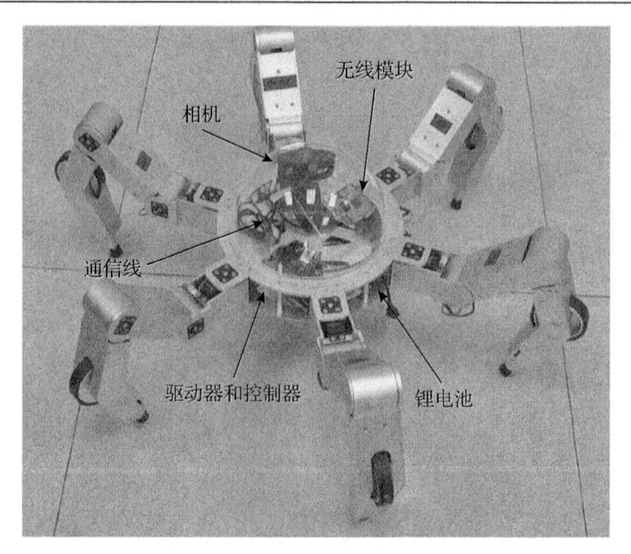

图 6.11　NOROS-III 机器人样机

NOROS-III 机器人的每条腿由髋部、大腿和小腿组成，三个自由度所对应的关节分别是髋关节、膝关节和踝关节。其中髋关节的旋转轴垂直于本体，并将髋关节和本体连接起来，另外两个关节相互平行，且垂直于髋关节的旋转轴，将腿的髋部、大腿和小腿连接起来。单腿的机构简图如图 6.12 所示。

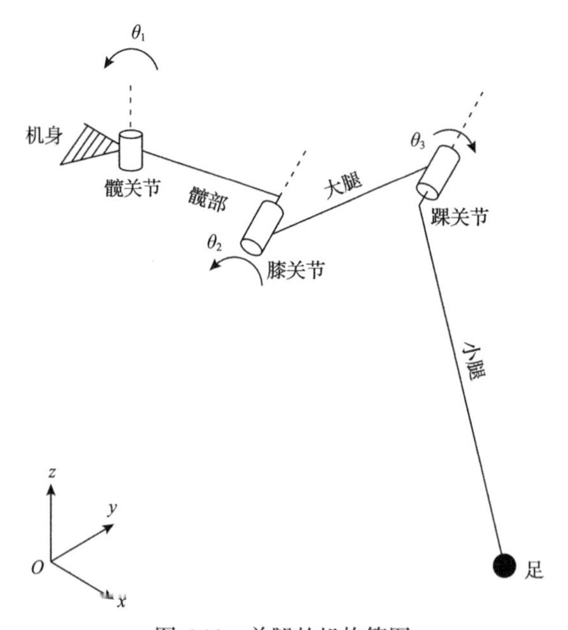

图 6.12　单腿的机构简图

TowerPro MG995 被选作机器人腿部关节的执行器，驱动关节旋转运动。根据关节的结构和电机的转动限制，各关节的运动范围如表 6.1 所示。

表 6.1　各关节的运动范围

关节	髋关节	膝关节	踝关节
运动范围/(°)	[−90, 90]	[−45, 135]	[−10, 170]

六足机器人通过协调各腿不断地离地、着地来推动身体的运动，该离地和着地的时间序列称为步态。六足机器人在平坦地面上的行走步态一般称为静态稳定步态[32-34]，主要包括“3+3”步态、“4+2”步态和“5+1”步态，这些步态根据一定的节律进行蹬腿和摆腿。通过前人的研究，六足机器人最具效率的步态是“3+3”步态，也是其中最快的步态。“3+3”步态又可分为仿昆虫摆动三角步态、仿哺乳动物踢腿三角步态以及混合三角步态三种类型。Xu 等[35]又将仿昆虫摆腿步态根据不同的初始站立姿势分为 I 型昆虫摆腿步态和 II 型昆虫摆腿步态。

NOROS-III 机器人使用昆虫-哺乳动物混合步态行走在平整的地面上。为了方便区分，将按照逆时针的方向标记每条腿，如图 6.13 所示。该步态是周期步态，每一个周期可分为几个阶段。图 6.13(a)显示了 NOROS-III 机器人在一个步态周期中的五个阶段，图 6.13(b)为其相对应的简图表示。图中，机器人的行走方向平行于腿 1 和腿 2 所在平面；阶段①代表机器人处于初始状态，六腿均着地；阶段②完成腿 2、腿 4 和腿 6 的蹬地动作，其余三条腿抬腿并往前摆动；阶段③是过渡阶段，腿 1、腿 3 和腿 5 往前摆动结束，并着地，同时腿 2、腿 4 和腿 6 蹬地动作完成；阶段④完成腿 1、腿 3 和腿 5 的蹬地动作，其余三条腿抬腿并往前摆动；阶段⑤表示腿 2、腿 4 和腿 6 往前摆动结束，并着地，同时腿 1、腿 3 和腿 5 蹬地

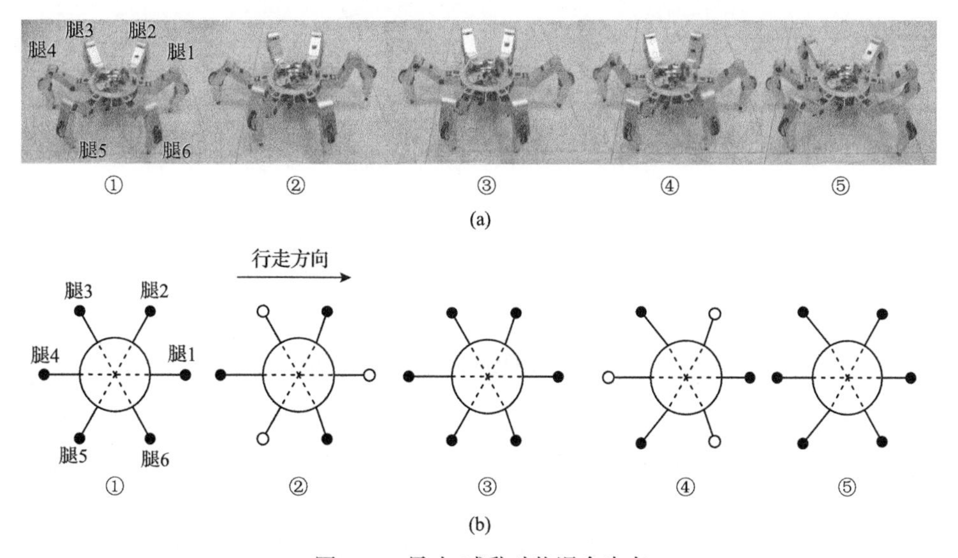

图 6.13　昆虫-哺乳动物混合步态

动作完成，到此完成了一个步态周期，机器人不断地重复以上几个阶段，实现本体连续往前移动。

很明显，在昆虫-哺乳动物混合步态中，至少有 3 条腿支撑本体并推动本体往前移动。因此，机器人的承载能力也由该支撑本体的 3 条腿决定。当给定机器人本体的移动轨迹时，可使用单腿逆运动学计算得到各关节的角度。图 6.14 表示机器人腿 1、腿 3 和腿 5 在阶段③到阶段⑤过程中各个关节的变化。该运动还需确保每个关节在运动过程中所承受的力矩不超过电机的堵转力矩，并保证足底不打滑，以免机器人失稳而翻倒。在满足以上约束的情况下，优化并确定作用在足底的地面反作用力来减少关节力矩以提高机器人的承载能力。

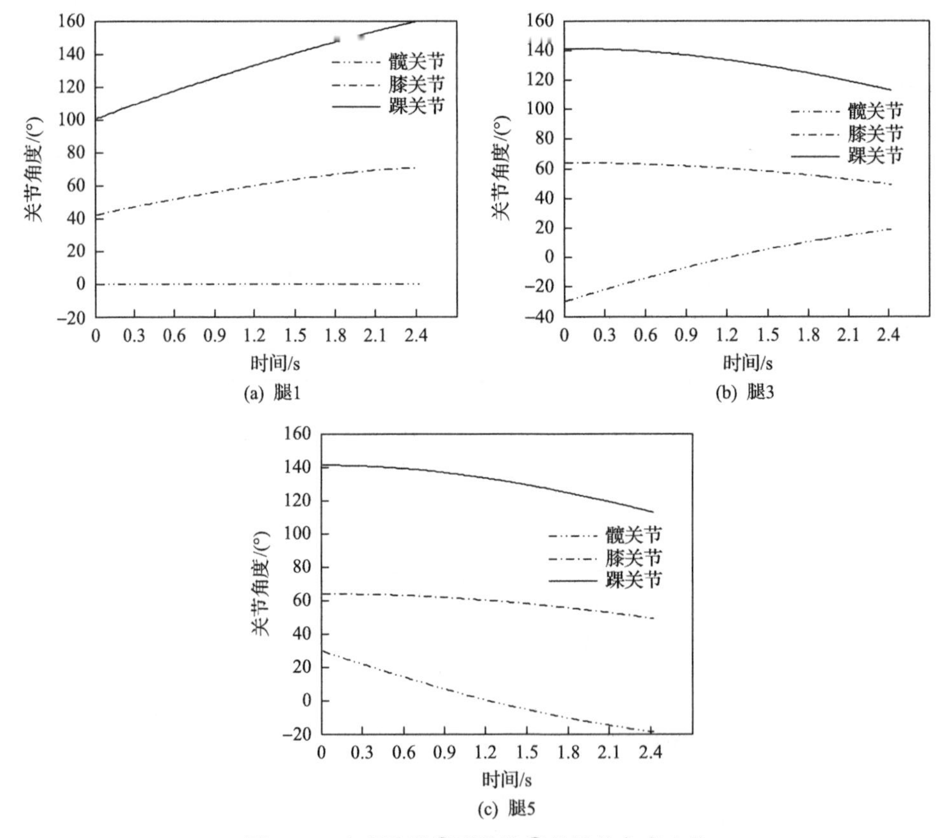

图 6.14　实现阶段③到阶段⑤的关节角度变化

6.3　轮腿运动模式的切换

根据第 3 章所设计的轮式和腿式运动构型，研制一种电子昆虫六足机器人

(electrical beetle，E-beetle)，提出其快速的轮腿运动构型切换方法，如图 6.15 所示。应用该方法，轮腿转换过程可以从任意腿式运动构型开始。假设腿 2、腿 4、腿 6 为支撑腿，腿 1、腿 3、腿 5 为摆动腿。轮腿运动模式切换开始后，摆动腿向本体内侧弯曲同时向两侧横摆。当摆动腿足端与本体形成轮式运动支撑构型时，主要的轮腿切换过程已经完成。然后机器人通过支撑腿降低本体高度直至轮子承担全部机器人的重量，支撑腿继续上抬至极限位置。轮式运动可以采用此种三轮轮行模式，或者进一步其他三条腿也弯曲成轮式构型转换为六轮驱动的轮式运动模式，如图 6.16 所示。六轮驱动较三轮驱动具有更大的承重能力，但是需要更长的转换时，在实际应用中需要根据不同的需求进行考虑。

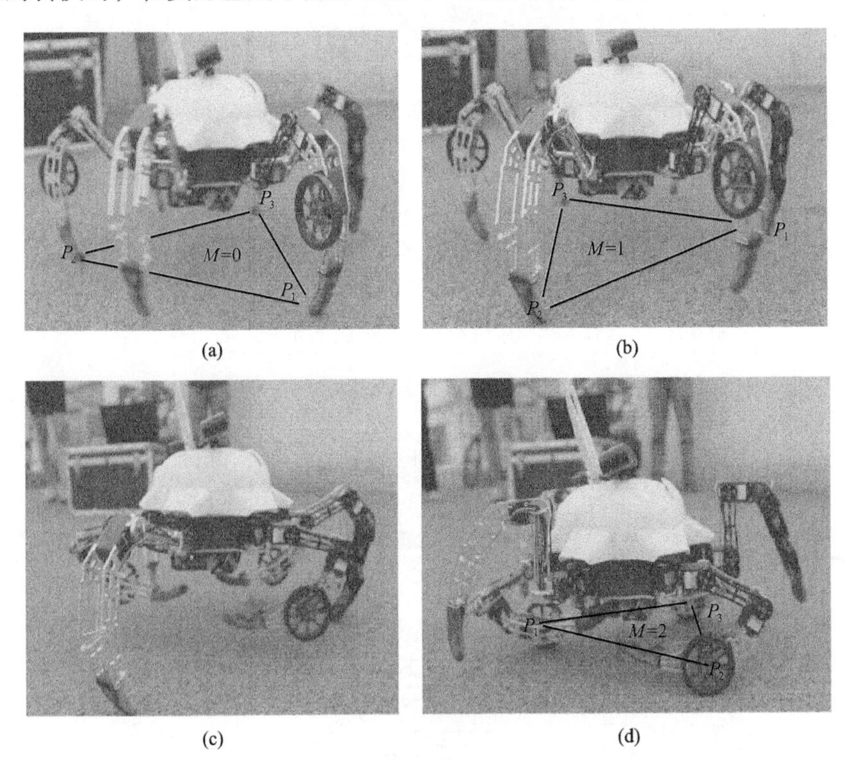

图 6.15　E-beetle 机器人轮腿切换方法及状态模型

当机器人行走的地面由平坦变成崎岖复杂时，如果继续使用轮式前进，将容易出现不稳以致翻倒的情况，故需将其切换回至足行模式，利用腿式行走来完成崎岖复杂地面的行走。因此，需要将平坦地面的轮式切换至腿式模式，其切换过程如图 6.17 所示。

切换过程描述如下：该过程是腿式切换至轮式的逆过程，同样是将六条腿分成两组，依次变换到腿式模式。开始时机器人的重量由六条腿的轮子来支撑，为了能够使一组腿变换成腿式模式，控制该组腿的膝关节和踝关节，使轮子离地。

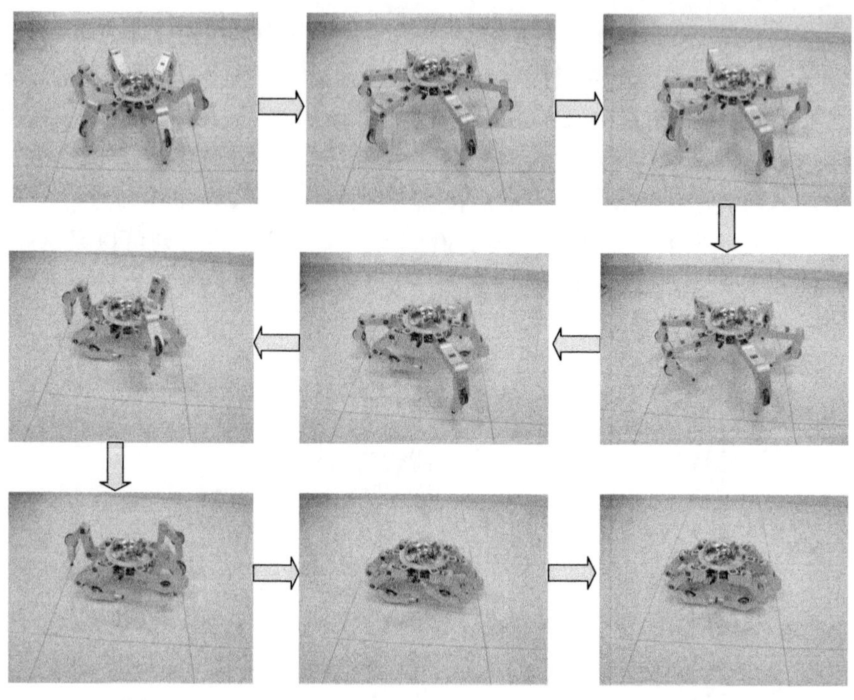

图 6.16　以 NOROS-III 机器人为例的腿式至轮式的切换过程

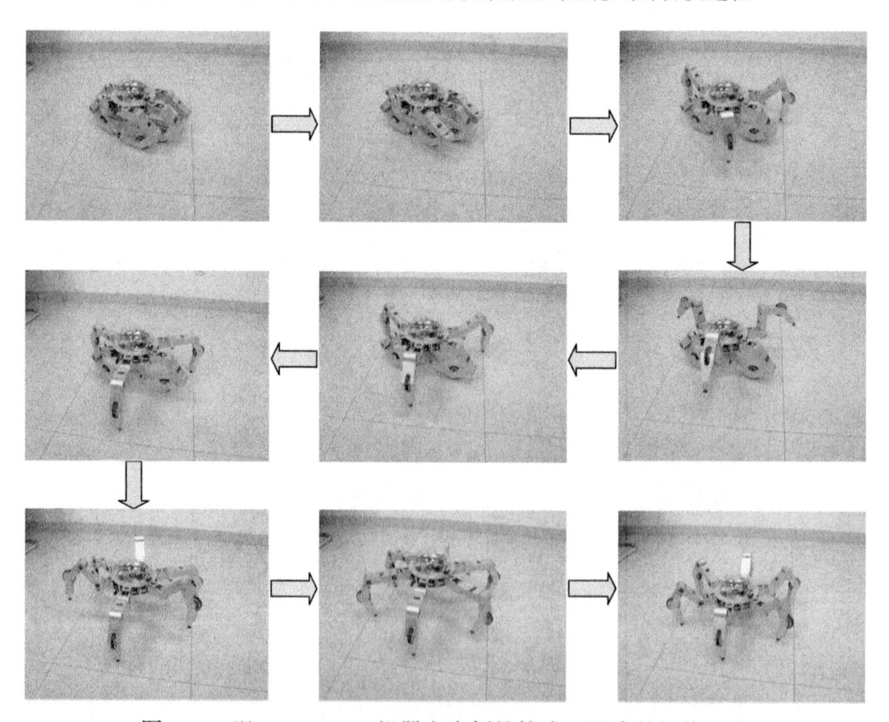

图 6.17　以 NOROS-III 机器人为例的轮式至腿式的切换过程

该组腿的轮子离地以后，机器人的重量由另一组腿来支撑，在转动髋部的同时将腿展开，调至合适的姿态以后，落地支撑本体，至此，机器人的重量由该组变换后的腿来承受，解放了还处于轮式的另一组腿，该组腿同样进行转动髋部并展腿，使腿从本体下方运动至本体的两侧，然后落地支撑重量，此时，六条腿已从本体下方的轮式模式切换到本体两侧的轮式模式，最后同时控制六条腿的运动使机器人恢复到腿式运动的站立姿态，这标志着机器人由轮式切换至腿式的运动完成。

机器人在平坦地面使用轮式移动，轮式移动的控制比腿式行走简单，通过控制轮子处的驱动电机来实现加速、减速、匀速以及掌控前进方向。转向通过控制腿的髋关节的转动来实现。轮行模式时，六条腿分布在本体的前后，控制髋关节的角度保持腿所在的平面与移动方向平行，即可保证机器人的直线移动。如果需要左转或者右转，只需控制髋关节向左或者向右转动一定角度(这个角度根据转向的大小而定)即可完成机器人移动时的转向。图 6.18 为机器人先向右前进，然后右转移动一段距离，之后控制轮子反转方向向左移动一定距离，再之后右转的过程。

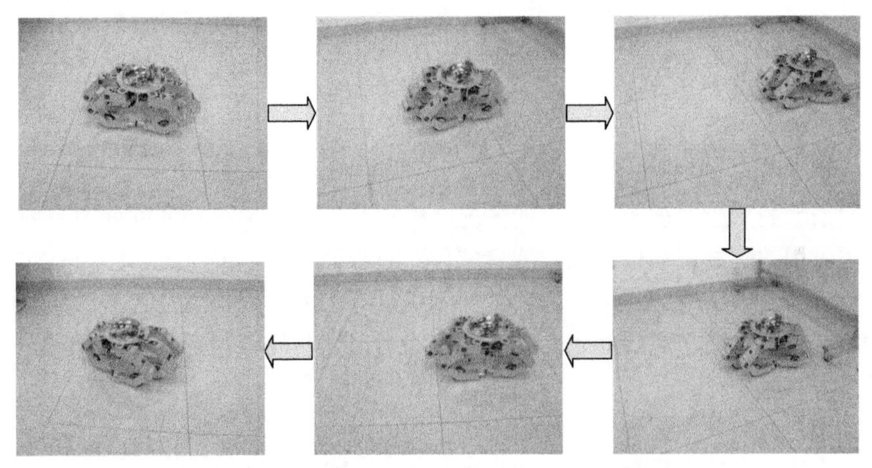

图 6.18 以 NOROS-III 机器人为例的轮式前进

6.4 六足机器人的容错步态规划

在恶劣的作业环境，机器人的腿可能遭遇各种意外，如腿可能被损坏；机器人也可能需要执行承担重量的任务，其腿在必要时作为臂使用；某些关节也有因通信中断而锁定的可能，一旦发生这类事故，双足类人机器人和四足机器人就不能再实现静态行走，但六足机器人的六条腿提供了冗余性，即使失去一两条腿依然能实现静态行走。

6.4.1　关节锁定的情况

实际上，六边形径向对称布局的六足机器人即使有一两个关节被锁定，依然可以实现“3+3”连续行走步态。对于关节损坏，可能出现以下几种情形：

(1)一个腰关节被锁定，故障腿不能实现横摆运动，但依然可以在垂直平面内运动。这时，昆虫步态显然是受限制的，不能实现“3+3”连续步态，但哺乳动物式踢腿步态依然可行，只是需要将其他腿调节到与故障腿平行(投影平行)的位置，而沿故障腿髋部轴线所在方向直线行走；同样，若选择故障腿为导向腿，则混合步态也能实现“3+3”静态稳定直线行走。

(2)一个膝关节或者髋关节被锁定，这种情况对“3+3”摆腿步态影响不大，但踢腿和混合步态相对比较难，虽然也能行走，但灵活性显然降低。

6.4.2　一条腿脱落的情况

如果有一条腿因故障而脱落、锁定或者作为机械臂使用而不能行走，那么对于六足机器人，无论是径向对称的还是两边对称的，在一条腿脱落或者被占用时，都可以用“2+1+2”顺序移动剩余的五条腿，实现静态行走，达到每个步态周期中，本体移动两次。

6.4.3　两条腿脱落的情况

两条腿脱落或者被改作他用的情况，根据两条腿的位置，可以分为三种，即两条不可用的腿处于对位、间位或者邻位。对于处于间位的情况，已经有文献对其容错步态进行了研究，但其他两种情况尚未有相关文献报道。本书针对径向对称圆周分布构型的六足机器人介绍对位两条腿损坏时的容错步态，并研究间位和邻位的可能步态。

首先，当两条脱落腿处于对位时，六足机器人变成一个四足机器人，可按四足机器人的静态稳定步态行走，即每次移动一条腿，始终保持静态稳定。

对于间位和邻位的情况，若两条损坏腿正好在两边对称的矩形六足机器人的同一侧，则该机器人几乎是不可动弹的，无法再实现静态稳定行走，但若处于不同两侧或者机器人是径向对称结构的，只要适当调整腿的初始位置，仍然可按四足机器人的步态实现静态行走。

对于径向对称圆周分布构型六足机器人，若故障腿发生在间位或者邻位，可将其余四条健康腿由原来的初始位置(粗虚线)调整到合适的新的初始位置(粗实线)，如图 6.19 所示。图 6.19(a)为间位腿 1 号和 3 号损坏时容错步态初始状态调整图；图 6.19(b)是邻位腿 1 号和 2 号损坏时容错步态初始状态调整图，腿 1 号至腿 6 号标记为 L_1～L_6。当各个腿被调整到图中所示的新的初始位置后，重新给腿编号，机器人可根据四足机器人摆腿步态顺序实现静态稳定行走，此时原定义的主要行走方向不再是原来导引腿的轴线方向，而变化为图中箭头所指方向。例如，如果 1 号和 2 号邻位腿或者 1 号和 3 号间位腿损坏，那么新的主要行走方向变为原来的顺时针方向转 π/6。图 6.20 列出了间位腿损坏后，新的四足机器人步态（“3+1” 步态）各个腿的移动顺序，一个步态周期需要 6 个步骤，本体移动两次，整个行走过程中至少有三条腿支撑在地面，重心投影在支撑面之内。对于邻位的情况，当初始位置调整好，重新编号后，腿的行走顺序与上面一样。

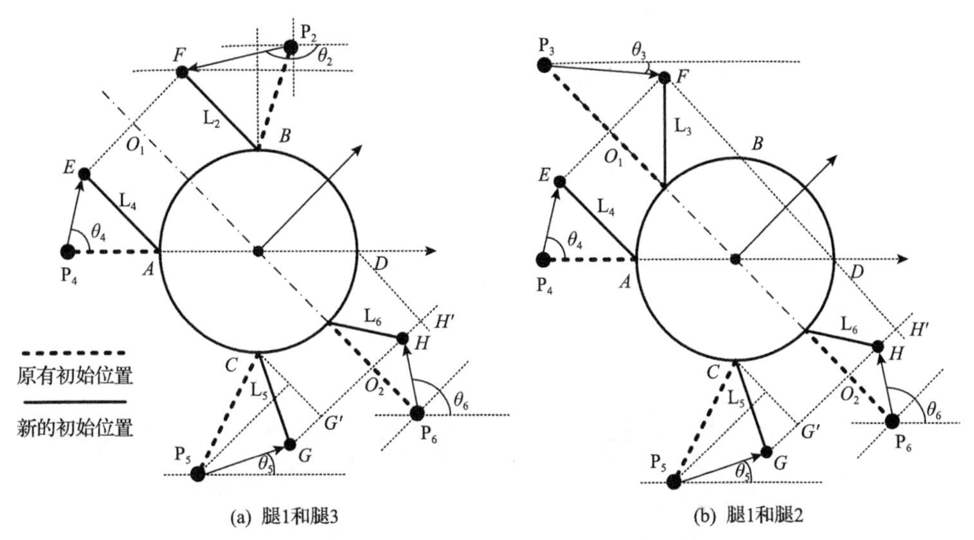

图 6.19　间位腿和邻位腿损坏时容错步态初始状态调整（P_i 为腿 i 的足端立足点）

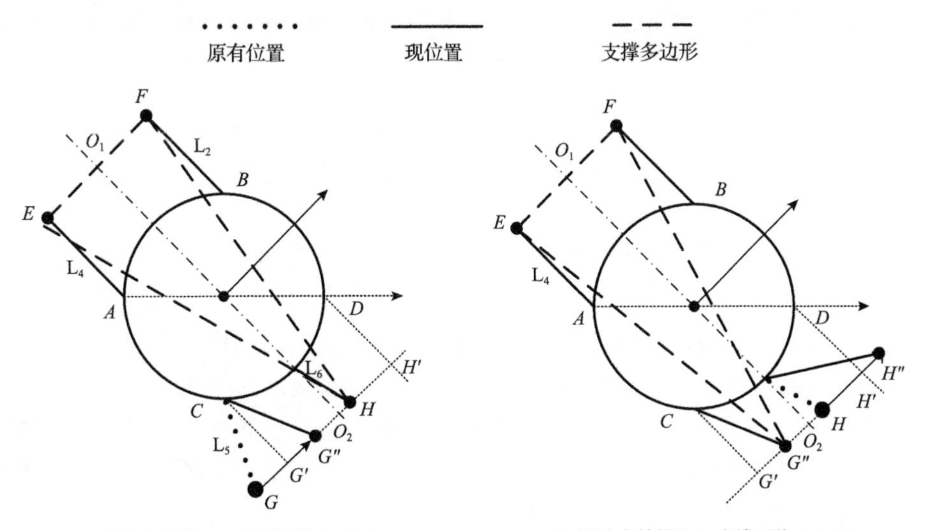

(a) 抬起右后腿(L_5), 支撑面为△EFH　　(b) 摆动右前腿(L_6), 支撑面为△EFG''

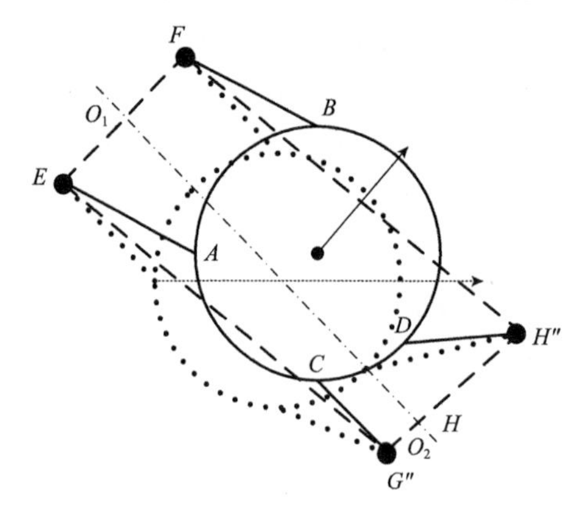

(c) 所有腿支撑移动本体，支撑面为$\square EFH''G''$

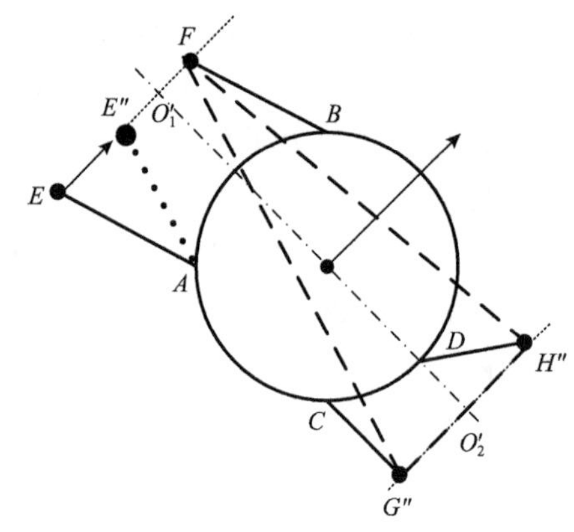

(d) 摆动左后腿(L_4)，支撑面为$\triangle FG''H''$

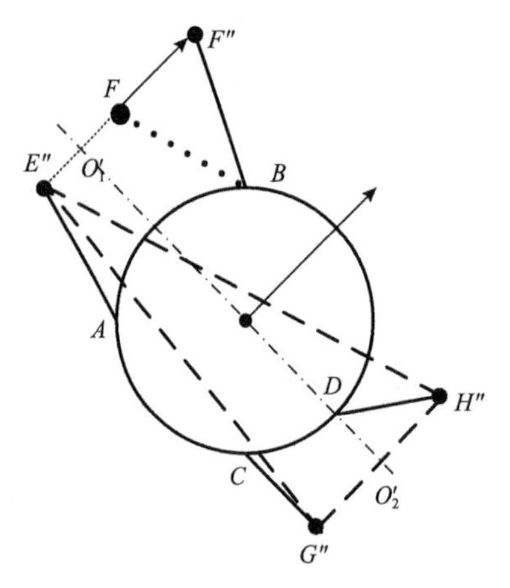

(e) 摆动左前腿(L_2)，支撑面为$\triangle E''G''H''$

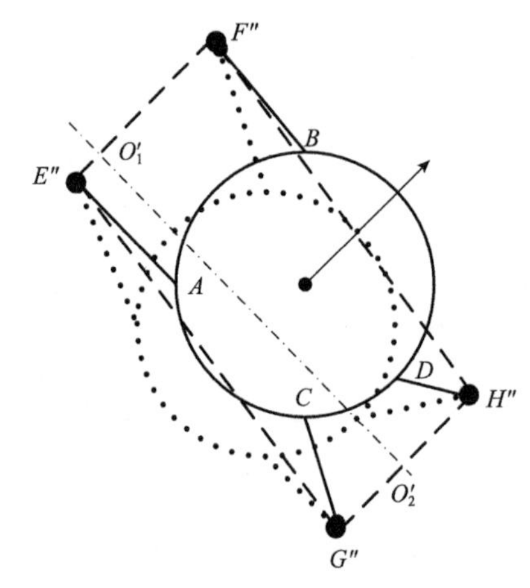

(f) 再次移动本体，支撑面为$\square E''F''H''G''$

图 6.20　间位腿故障时，容错步态腿移动顺序

6.5　六足机器人的翻倒自恢复

许多机器人的设计和运动规划灵感均来自于大自然动物的结构和运动。多足机器人通过模仿昆虫的腿结构、步态和运动，而具有很高的运动稳定性，但是目前大部分的多足机器人样机仅活跃在平整或者结构化的地形中。由于动物生活所处的环境比结构化地形要复杂得多，它们难免在复杂的地形中或者因为强大的外力作用而翻倒。为了生存，它们必须能够在翻倒后进行自我恢复。通过解析和模仿昆虫的翻倒自恢复运动，可使径向对称圆周分布的六足移动操作机器人具备翻倒自恢复的功能。

6.5.1　昆虫的翻倒自恢复

昆虫因为体积小、重量轻，很容易因为外界的因素出现身体翻倒的情况，但它们是翻倒自恢复的能手，可快速复位。仔细观察昆虫翻倒后的自恢复过程，得出三个关于昆虫翻倒和自恢复的结论：①在翻倒之后，昆虫的主要重量集中在身体上，身体的背部与地面接触，而大部分的腿脱离与地面的接触并悬在空中；②通过摆动悬在空中的腿来移动重心，使一部分腿能够接触到地面，假如腿部不能接触地面，则不能通过地面获得翻倒自恢复力，在此情况下，昆虫不可能通过自身的调整而恢复；③昆虫的腿可以分成两组，即腾空组和着地组，着地组通过向地面施力，从而获得反力来支撑和推动身体恢复；腾空组不停地在空中摆动，利用摆动所产生的惯性力来自恢复。昆虫翻倒自恢复过程中几个重要的节点如图 6.21 所示。

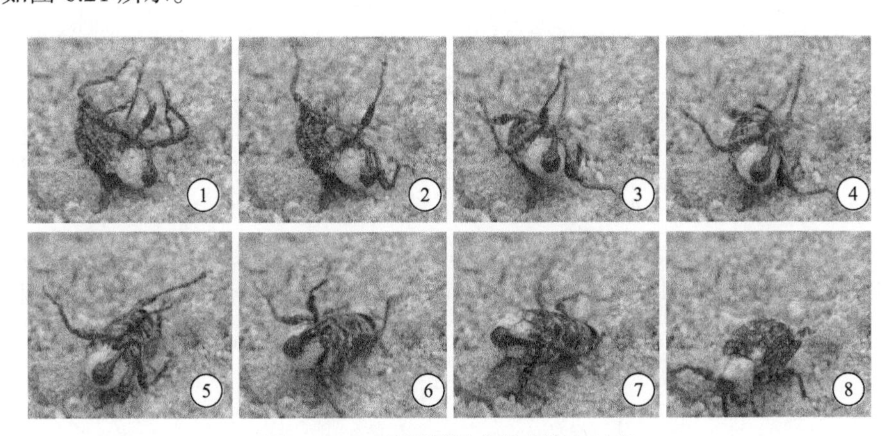

图 6.21　一只翻倒昆虫的自恢复过程

6.5.2　六足机器人翻倒自恢复运动规划

多足机器人在结构上与昆虫相似，如腿都分布在身体的周围，决定了功能上的相似。因此，多足机器人也可模仿昆虫的翻倒自恢复方法来完成翻倒后的自恢复过程。在此以 NOROS-III 机器人为例，阐明六足机器人翻倒自恢复的运动规划方法。

根据仿昆虫翻倒自恢复的机理，NOROS-III 机器人的自恢复运动规划分成四个阶段，如图 6.22 所示。四个阶段是用机器人自恢复过程中本体的几个典型姿态的切换来描述的。图中机器人的自恢复是向右进行的，第一排使用机器人本体的简化图来表示本体的姿态以及在自恢复过程的变化过程，第二排是机器人本体的等轴侧图，更直观地表示本体的姿态以及在自恢复过程中的变化过程。下面详细描述翻倒自恢复的四个阶段。

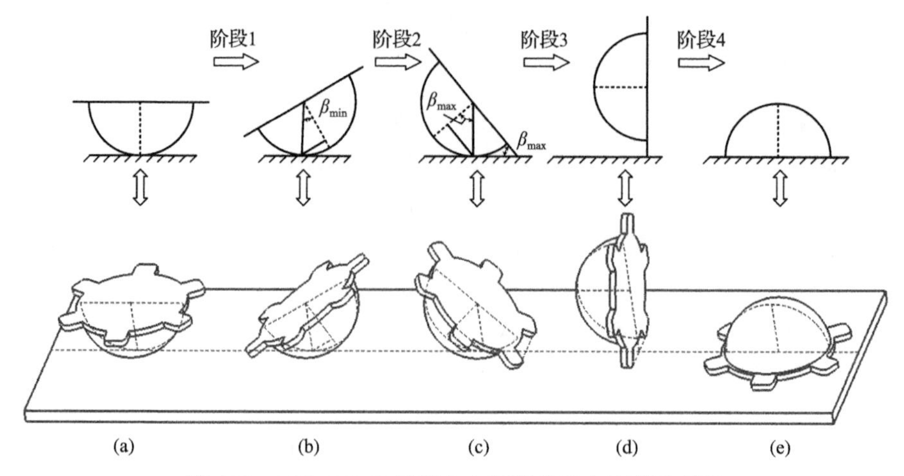

图 6.22　NOROS-III 机器人自恢复的四个阶段示意图

阶段 1：机器人本体的半球壳触地。

机器人每次翻倒之后的本体和腿的姿态都不一样，因不同的翻倒原因或者地形情况而变。为了使自恢复方法对翻倒后不同的姿态有效，在自恢复的第一阶段就将姿态调整到一个统一、明确的自恢复“开始姿态”，这个调整过程主要是通过控制腿的关节运动来实现的，是在没有外力的作用下完成的。这个“开始姿态”如图 6.22(a)所示。对于 NOROS-III 机器人，它的“开始姿态”如图 6.23 所示。理想的“开始姿态”是机器人的六条腿伸直并均匀分布在本体的四周，此时机器人的重心位置在机器人的中心，故本体的半球壳的顶点与地面相接触。

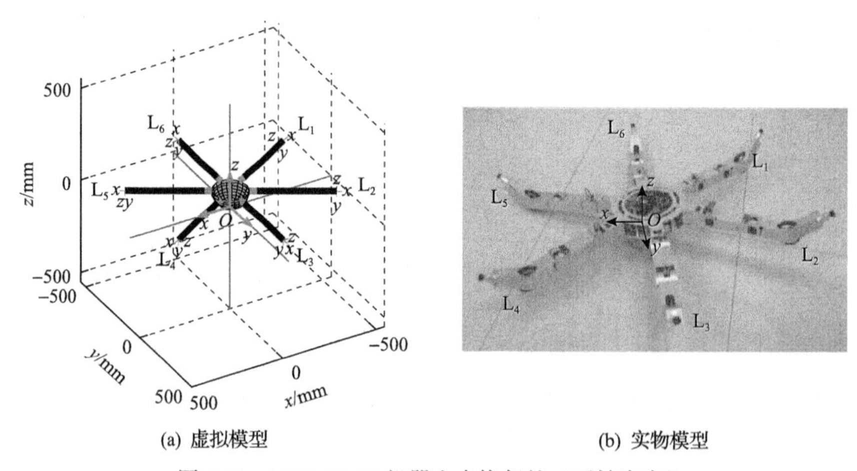

图 6.23　NOROS-III 机器人自恢复的“开始姿态”

为了展示和验证 NOROS-III 机器人的自恢复过程，在 MATLAB 中建立了 NOROS-III 的虚拟模型，如图 6.23(a)所示，此时的姿态与图 6.22(a)所对应。

图 6.23(b)与图 6.22(b)相对应，机器人的自恢复方向为沿着图中所示坐标系的负 x 轴。

阶段 2：沿着机器人本体的半球壳滚动。

机器人在自恢复过程中，将绕着一个轴进行恢复。拟采用腿 L_1 和腿 L_2 两条腿来建立这条恢复的转轴，绕着该轴的运动主要在阶段 3 中完成。其余的腿将用来支撑和推动机器人本体直立，它们在此阶段的任务是触地和蹬地，推动机器人本体沿着半球壳的外缘滚动。

腿 L_1 和腿 L_2 通过转动髋关节使腿的方向平行于 y 轴，且两条腿分别沿 y 轴的正负方向。其余的腿同时转动髋关节调整方向，使其位于 x 轴的正半轴。此时，机器人两条腿位于 x 负轴所在的方向，四条腿位于 x 正轴所在方向，此调整引起整个机器人重心的偏移，使重心偏向 x 正轴所在的方向。在重力的作用下，机器人本体将沿着半球壳向 x 正轴滚动，直到 x 正轴方向的四条腿触地，而 x 负轴方向的两条腿将离地，最终形成的姿态如图 6.22(b)所示。

通过规划 x 正轴方向的四条腿(L_3、L_4、L_5 和 L_6)的足端轨迹，使四条腿沿着 x 负轴的方向向本体收拢，以支撑和推动机器人本体沿着半球壳向 x 负轴方向滚动，直到腿 L_1 和腿 L_2 接触地面。

该阶段的运动时间和滚动长度因机器人的尺度而异。此阶段是恢复过程中最省力的阶段，因为只需克服本体与地面的滚动摩擦力即可。因此，根据具体机器人的尺度，规划四条腿(L_3、L_4、L_5 和 L_6)的足端轨迹尽可能让该四条腿推动机器人本体沿半球壳滚动，以减少恢复过程的能量消耗。

阶段 3：本体绕着由腿 L_1 和腿 L_2 形成的轴进行恢复转动。

在此阶段，机器人不能再沿着半球壳继续滚动，因为腿 L_1 和腿 L_2 已经接触地面，如图 6.22(c)所示。与此同时，由于结构和尺寸的限制，腿 L_4 和腿 L_5 不能继续往回缩来支撑本体和推动本体恢复，而腿 L_3 和腿 L_6 可继续回缩，但需重新规划足端轨迹，不能沿着与 x 轴平行的方向继续移动，而是沿着 xy 平面内的一条曲线移动，且这条曲线必须满足两个要求：①该曲线必须在地面上，保证足端与地面接触，以获得足够的恢复力；②该曲线上的每个点必须在机器人腿的可达空间内，保证机器人的足端能沿着该曲线移动。本阶段的目的是支撑和推动本体绕腿 L_1 和腿 L_2 形成的轴恢复至本体直立的状态，如图 6.22(d)所示。

阶段 4：重力下的自恢复。

当机器人自恢复过图 6.22(d)所表示的状态时，机器人本体将在重力的作用下向 x 负轴下落至图 6.22(e)所示的状态。为了避免在下落过程中出现本体与地面碰撞，损坏本体中的设备，在下落过程中控制腿 L_4 和腿 L_5 的运动使其足端先接触地面。因腿部一般都有减振缓冲的设计，由腿部足端先触地，对机器人本体起到缓冲和减少冲击的作用，并对本体内放置的仪器设备进行保护。

通过以上所描述的四个阶段进行多足机器人的翻倒自恢复运动规划。在该运动规划过程中，机器人本体在阶段 1 和阶段 2 通过半球壳与地面接触，并沿着半球壳往自恢复方向滚动。在此滚动过程中，相对于机器人本体沿着一根位置和方向不断变化的瞬时轴做旋转运动，这根轴的位置由半球壳与地面的接触点所确定。

图 6.24 中，C_g 表示本体半球壳与地面的接触点，在图中所示坐标系中，C_g 的坐标为

$$\begin{cases} x_{C_g} = -R_s\beta \\ y_{C_g} = 0 \\ z_{C_g} = 0 \end{cases} \tag{6.1}$$

其中，$z_{C_g}=0$ 表示半球壳一直与地面接触，$y_{C_g}=0$ 表示 C_g 在 y 轴上。当机器人的位形关于 xz 平面对称时，瞬时旋转轴的方向与 y 轴的方向平行。

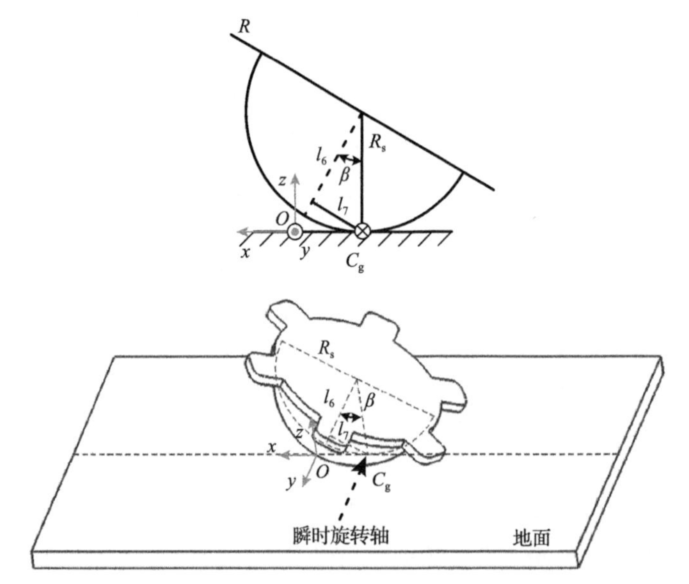

图 6.24　翻倒自恢复阶段 1 和阶段 2 中的瞬时旋转轴

假定腿 L_2、腿 L_3、腿 L_4 和腿 L_1、腿 L_5、腿 L_6 的姿态和运动是关于 xz 平面对称的。在实际非结构的环境下，腿的运动更为复杂，但该假设下的运动是最基本的也是具有普适性的。另外：

$$\begin{cases} l_6 = R_s\cos\beta \\ l_7 = R_s\sin\beta \end{cases} \tag{6.2}$$

其中，$\beta_{\min} \leqslant \beta \leqslant \beta_{\max}$，$\beta_{\min} = -\arcsin\left(\dfrac{R_{\mathrm{s}}}{l_1+l_2+l_5}\right)$，$\beta_{\max} = \arcsin\left(\dfrac{R_{\mathrm{s}}}{R}\right)$，$\beta_{\min}$ 和 $\beta_{\max}$ 所对应的情况分别如图 6.22(b)和(c)所示。

6.5.3　六足机器人翻倒自恢复运动实现

阶段 1：机器人本体的半球壳触地。

本阶段的目标是实现机器人的“开始姿态”，并准备开始自恢复。具体的实现方法是通过伸展开机器人的各腿，并将其均匀分布在本体周围。对于 NOROS-III 机器人，膝关节和踝关节转到所定义的零位即可，而髋关节同样保持在零位使得大腿和小腿在机器人本体的均匀分布的六个径向方向上。对其他五条腿执行同样的操作或者控制，即可实现机器人的“开始姿态”，该阶段所需的时间段用 $[0,t_1]$ 表示。

阶段 2：沿着机器人本体的半球壳滚动。

本阶段最重要的特点是机器人沿着本体的半球壳进行自恢复运动，该运动类似于球体在地面上的滚动。腿 L_3、腿 L_4、腿 L_5、腿 L_6 的足端的地面反作用力支撑和推动着机器人本体的滚动。

为了描述该阶段的运动，假设各腿的运动关于 xz 平面对称，具体的运动实现如表 6.2 所示。

表 6.2　阶段 2 中各腿的具体运动实现

对称的腿	运动实现
L_1 和 L_2	保持各关节的位置不变
L_3 和 L_6	两腿足端分别沿着两条平行于 x 轴的轨迹向前移动
L_4 和 L_5	两腿足端分别沿着另外两条平行于 x 轴的轨迹向前移动

腿的对称运动保证了半球壳与地面的接触点始终保持在 xz 平面内且在 x 轴上。如图 6.25 中所描述的，腿 L_1 和腿 L_2 的各个关节保持不动，而且其他四条腿分别保持与地面接触，并沿着平行于 x 轴的地面上的四条轨迹向本体靠拢，推动整个机器人本体沿着半球壳在地面上滚动。因四条腿具有相似的运动，故无需对每条腿进行分析，以腿 L_3 为例来分析此过程的具体实现，该分析过程和方法适用于其他三条腿。

机器人的单条腿，可以等效为一个三自由度的串联机械臂来分析，在该阶段中本体也绕着地面上的瞬时轴在旋转，因此可将机器人本体和腿看成一个串联的四自由度机械臂来分析，本体的旋转轴不是固定的，而是随着运动的进行而不断往前移动。

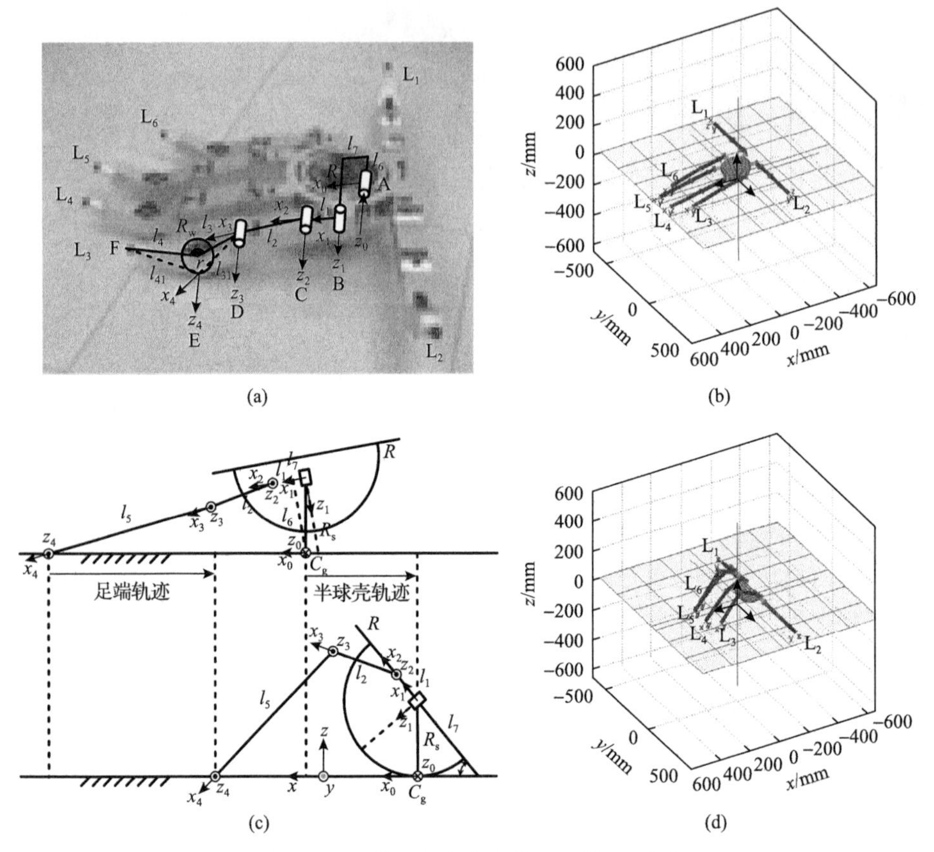

图 6.25　阶段 2 中本体和腿 L_3 的运动过程

本体和腿 L_3 的等效模型如图 6.25 所示，该等效的四自由度串联机械臂的 Denavit-Hartenberg (D-H) 参数[36]如表 6.3 所示。其中 θ_j 表示沿 z_j 轴，从 x_{j-1} 轴旋转到 x_j 轴的角度；d_j 表示沿 z_j 轴，从 x_{j-1} 轴移动到 x_j 轴的距离；α_j 表示沿 x_j 轴，从 z_{j-1} 轴旋转到 z_j 轴的角度；a_j 表示沿 x_j 轴，从 z_{j-1} 轴移动到 z_j 轴的距离。图 6.25 (a) 表示处于阶段 2 中的翻倒的 NOROS-III 机器人以及由本体和腿 L_3 构成的等效的四自由度串联机械臂。阶段 2 中腿 L_3 的足端轨迹和半球壳与地面接触点的轨迹如图 6.25 (c) 所示。图 6.25 (b) 和 (d) 是 NOROS-III 机器人在 MATLAB 中的虚拟模型，表示阶段 2 的起始姿态和最终姿态。

表 6.3　阶段 2 中本体和腿 L_3 的 D-H 参数

关节	θ_j	d_j	α_j	a_j
1	θ_1	$-R$	$\pi/2$	l_7
2	θ_2	$-l_6$	$\pi/2$	l_1
3	θ_3	0	0	l_2
4	θ_4	0	0	l_5

腿 L_3 足端的轨迹规划为

$$\boldsymbol{p}(t)=[x(t)\quad R\quad 0]^{\mathrm{T}},\quad t\in[t_1,t_2] \tag{6.3}$$

其中，$x(t)$ 为时间的线性函数。

因此接触点 C_g 的位置可表示为滚动角 β 的函数：

$$\boldsymbol{p}_{C_g}(t)=[-R_s\beta(t)\quad 0\quad 0]^{\mathrm{T}},\quad t\in[t_1,t_2] \tag{6.4}$$

其中，$\beta(t_1)=\beta_{\min}$，$\beta(t_2)=\beta_{\max}$。

通过以上规划给定等效机械臂的基座和末端位置，可通过机械臂的逆运动学求得腿 L_3 各个关节的角度值。值得注意的是，本体的转动角 θ_1 是被动的，且必须满足规律：

$$\theta_1(t)=\beta(t) \tag{6.5}$$

因此，通过单腿 L_3 的控制器，将逆运动学求得关节角度值给定到关节驱动器，驱动关节执行器到该位置，即可实现该阶段腿 L_3 的运动。类似地，其他三条腿通过该规划方式可得控制腿运动的各个关节角度值。

阶段 3：本体绕着由腿 L_1 和腿 L_2 形成的轴进行恢复转动。

该自恢复阶段的特点是机器人本体不再绕着变化的瞬时轴转动，而是绕着由腿 L_1 和腿 L_2 形成的轴进行恢复转动。但阶段 2 的方法，即将本体和腿等效成四自由度的串联机械臂，仍可用于该阶段，只是足端规划的轨迹不同而已，且该等效的机械臂的 D-H 参数也不同，如表 6.4 所示。同样以腿 L_3 为例来分析此过程的具体实现，该分析过程和方法适用于其他三条腿。

表 6.4　阶段 3 中本体和腿 L_3 的 D-H 参数

关节	θ_j	d_j	α_j	a_j
1	θ_1	0	$\pi/2$	l_7
2	θ_2	0	$\pi/2$	l_1
3	θ_3	0	0	l_2
4	θ_4	0	0	l_5

经过阶段 2 的运动，各关节开始接近关节极限的位置，因此在阶段 3 中需要考虑腿各个关节的运动范围。规划的运动必须在各腿关节所能到达的范围内。根据机器人的机械结构限制和执行器的运动范围，各关节的运动范围如表 6.5 所示。

表 6.5　阶段 3 中等效机械臂各个关节的运动范围

关节	关节 1	关节 2	关节 3	关节 4
运动范围	$[\theta_{10}, 90°]$	[–180°, 0°]	[–45°, 135°]	[–120°, 60°]

因此各关节运动范围需满足约束：

$$\theta_{i,\min} \leqslant \theta_i \leqslant \theta_{i,\max}, \quad i = 2,3,4 \tag{6.6}$$

又机器人本体绕着固定的轴转动，因此有

$$\begin{cases} l_6 = 0 \\ l_7 = R\sin 60° \end{cases} \tag{6.7}$$

机器人在该阶段的自恢复过程中，最理想的情况是保证机器人本体连续稳定地朝着恢复方向运动，该结果可通过保持等效机械臂的关节 1 的连续稳定增加来实现。机器人本体直立时，等效机械臂的关节 1 的角度值为 90°，因此在阶段 3 中，等效机械臂的第一关节最终值是 90°，初值是θ_{10}，该值是当腿 L_1 和腿 L_2 在阶段末期恰好接触地面时机器人本体与地面的夹角，一般地，

$$\theta_{10} = \beta_{\max} \tag{6.8}$$

因此，为保证机器人稳定地自恢复，可规划等效机械臂的第一关节的运动为

$$\theta_1(t) = \theta_{10} + \frac{90° - \theta_{10}}{t_3 - t_2}(t - t_2), \quad t \in [t_2, t_3] \tag{6.9}$$

足端的轨迹可规划为

$$\begin{cases} p_x(t) = x_{C_g} + R_{\text{traj}}\cos\gamma(t) \\ p_y(t) = y_{C_g} + R_{\text{traj}}\sin\gamma(t), \quad t \in [t_2, t_3] \\ p_z(t) = 0 \end{cases} \tag{6.10}$$

其中，R_{traj}表示足端轨迹在地面上的半径，且

$$\gamma(t) = \frac{45°}{t_3 - t_2}(t - t_2), \quad t \in [t_2, t_3] \tag{6.11}$$

因此，通过以上对等效机械臂第一关节的规划和足端的运动规划，结合等效机械臂的 D-H 参数，可采用逆运动学分析得出腿的各个关节角度值，然后控制腿的运动，实现支撑和推动机器人本体的自恢复。

阶段 4：重力下的自恢复。

在前面的三个阶段中，重力始终阻碍机器人自恢复，在自恢复过程中做负功。机器人主要是通过腿接触地面获得地面反作用力来克服重力进行自恢复。但在本阶段，重力对机器人的自恢复做正功，机器人在自身重力的作用下绕着由腿 L_1 和腿 L_2 形成的轴进行恢复，各腿关节保持自己的位置不变，在重力的作用下自然运动。机器人本体在重力的作用下朝自恢复的方向下落，最终机器人将与地面产生碰撞冲击，为了避免直接碰撞对本体自身以及本体内的仪器设备造成损坏，一般通过规划使腿 L_4 和腿 L_5 的足端先着地。

6.5.4　六足机器人翻倒自恢复实验验证

六足机器人的翻倒自恢复运动规划在 NOROS-III 机器人上得到了验证。NOROS-III 机器人各关节处的执行器为位置伺服电机，通过控制器给定关节角度来控制关节的运动。对于 NOROS-III 机器人，其翻倒自恢复的过程可看成准静态的运动过程，每个关节处的位置伺服电机足够实现机器人的翻倒自恢复过程。

根据机器人的翻倒自恢复的运动规划和实现过程，针对 NOROS-III 的尺度特征，对每一阶段各腿的足端轨迹进行规划，并通过相应的逆运动学得到各关节的位置值，如图 6.26 所示。图中给出了六条腿的髋关节、膝关节和踝关节在翻倒自恢复过程的轨迹，其中阶段 1 的时间段为$[0,t_1]$，阶段 2 的时间段为$[t_1,t_2]$，阶段 3 的时间段为$[t_2,t_3]$。

各腿关节角度变化如图 6.27 所示，从中可以看出各腿关节的运动轨迹是连续的，因此机器人翻倒自恢复的运动是连续的。阶段 1 时主要是髋关节的运动，其他两个关节基本保持不动；阶段 2 是保持髋关节不动，由其他两个关节实现足端的直线运动，支撑和推动本体的滚动；阶段 3 是足端要在地面上实现一个圆弧的轨迹，需要腿上三个关节的联动，以进一步推动本体的自恢复。因此，图中的关节运动轨迹与运动规划中所描述的一致，故可实现机器人的翻转自恢复运动。

将腿关节的位置轨迹给机器人控制器，机器人即可控制各腿进行翻倒自恢复。图 6.28 中是 NOROS-III 机器人进行翻倒自恢复的实验验证，图下的数字标号表示机器人在翻倒自恢复过程中所处的阶段，图中给出了翻倒自恢复过程中几个重要和典型的机器人位姿。状态 1-1 是阶段 1 机器人通过控制髋关节调整机器人的姿态使腿 L_i $(i=1, 2)$ 成一条直线，使腿 L_i $(i=3, 4, 5, 6)$ 调至相互平行。状态 2-1 至状态 2-4 是阶段 2 中机器人利用腿 L_i $(i=3, 4, 5, 6)$ 支撑和推动机器人本体沿半球壳滚动的过程。状态 3-1 是阶段 3 中腿 L_i $(i=4, 5)$ 往自恢复方向转动，将腿的质量移动到前方以减轻支撑腿的负担。状态 3-2 和状态 3-3 是阶段 3 中腿 L_i $(i=3, 6)$ 足端先沿地面上的一条直线后一段圆弧来支撑和推动本体的自恢复，这一阶段是翻转自恢复最重要也是最难的一段。状态 4-1 至状态 4-4 是阶段 4 中机器人在自身重力的作用下往自恢复方向下落的过程，下落过程中以腿 L_i(i=4, 5)先着地来避免本体与地面的直接碰撞。

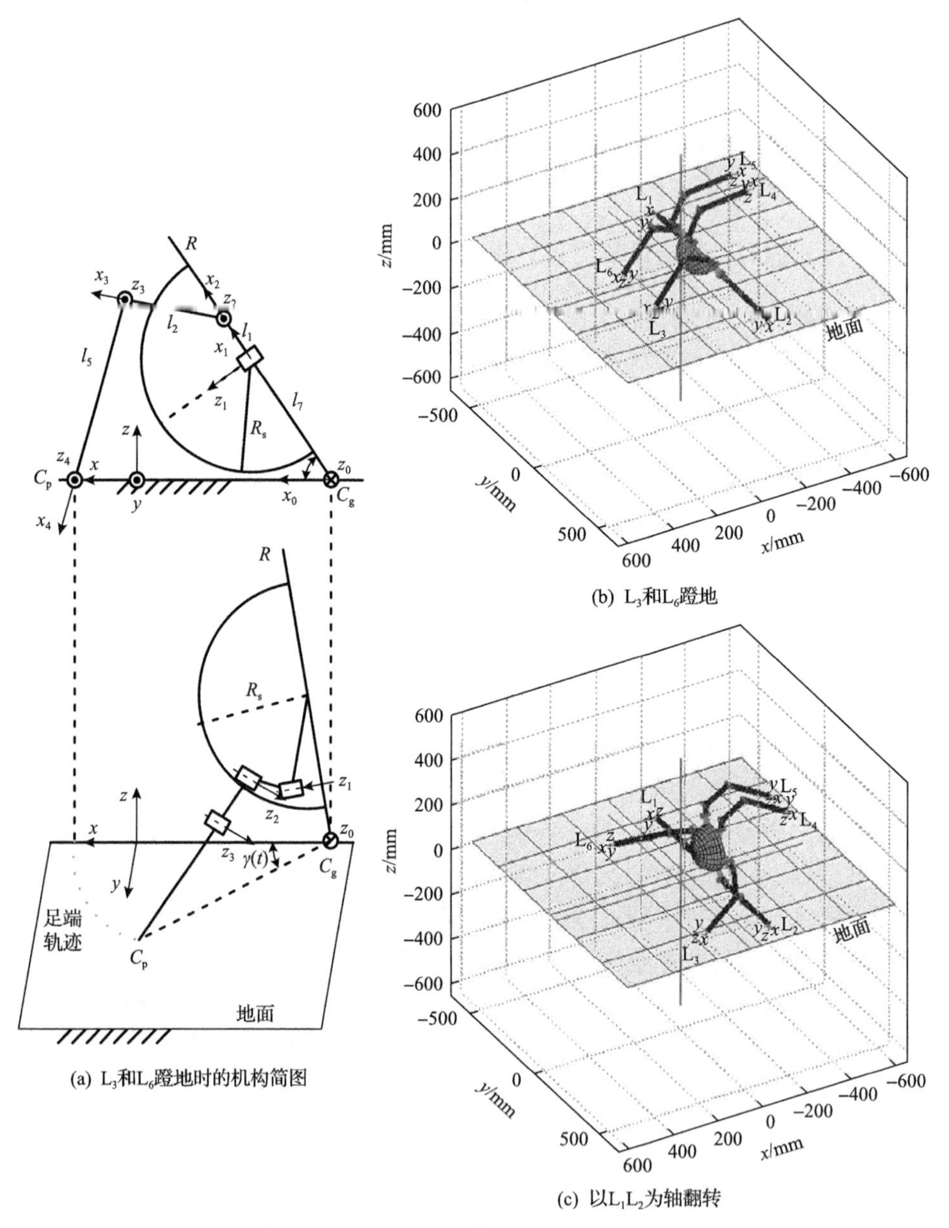

(a) L_3和L_6蹬地时的机构简图

(b) L_3和L_6蹬地

(c) 以L_1L_2为轴翻转

图 6.26　阶段 3 中本体和腿 L_3 的运动过程

因此，NOROS-III 的翻转自恢复实验表明，所提出的运动规划方法是正确可行的，机器人在翻倒后，能够通过控制和协调各腿的运动来实现恢复，而不需要外力的协助。

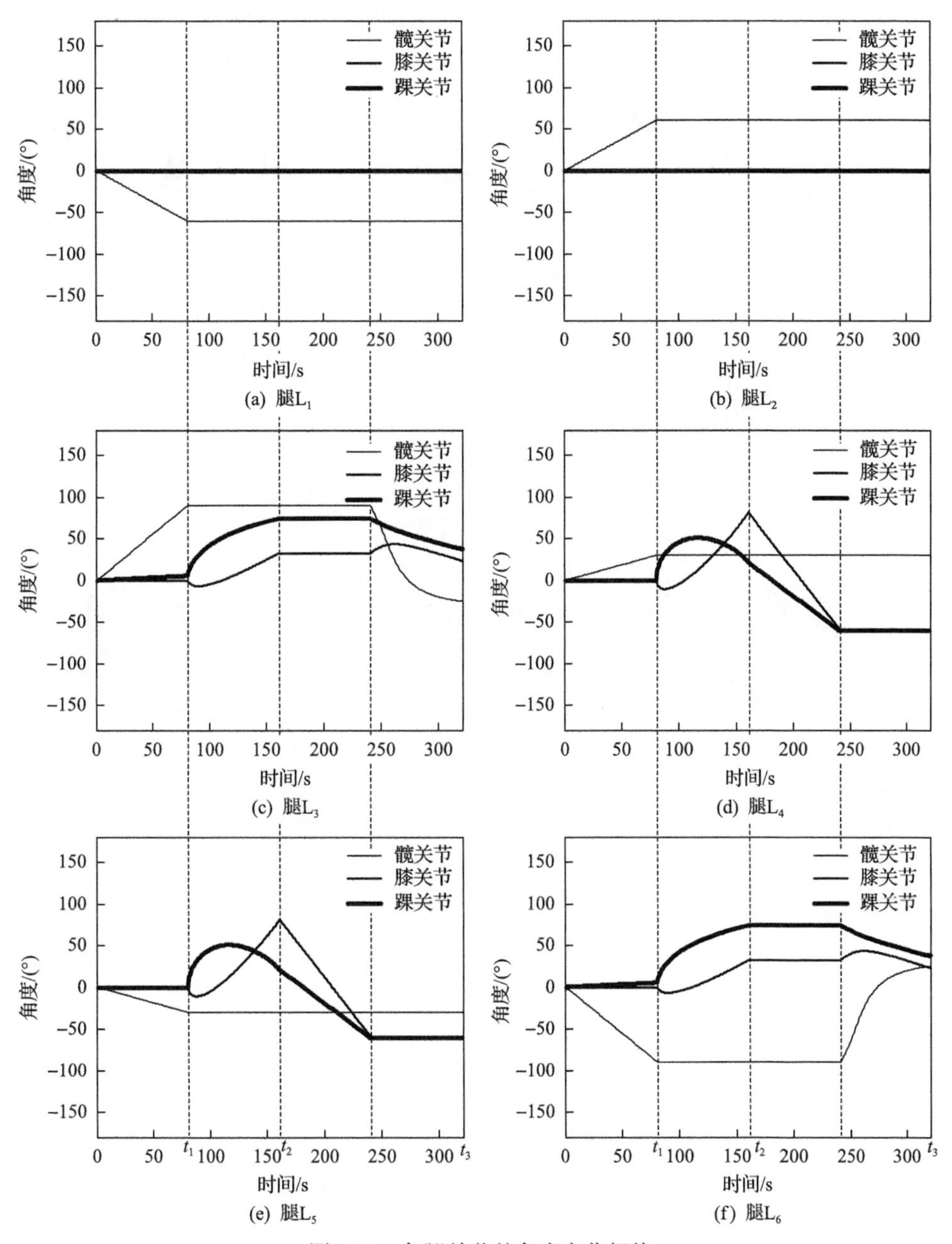

图 6.27　各腿关节的角度变化规律

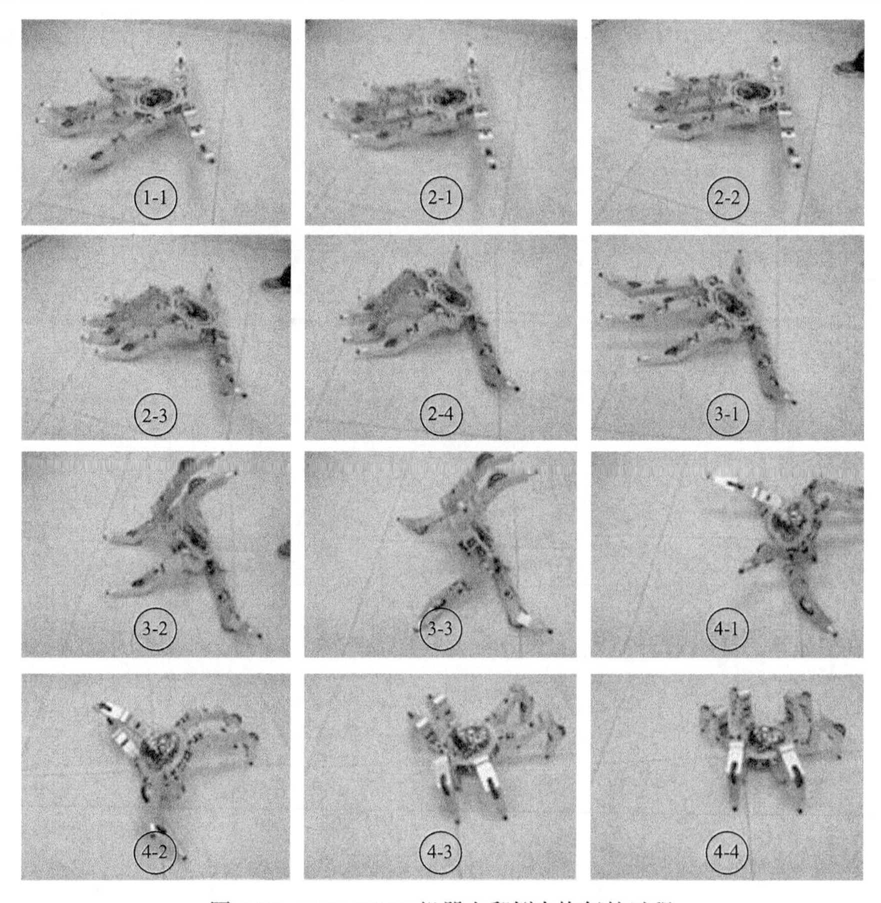

图 6.28　NOROS-III 机器人翻倒自恢复的过程

第 7 章　基于序列运动等价机构模型的 NOROS 机器人运动规划方法

在多足机器人的一个步态周期，多个运动分支要经历从支撑相到摆动相的序列交替变化，机构构型和约束也发生相应变化，需要建立运动过程的系列模型，步态参数与运动性能的关联关系复杂。本章基于变胞机构原理，建立多足机器人序列运动的等价机构模型，从而为机器人步态参数优化设计奠定基础[34,35]。针对机器人在复杂工况下可靠移动与灵活操作难题，提出多模式移动的地形自适应智能步态规划方法和协同运动路径规划方法，解决多运动模式、多参变量、复杂变约束的机器人协同运动最优路径求解问题，实现机器人在复杂地形环境下的高效移动；进而适应多样化操作任务要求，提出腿臂复用操作的运动规划方法，解决行走时为腿和操作时为臂的协调运动规划问题，实现腿臂复用和手足一体的灵活移动操作。

7.1　NOROS 机器人不同步态的序列运动等价机构

假设机器人在规则步态直线行走过程中，本体始终保持与地面平行，并且保持姿态不变，同时支撑腿足与地面的接触无相对滑动。I 型昆虫摆腿步态直线行走过程中，每条腿髋关节横摆轴线始终和地面垂直，此时支撑腿足与地面接触等效为两个相互垂直的铰链连接，等效机构简图如图 7.1(a)所示。同样，II 型昆虫摆腿步态行走过程中，支撑腿足与地面接触等效关节与 I 型昆虫摆腿步态相同，等效机构简图如图 7.1(b)所示。哺乳动物踢腿步态直线行走过程中，由于机器人每条腿的髋关节横摆轴线始终与地面垂直，且在前进方向上腿无左右摆动，所以机器人髋关节横摆锁紧，支撑腿足与地面可以看成铰链连接，机器人的等效机构简图如图 7.1(c)所示。混合步态直线行走过程中，在一个运动时期，当 i、k、m 腿抬起时，机器人的等效机构如图 7.1(d)所示，机器人腿 l 髋关节横摆锁紧，足与地面可以看成一个铰链连接，机器人腿 j、n 足与地面可以看成两个相互垂直的铰链连接，同时抬起腿 i 的髋关节横摆锁紧。从以上等效机构可以看出，混合步态的一条支撑腿和哺乳动物踢腿步态时的等效机构一致，其余两条支撑腿和昆虫摆腿步态时的等效机构一致，混合步态结合了昆虫摆腿和哺乳动物踢腿两种步态的特点。

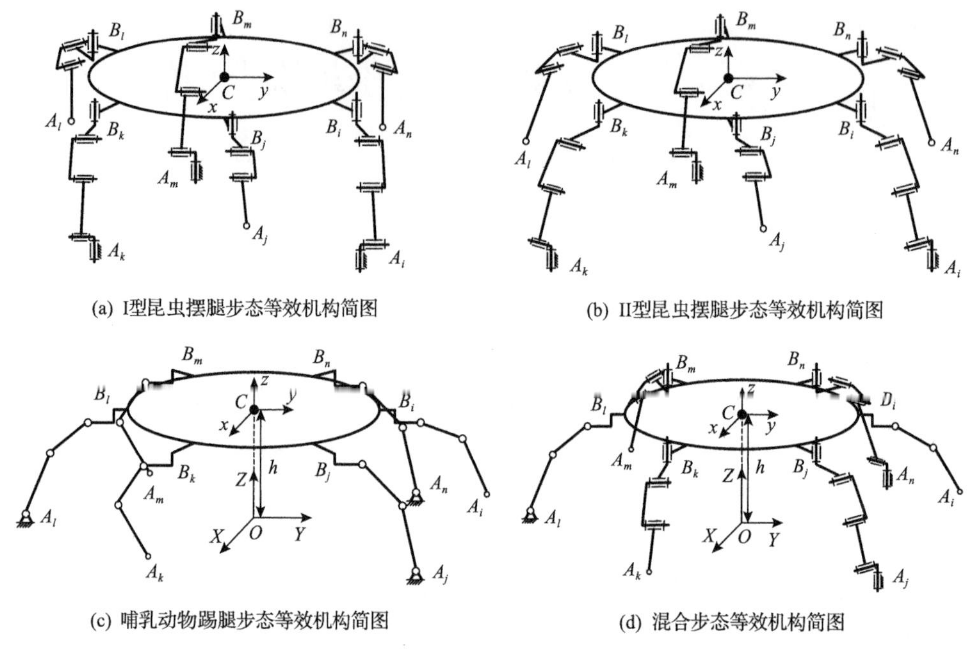

图 7.1　六足机器人序列运动等价机构模型

7.2　稳定性工作空间分析

三角步态是六足机器人的主要静态稳定步态。在过去对多足机器人静态稳定步态的研究中，定义了几个衡量步态稳定性的标准：静态稳定裕度(static stability margin，SSM)[13]、纵向静态稳定裕度(longitudinal static stability margin，LSSM)[37]和偏航稳定裕度(crab longitudinal stability margin，CLSM)[38]等。然而，它们都是衡量机器人在空间某一点上的稳定性，并不能从整体空间上衡量机器人的稳定性。静态稳定裕度是指从机器人重心在支撑面的竖直投影到支撑多边形各个边的最小距离。根据静态稳定裕度的概念，假设在机器人本体重心处存在一个半径为稳定裕度 S_{m} 的球，当这个假想的球体在支撑平面的竖直投影完全落在支撑多边形内时，机器人的运动就能完全满足稳定裕度 S_{m} 的要求。此时当这个假想的球体在支撑面竖直方向的投影恰巧与支撑多边形边界相切时，机器人的重心投影便构成了稳定裕度多边形。因此，对于静态稳定三角步态，就存在稳定裕度三角形，如图 7.2 所示，其中 $A_nA_lA_j$ 是实际落足点组成的支撑多边形，$A_n'A_l'A_j'$ 是重心投影构成的稳定裕度多边形。

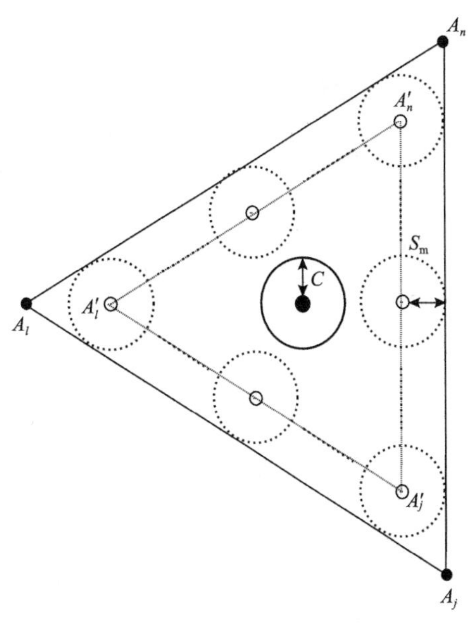

图 7.2　稳定裕度三角形

竖直方向的投影落在稳定裕度多边形内的那部分等效机构的可达工作空间称为稳定工作空间。当多足机器人以静态稳定步态行走时，机器人本体重心必须处在稳定工作空间内。稳定工作空间的大小反映了机器人步态的稳定性。利用几何法和数值法两种方法来求解机器人本体的工作空间。当机器人在支撑面上行走时，小腿必须站立在支撑面上，因此支撑小腿与地面的夹角必须大于某个角度，从而满足机器人行走的可行性，如图 7.3 所示。根据机器人站立腿的正向运动学，可以得到单腿的工作空间，图 7.4 为小腿与地面所成夹角最小为 0° 和 30° 时的单支链工作空间。

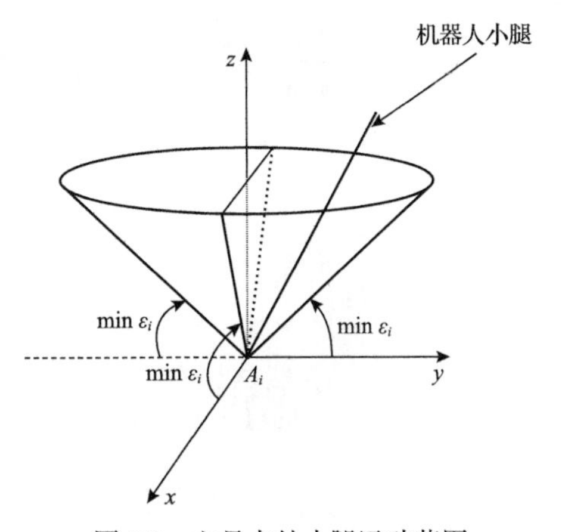

图 7.3　立足点处小腿运动范围

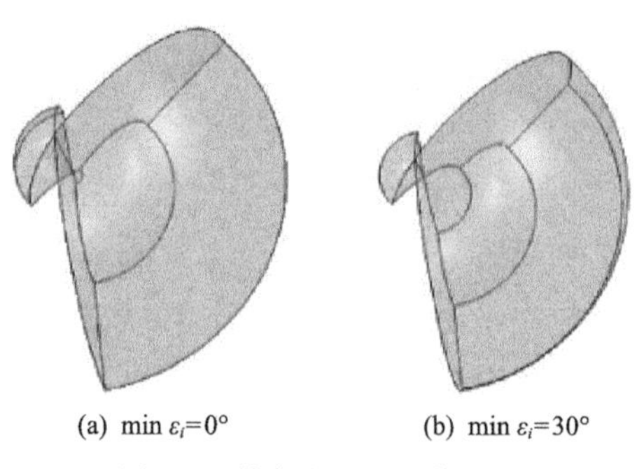

图 7.4　单条支撑腿工作空间

根据静态稳定工作空间的定义，可求得不同步态中等效机构的本体的静态稳定工作空间。图 7.5 为哺乳动物类支撑三角形等效并联机构，当 $\min\varepsilon = 0°$ ，稳定裕度 $S_{\mathrm{m}} = 0\mathrm{mm}$ ，支撑足偏置分别为 0mm、50mm、100mm、150mm、200mm、250mm 时的机器人本体静态稳定工作空间；图 7.6 为混合类支撑三角形等效并联机构，当 $\min\varepsilon = 0°$ ，稳定裕度 $S_{\mathrm{m}} = 0\mathrm{mm}$ ，支撑足偏置分别为 0mm、50mm、100mm、150mm、200mm、250mm 时的机器人本体静态稳定工作空间；图 7.7 为哺乳动物类支撑三角形等效并联机构，当 $\min\varepsilon = 0°$ ，稳定裕度 $S_{\mathrm{m}} = 30\mathrm{mm}$ ，支撑足偏置分别为 0mm、50mm、100mm、150mm、200mm、250mm 时的机器人本体静态稳定工作空间；图 7.8 为混合类支撑三角形等效并联机构，当 $\min\varepsilon = 0°$ ，稳定裕度 $S_{\mathrm{m}} = 30\mathrm{mm}$ ，支撑足偏置分别为 0mm、50mm、100mm、150mm、200mm、250mm 时的机器人本体静态稳定工作空间。

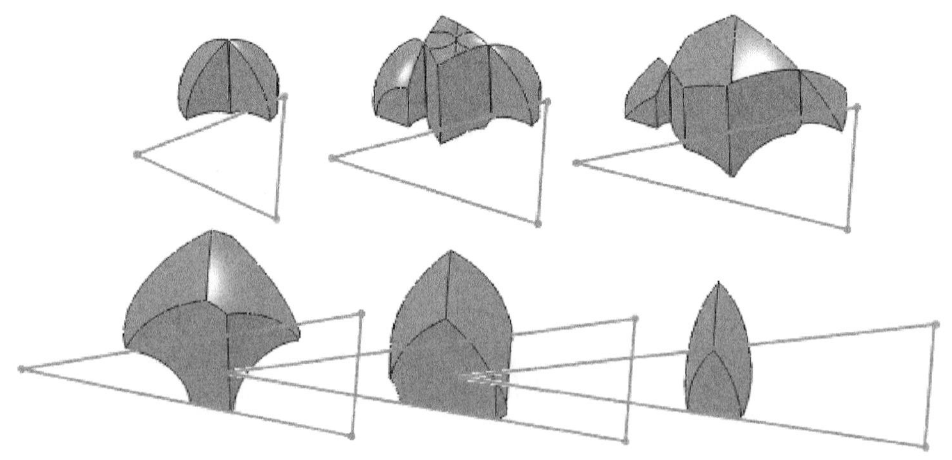

图 7.5　哺乳动物类支撑三角形等效并联机构在 $S_{\mathrm{m}} = 0\mathrm{mm}$ 时的静态稳定工作空间

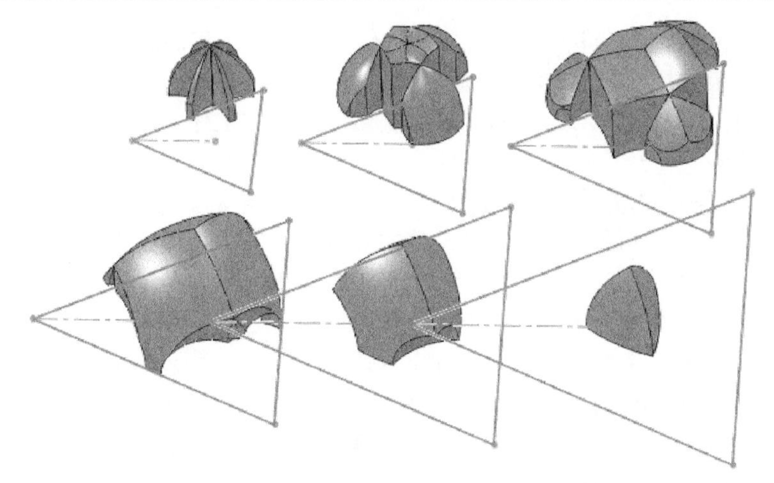

图 7.6　混合类支撑三角形等效并联机构在 $S_{\mathrm{m}}=0\mathrm{mm}$ 时的静态稳定工作空间

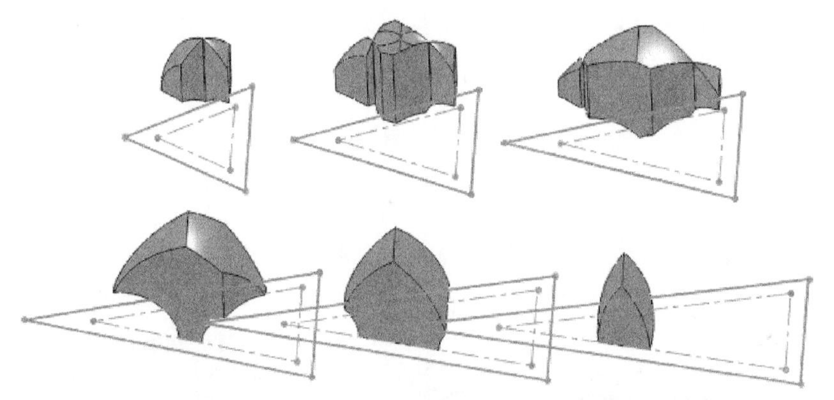

图 7.7　哺乳动物类支撑三角形等效并联机构在 $S_{\mathrm{m}}=30\mathrm{mm}$ 时的静态稳定工作空间

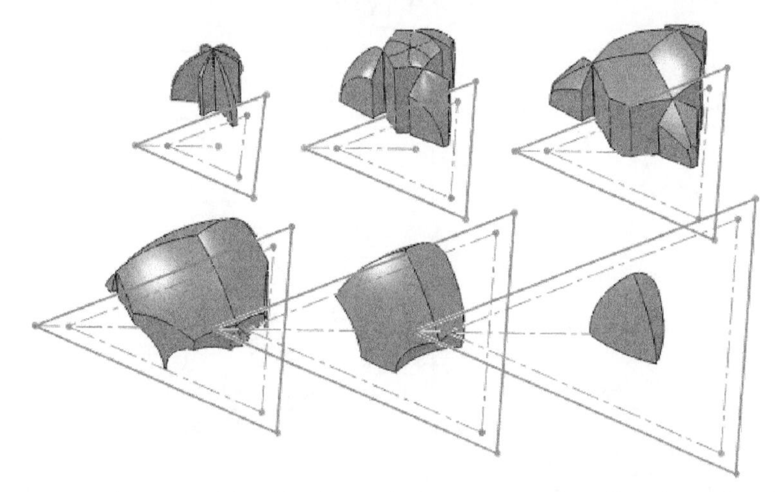

图 7.8　混合类支撑三角形等效并联机构在 $S_{\mathrm{m}}=30\mathrm{mm}$ 时的静态稳定工作空间

哺乳动物类支撑三角形下的机器人本体工作空间体积曲线如图 7.9(a)所示，其中实线表示的是可达工作空间(最大体积)，星号线表示的是 0mm 稳定裕度的稳定工作空间，点划线表示的是 30mm 稳定裕度的稳定工作空间。三条曲线具有相同的变化趋势，在开始阶段，曲线随立足点偏置的增加而上升，当曲线达到最大值时，其又开始随立足点偏置的增加而下降。混合类支撑三角形下的机器人本体工作空间体积曲线如图 7.9(b)所示，其中实线表示的是可达工作空间，星号线表示的是 0mm 稳定裕度的稳定工作空间，点划线表示的是 30mm 稳定裕度的稳定工作空间。三条曲线具有相同的变化趋势，且相互之间非常接近，在开始阶段曲线随立足点偏置的增加而上升，当曲线达到最大值时，其又开始随立足点偏置的增加而下降。图 7.10 展示了机器人本体在不同支撑三角形下可达工作空间体积，0mm 稳定裕度稳定工作空间体积和 30mm 稳定裕度稳定工作空间体积的比较。从

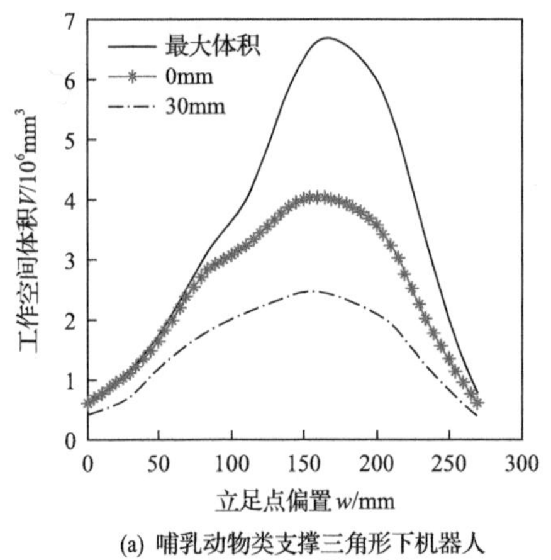

(a) 哺乳动物类支撑三角形下机器人本体工作空间体积曲线

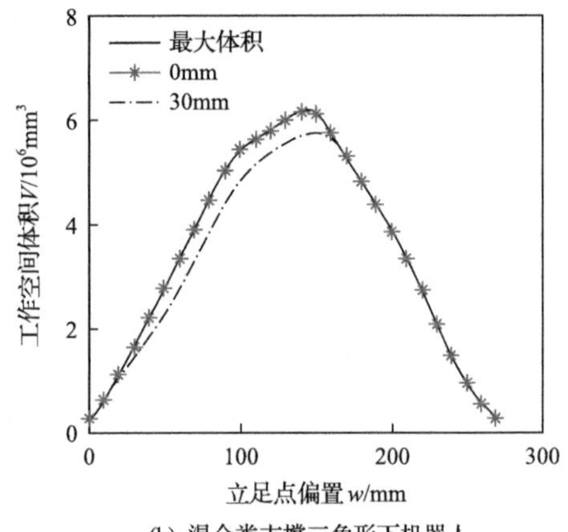

(b) 混合类支撑三角形下机器人本体工作空间体积曲线

图 7.9　本体工作空间体积

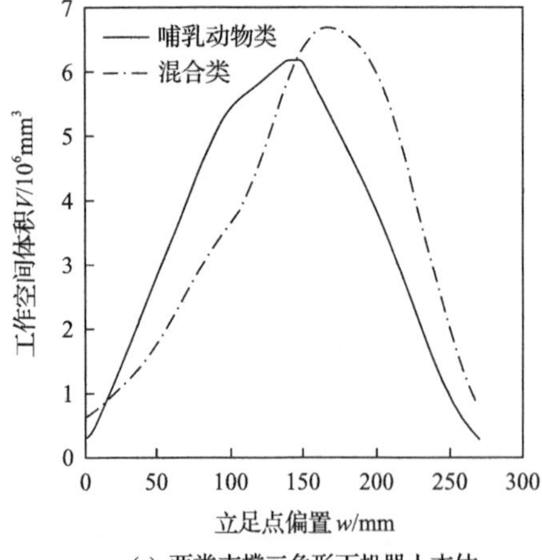

(a) 两类支撑三角形下机器人本体可达工作空间体积曲线

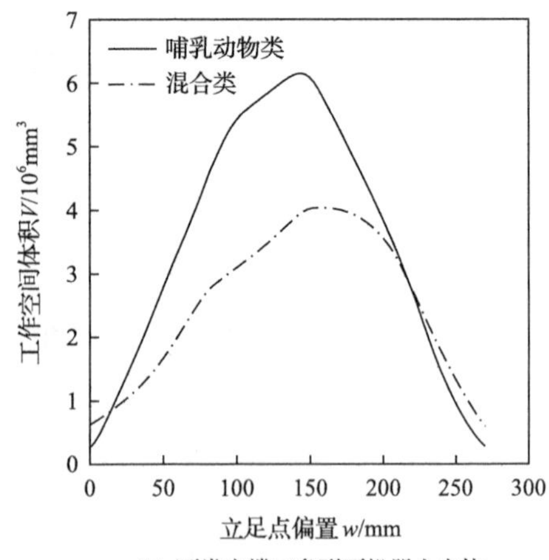

(b) 两类支撑三角形下机器人本体稳定工作空间体积曲线(S_m=0mm)

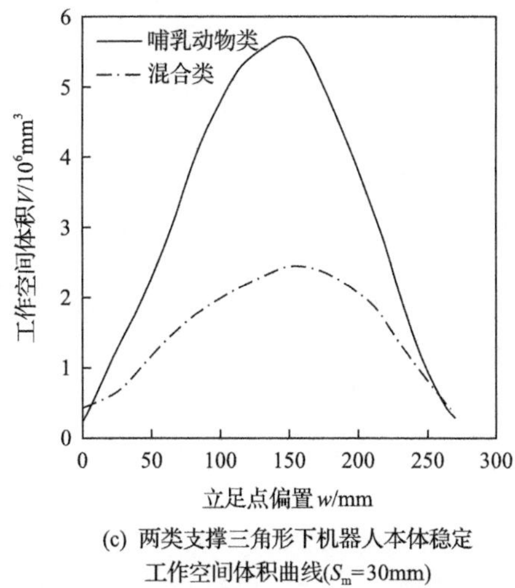

(c) 两类支撑三角形下机器人本体稳定工作空间体积曲线(S_m=30mm)

图 7.10　机器人本体在不同支撑三角形下可达工作空间体积

图中可以看出，尽管哺乳动物类支撑三角形下机器人本体的可达工作空间可能大于混合类支撑三角形下机器人的本体可达工作空间，但是其具有相同稳定裕度的稳定工作空间都要小于混合类支撑三角形下机器人本体的稳定工作空间。因此，具有混合类支撑三角形的混合步态和 II 型昆虫摆腿步态的静态稳定性要好于具有哺乳动物类支撑三角形的哺乳动物踢腿步态和 I 型昆虫摆腿步态。

7.3　六足机器人步幅分析

机器人的运动决定了相邻运动时期等效机构工作空间的相互关系，反过来也可以利用相邻运动时期等效机构的工作空间的关系，分析机器人的运动性能并进行运动规划。若两个相邻运动时期等效机构的工作空间相离(没有交集)，如图 7.11(a)所示，则机器人的步态就不存在切换时期，因此机器人就存在腾空过程，也就是说存在六条腿都离开地面的状态，在此情况下，机器人在跳跃行走或者奔跑。相反，若两个相邻运动时期等效机构的工作空间存在交集，如图 7.11(b)

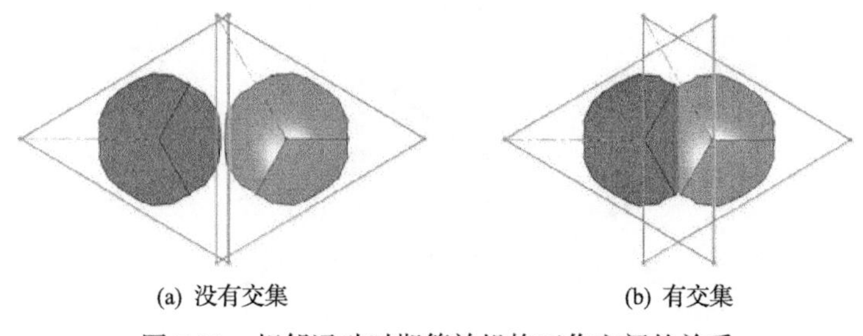

(a) 没有交集　　(b) 有交集

图 7.11　相邻运动时期等效机构工作空间的关系

所示，则机器人的步态可以存在切换时期，因此机器人可以在静态稳定步态下行走。前面提到的四种典型静态稳定三角步态相邻运动时期等效机构的工作空间都存在交集，工作空间的交集部分便是切换时期等效机构的工作空间。在静态稳定步态行走过程中，相邻运动时期等效机构的工作空间必然存在交集。

可以通过分析相邻运动时期等效机构工作空间的关系来求解机器人的步幅，图 7.12～图 7.15 为四种典型三角步态的两个相邻步态周期等效机构的工作空间，在这些工作空间的竖直剖面中可以找到机器人实现直线行走的区域，图中线 1 与线 2 之间的部分便是机器人实现直线行走的区域。

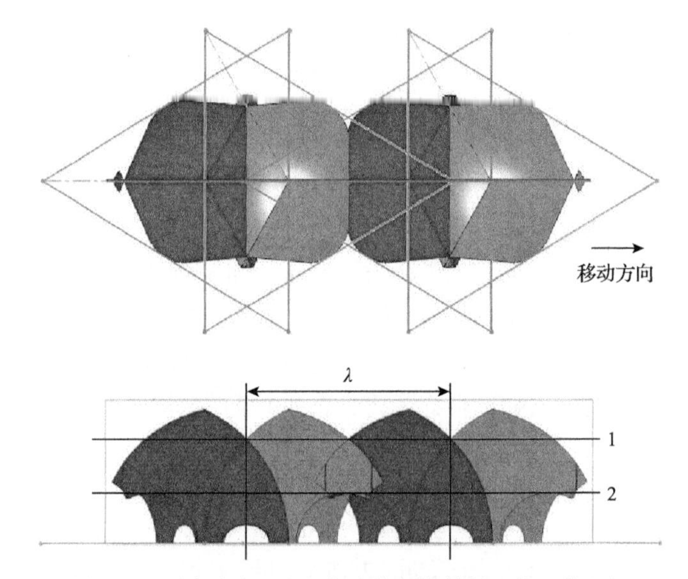

图 7.12　混合步态两个相邻步态周期等效机构工作空间

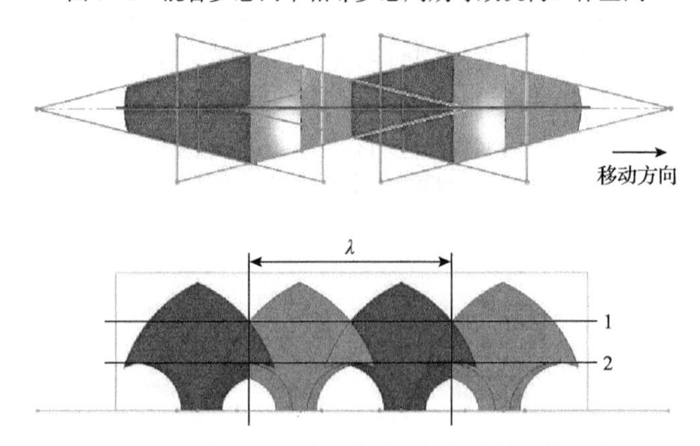

图 7.13　I 型昆虫步态两个相邻步态周期等效机构工作空间

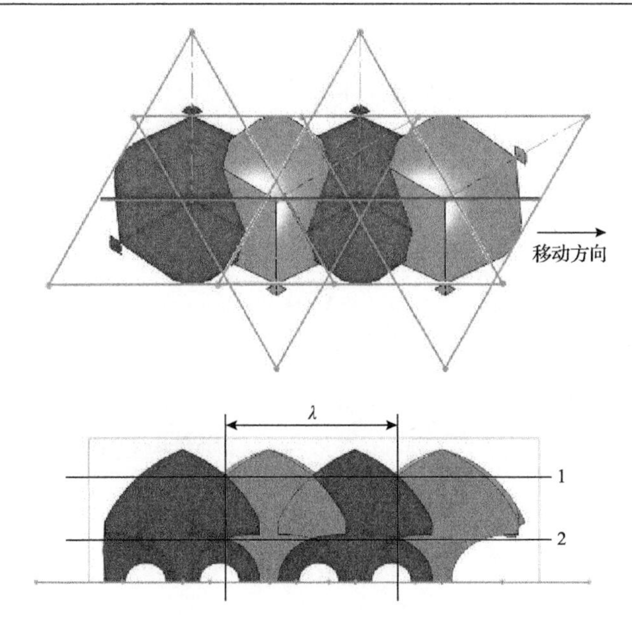

图 7.14　II 型昆虫步态两个相邻步态周期等效机构工作空间

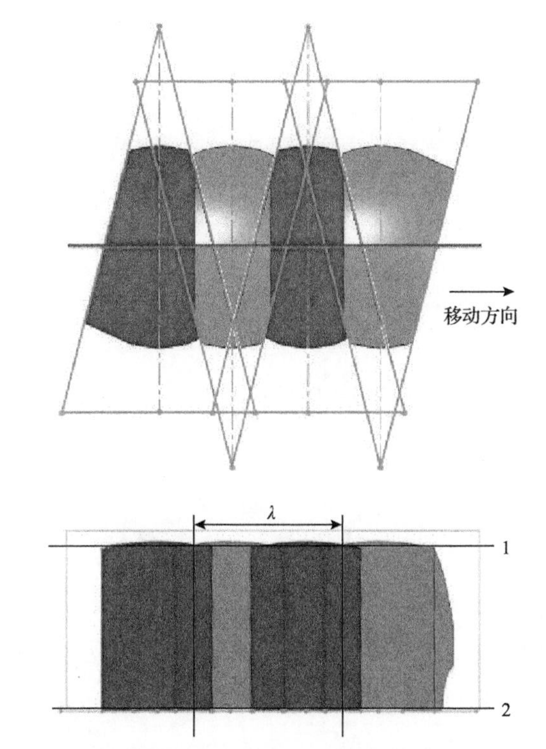

图 7.15　哺乳动物步态两个相邻步态周期等效机构工作空间

在已知支撑三角形的情况下，可以求得机器人本体在某一高度时机器人的最大步幅。当三个相邻运动时期的等效机构的工作空间恰好在同一高度上相交时，机器人在这个高度上达到最大步幅，如图 7.16 所示。

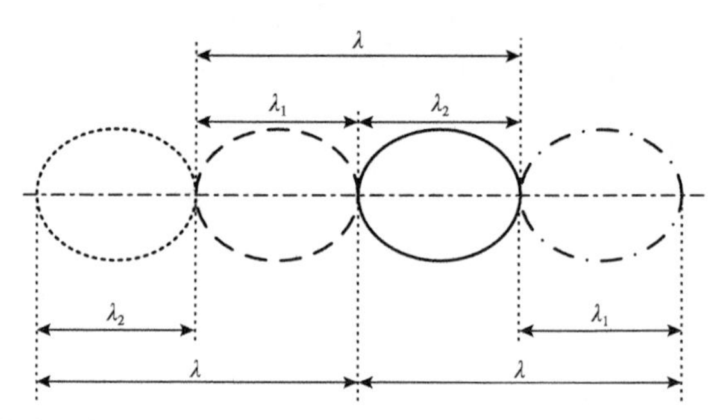

图 7.16 静态稳定三角步态两个相邻步态周期等效机构工作空间的极限状态

由图 7.16 中可以得出，机器人的步幅为

$$\lambda = \lambda_1 + \lambda_2 \tag{7.1}$$

其中，λ_1 为一个运动时期机器人本体移动的距离；λ_2 为相邻运动时期机器人本体移动的距离。

除相邻等效机构工作空间的限制，多足机器人在行走过程中要保证各腿之间不能发生相互碰撞，因此相邻运动时期支撑三角形要满足一定的关系。图 7.17 为前述四种典型三角步态中的支撑三角形序列，图 7.17(a)代表了混合步态和哺乳动物步态的支撑三角形序列，图 7.17(b)代表了两种昆虫步态的支撑三角形序列，从图中可以看出，只要满足式(7.2)，行走过程中机器人的各腿就能保证相互之间不发生碰撞。

$$\begin{cases} s_1 > 0 \\ s_2 > 0 \\ s_3 > 0 \\ s_4 > 0 \end{cases} \tag{7.2}$$

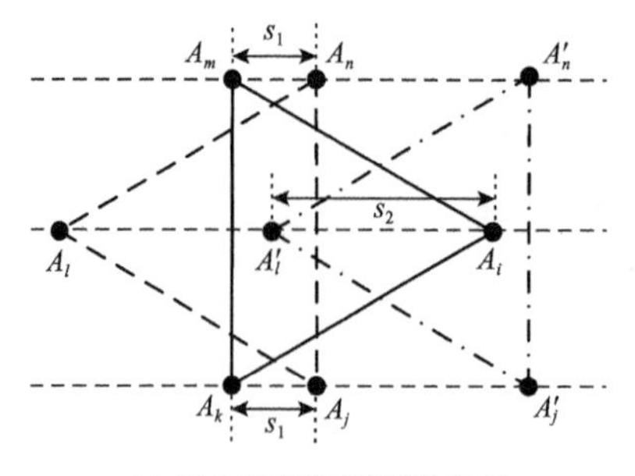

(a) 混合步态和哺乳动物步态

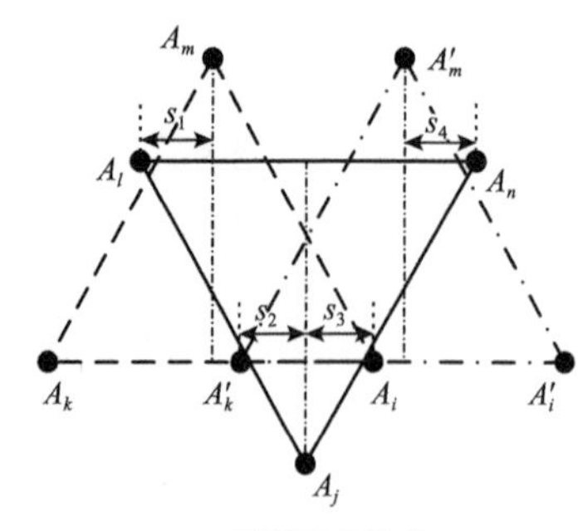

(b) 两种昆虫步态

图 7.17 支撑三角形序列

在已知立足点的情况下，根据机器人整体逆运动学，和式(7.1)、式(7.2)，就可以求解出机器人在前述四种典型三角步态行走过程中的最大步幅。由于立足点的不同和机身高度的不同，机器人的最大步幅也会有所不同，图 7.18 展示了四种典型三角步态下机器人的最大步幅随本体高度和立足点偏置的变化关系。从图中可以看出，机器人立足点偏置较小，且机器人本体在较高的高度上时，可以获取较好的步幅，当机器人立足点偏置变大时，其最大本体高度就变小，机器人获取较好步幅的本体高度也就相应变小。机器人本体高度也处于中间某一区域时，机器人获取的步幅相对较好。当立足点固定时，机器人本体高度的变化会对机器人

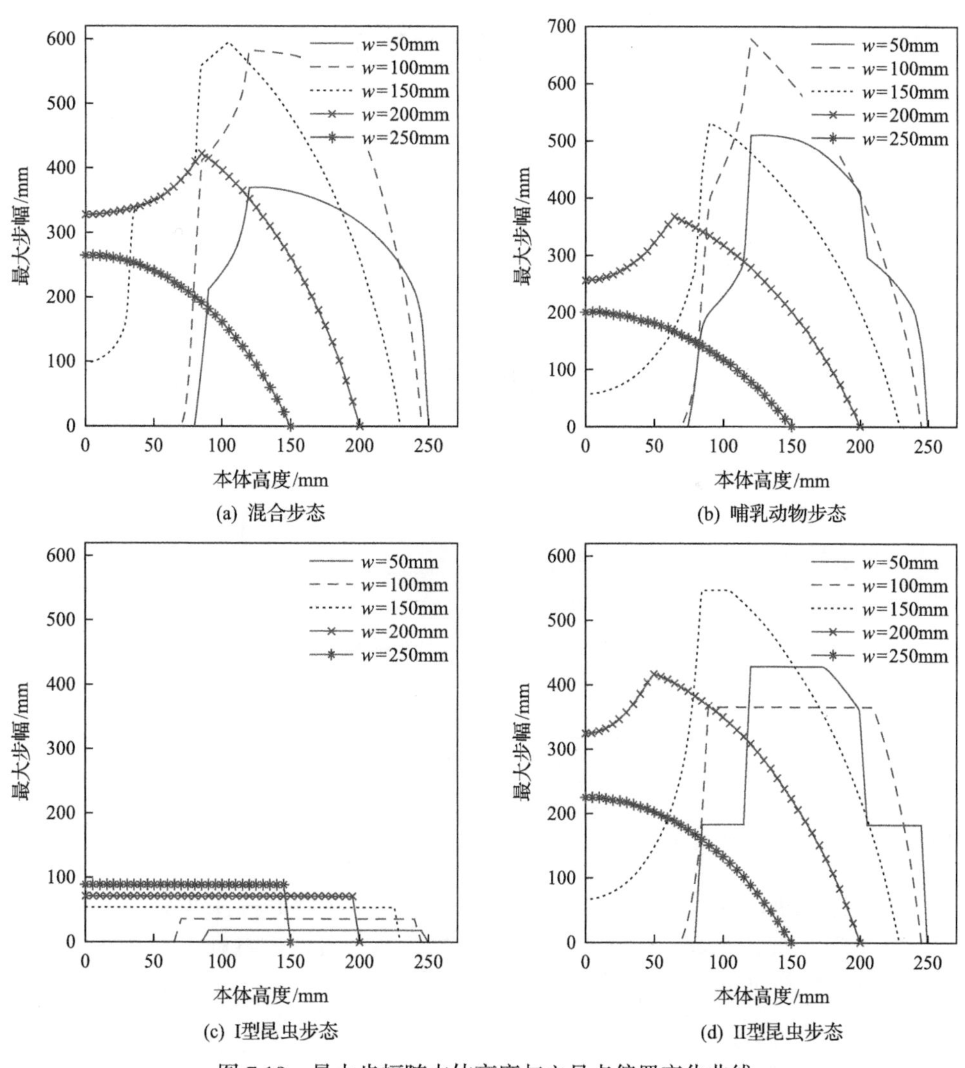

图 7.18　最大步幅随本体高度与立足点偏置变化曲线

的最大步幅产生影响，而当机器人本体处于某一高度时，立足点的改变会对机器人的最大步幅产生影响。因此，当机器人本体固定于某一高度时，可以求解出机器人不同步态下的最大可行步幅。

图 7.19 展示了四种步态下机器人最大步幅随本体高度的变化曲线，从图中可以明显地看出，II 型昆虫步态的步幅最小。机器人本体高度较低(h<87mm)时，I 型昆虫步态的最大可行步幅最大，当本体高度 h>87mm 时，混合步态和哺乳动物步态的步幅相对较好，但在本体高度超过 121mm 时，哺乳动物步态的步幅要好于混合步态的步幅。

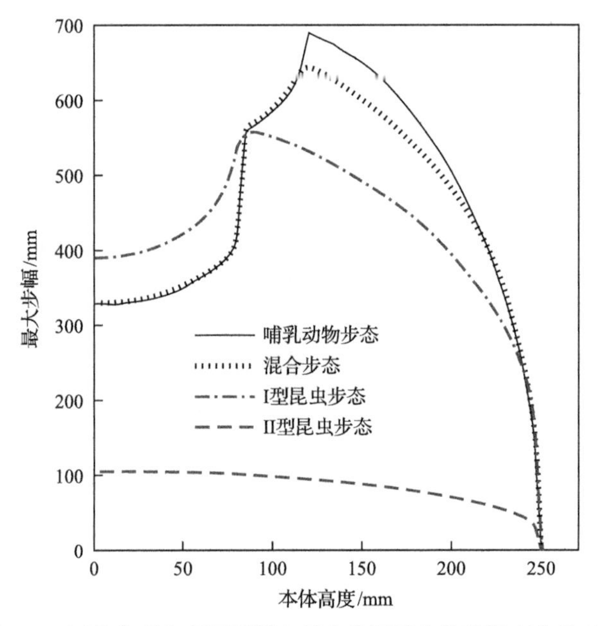

图 7.19　四种典型步态下机器人最大步幅随本体高度变化的对比

7.4　六足机器人的移动操作规划方法

7.4.1　机器人移动单臂操作规划

为了实现连续运动中的单臂移动操作，机器人本体在六足步态和五足步态的切换过程中保持平移。基于本体坐标系{COB}的六足步态到五足步态的转换如图 7.20 所示，当六足机器人的所有肢体皆进入站立支撑状态时，启动六足步态到五足步态的切换。

该过程中规定三个摆动肢体的轨迹和足点首先发生变化，形成正五边形。当

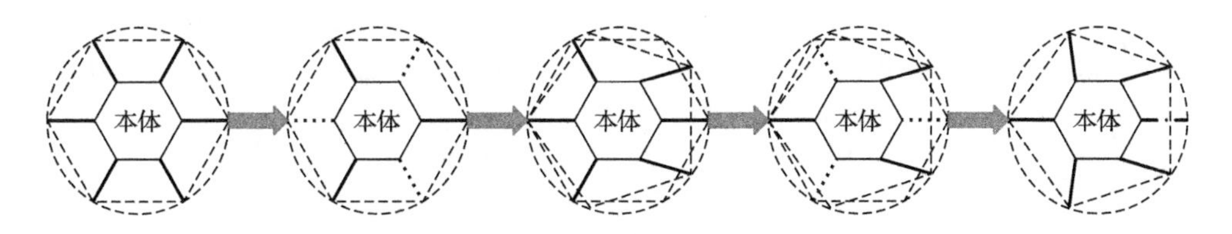

图 7.20　六足机器人由六足步态到五足步态的转换过程

六足机器人的腿臂融合肢体在切换过程中进入站立状态时，机器人的稳定性小于六足步态。然后改变剩余的两条摆动肢体的轨迹和足点，同时腿臂融合肢体作为手臂进行操作任务。在六足步态向五足步态转换的过程中，机器人一直在行走，操作一直在进行。在完成了移动操作之后，再进行如图 7.21 所示的由五足步态到六足步态的转换，六足机器人从五足步态到六足步态的转换也开始于五肢体同时支撑的状态。

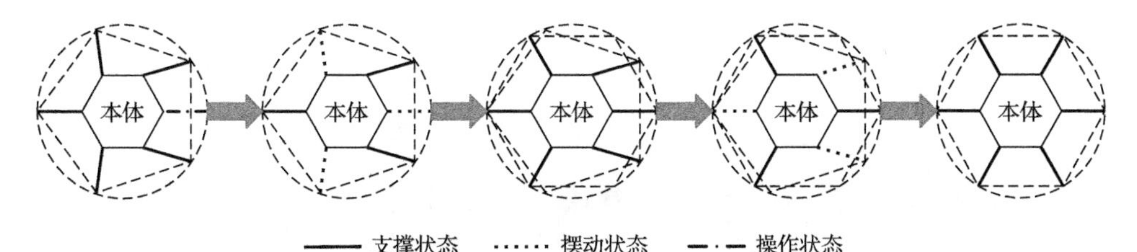

图 7.21　六足机器人由五足步态到六足步态的转换过程

首先改变两条摆动肢体和腿臂融合肢体的落点和运动轨迹使其支撑点组成的平面为正三角形，再摆动剩余肢体调整其落地点的支撑面也呈正三角形，这些由三肢体组成的正三角形足点即可转换为六足步态，从六足步态到五足步态的转换和从五足步态到六足步态的转换是一个相反的过程。

腿臂融合肢体作为五自由度臂，同时机器人可以以五足步态进行行走，根据六足机器人各肢体状态的不同，五足步态可分为“4+1”步态、“3+2”步态和混合五足步态。在这三种典型的五足动物步态中，最慢的是“4+1”步态。在一个典型的“4+1”步态周期中，机器人拥有四个支撑肢体和一个摆动肢体。一个周期的“4+1”步态可以分解为五个步骤，如图 7.22 所示。

最快的步态是如图 7.23 所示的“3+2”步态。在一个“3+2”步态周期中，机器人拥有 3 个站立肢体和 2 个摆动肢体。因为肢体的数目是奇数，所以在“3+2”步态中，每个肢体需要在一个步态周期中移动两次。在整个“3+2”步态中，支撑多边形保持相同的三角形，且肢体对称。

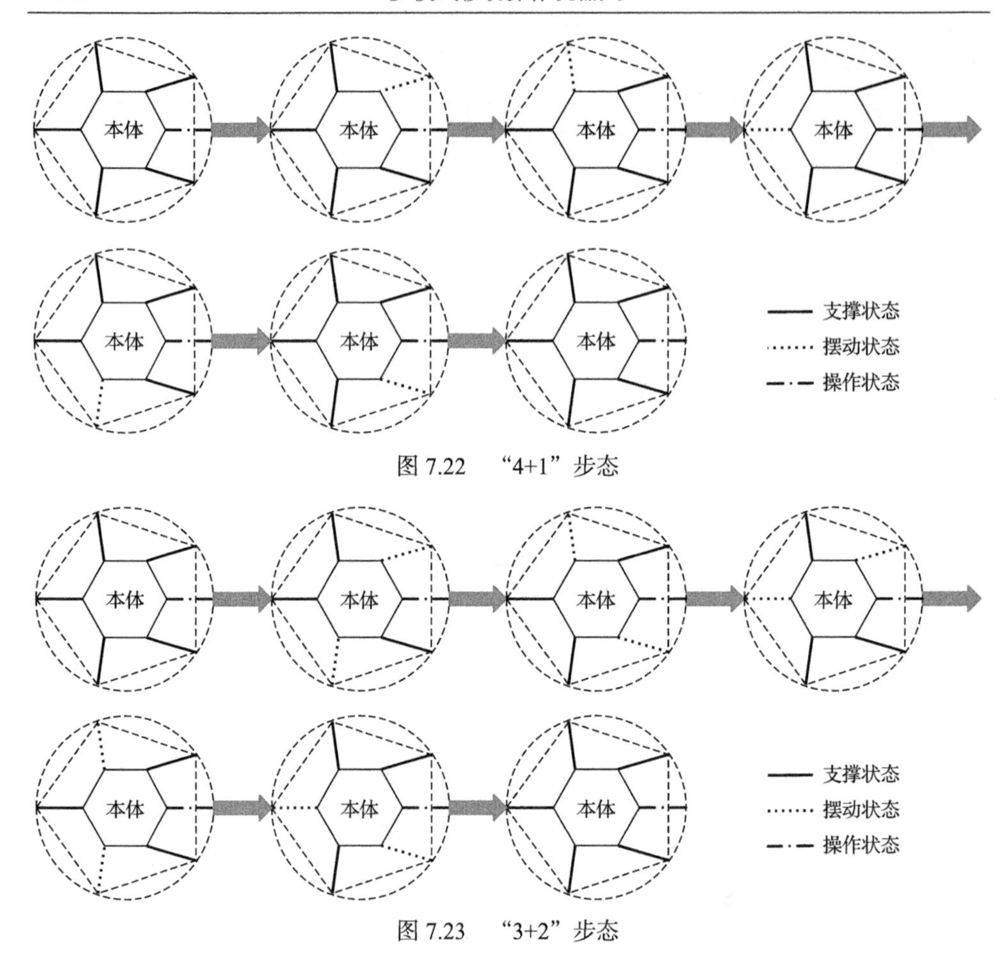

图 7.22　“4+1”步态

图 7.23　“3+2”步态

混合五足步态的速度介于“4+1”步态和“3+2”步态之间。混合五足步态可分为三个步骤，如图 7.24 所示。在第 1 步和第 2 步中，机器人拥有 3 个站立肢体和 2 个摆动肢体。最后一步，机器人拥有 4 个站立肢体和 1 个摆动肢体。

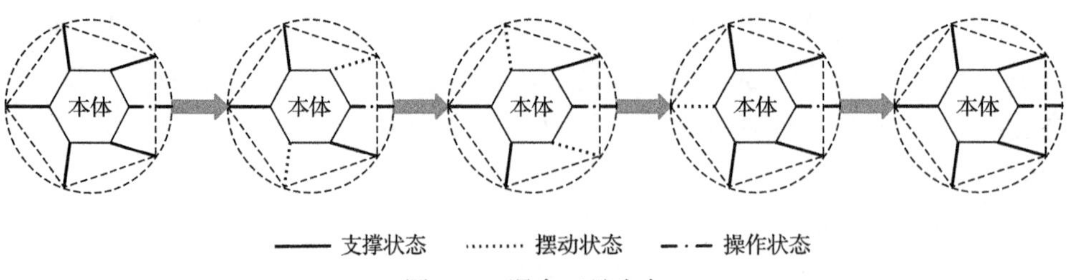

图 7.24　混合五足步态

在此基础上，进行了实验研究，验证了腿臂融合肢体在移动和操作上的有效性和灵活性。如图 7.25(a)所示，机器人结束六足步态行走，处于六足支撑状态。

图 7.25(b)～(e)表示机器人从六足步态到五足步态的转换过程，在此运动过程中，将带夹持器的腿臂融合肢体转换为操作状态，并夹紧操作物体，如图 7.25(e)所示。图7.25(f)～(i)表示机器人夹持物体后利用混合五足步态行走的过程，在移动操作过程中，在保证姿态的前提下，机器人身体通过不断运动来补偿位置偏差。

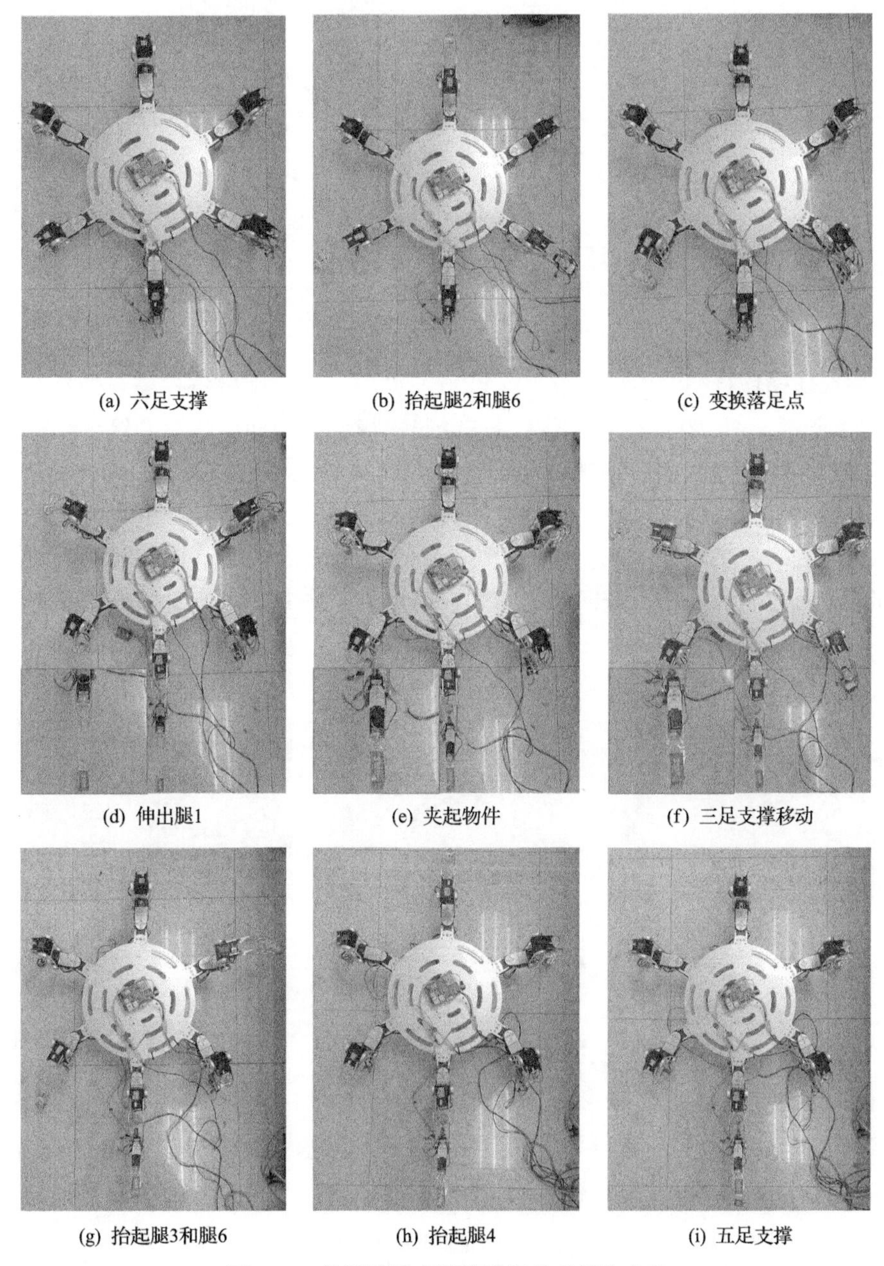

(a) 六足支撑　(b) 抬起腿2和腿6　(c) 变换落足点

(d) 伸出腿1　(e) 夹起物件　(f) 三足支撑移动

(g) 抬起腿3和腿6　(h) 抬起腿4　(i) 五足支撑

图 7.25　单腿臂融合肢体进行移动操作实验

7.4.2　机器人移动双臂操作规划

当机器人利用六足步态经过一段时间的连续运动并到达操作位置时，机器人将通过双腿臂的构型变换以及其余四条腿的位姿调整使机器人进入操作模式，图 7.26 为机器人由“3+3”六足步态进入操作过程的示意图。

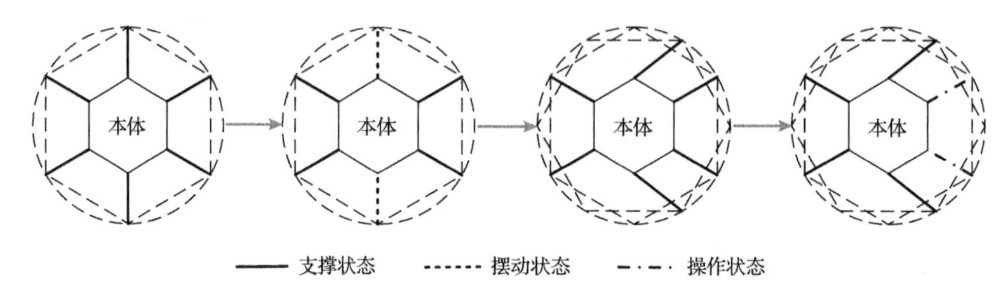

图 7.26　六足支撑进入双腿臂操作状态

依据该切换过程，进行了由“3+3”六足步态进入双腿臂操作模式的实验，如图 7.27 所示。图 7.27(a)中机器人处于六足支撑站立的初始状态，然后两条普通肢体和一条腿臂肢体抬起并摆动，机器人以 “3+3”六足步态前进，如图 7.27(b)所示；经过一段时间运动后，机器人通过视觉检测到已到达操作位置时，停止运动并再次进入六足站立状态，如图 7.27(c)所示；为了保持操作时的稳定性，两侧对称的一对普通肢体抬起并向前摆动到合适位置后落下，保证当双腿臂肢体抬起

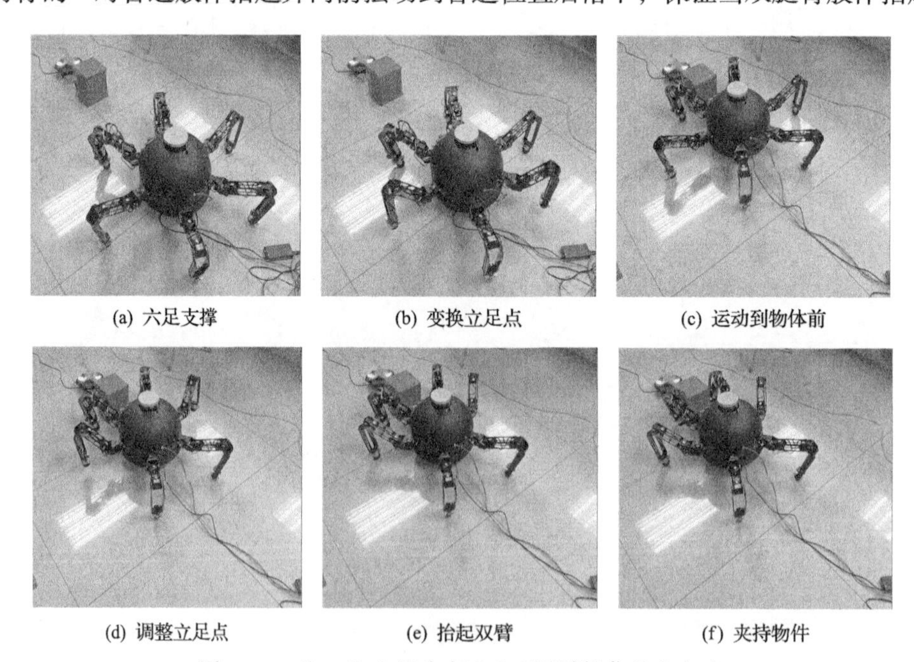

(a) 六足支撑　(b) 变换立足点　(c) 运动到物体前

(d) 调整立足点　(e) 抬起双臂　(f) 夹持物件

图 7.27　“3+3”六足步态进入双腿臂操作状态实验

时，机器人的整体重心处在其余四支撑腿组成的支撑平面内，可以通过四条支撑腿对本体姿态的调整实现双腿臂肢体对目标物体的灵活稳定操作，如图 7.27(d)和(e)所示；最后图 7.27(f)中双腿臂肢体抬起并进入操作状态。

当机器人进入双腿臂操作模式后，可以根据机器人末端属具的不同进行不同的操作实验。

1. 双腿臂协调夹持操作

机器人利用两个相邻的腿臂融合肢体夹住一个比较大的物体。根据这一要求，规划并执行机器人相应的运动，如图 7.28 所示。图 7.28(a)为机器人初始站立姿态，切换到操作状态的过程如图 7.28(b)和(c)所示。在此过程中，剩余的四条腿支撑身体调整姿态以保持机器人的稳定性。机器人实现了图 7.28(d)和(e)中的协同夹紧任务。在该实验中，两个腿臂融合肢体完成了协调夹持的任务，其余四条腿调整机器人的姿态，改变机器人和物体重心的位置，以保持稳定性。

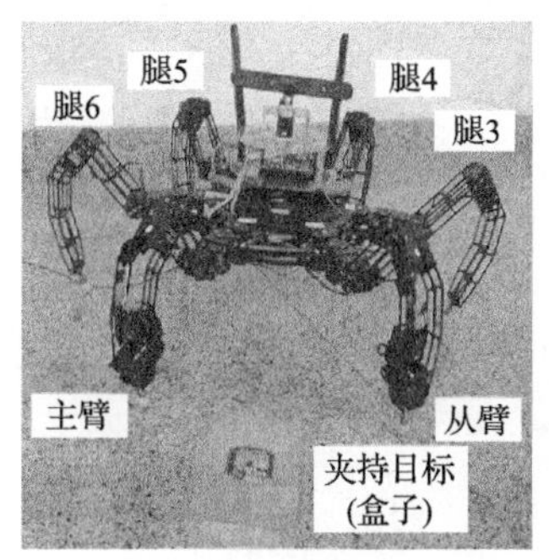

(a) 站立姿态

(b) 调整立足点

(c) 抬起双臂

(d) 夹持物件

(e) 进行搬运

图 7.28　两腿臂融合肢体进行协调夹持作业

2. 双腿臂协调剪切操作

机器人的腿臂融合肢体的末端属具可根据操作任务进行更换，这里配置夹持器和剪刀来实现协调剪切操作。基于之前的任务策略规划，实验过程如图 7.29 所示。图 7.29(a)～(c)为初始站立姿势，两个腿臂融合肢体从支撑状态到操作状态的转换过程。首先主肢体的夹持器接近该物体并夹住图 7.29(d)中的刚性线缆；图 7.29(e)和(f)表示剪切过程，两肢体的末端执行器移动到协调工作空间剪切物体；图 7.29(g)～(i)显示了从操作状态到支撑状态的切换过程，也可以看成第一阶段的逆过程。通过实验验证了该新型腿臂融合肢体结构在不同工作模式之间切换的灵活性和利用末端执行器进行协调操作的可行性。

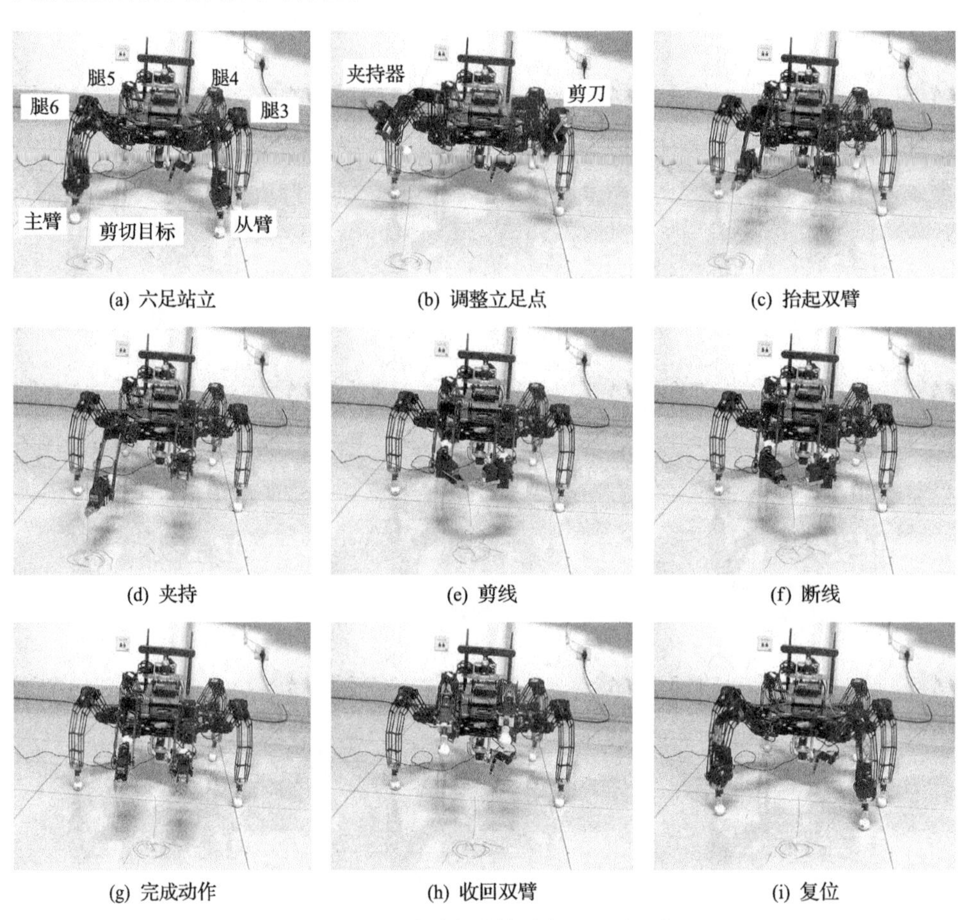

图 7.29　两腿臂融合肢体进行协调剪切作业

第 8 章　轮腿多模式协同运动路径规划方法

腿式机器人自由度高，每一步行走都带来自由位形空间形态的复杂变化，因此难以通过确定性方法对其自由位形空间进行描述。基于随机采样的运动规划方法是在位形空间中进行随机采样，通过对采样点的碰撞检测来代替对整体自由位形空间的描述。通过性分析方法不同于关节空间中位形碰撞检测方法，是基于地形环境模型和机器人状态对机器人当前位形可行性的一种估计。通过性分析方法综合考虑了地形环境模型、机器人模型及运动学约束，对机器人的通过能力进行量化，提供了机器人运动规划碰撞检测和运动代价的依据。通过性分析方法被广泛地应用于复杂环境中的机器人导航问题，一方面可以保证机器人无碰撞地通过复杂地形环境，另一方面可以使机器人以最优的模式运动到目标点。因为轮腿混合运动机器人具有不同的运动形式，而轮式运动和腿式运动有着不同的运动学模型和约束，所以需要对轮腿混合运动机器人的轮式及腿式运动构型分别进行通过性分析，进而根据综合能效评价的代价函数探索可行的路径。

8.1　轮腿协同运动规划系统模型建立

对于一般的运动规划问题，首先要定义机器人的位形空间，即机器人所有可能状态的集合，包括机器人的关节位置、关节速度和机器人在世界坐标系的位置及速度等，然后将机器人的运动规划问题转换为在位形空间内寻找连接起始点和目标点的无碰撞路径规划问题。轮式机器人的位形空间较为简单，一般可以抽象为二维特殊欧氏群(简称 SE(2))空间内的运动。足式机器人的状态空间较为复杂，但当足式机器人所处的环境比较简单时，可以对其位形空间做一定的简化，以减少运动规划的难度。足式机器人运动规划中一个常用的方法是将机器人简化为一个碰撞立方体，先规划该立方体在环境中的无碰撞运动，然后指定机器人以某种固定的步态跟踪实现该刚体运动规划。类似地，还可以先规划机器人的质心运动，然后计算立足点和肢体运动使质心稳定地跟踪规划路径。上述规划方法简单，求解速度快，但是不适合崎岖复杂的环境。对于较复杂的环境，机器人和环境的接触位置变得十分重要，机器人的每一步运动都需要在全部的空间内进行大量的搜索，运算变得极为困难。由于机器人与环境的接触在足式机器人运动规划中的重要作用，采用类似文献[39]的方法对轮腿协同运动机器人的位形空间进行建模。以机器人与环境的所有接触点代表机器人的状态 S，并且假定轮腿机器人采用

“3+3”步态模式进行腿式运动，机器人轮行的结构如图 6.15 所示，采用三轮车的模式进行轮式运动。则轮腿机器人的状态模型可以表示为

$$S = (P_{\text{body}}, P_1, P_2, P_3, M) \tag{8.1}$$

其中，P_{body} 为机器人本体中心的位置；M 为机器人的运动模式，$M=0$ 和 1 分别表示机器人在腿式中采用支撑三角形 1 和 2 进行支撑，$M=2$ 表示机器人处于轮行运动状态；P_i 为机器人各个接触点距机器人本体中心的位置，P_1 表示导向轮，P_2、P_3 表示后方驱动轮，轮式运动中不同的 P_i 决定了不同模式运动腿的选择，共有三种轮式构型。上述基于接触面进行的轮腿混合运动状态模型的建立，大大减少了运动规划中位形空间的维数，在不牺牲机器人运动能力的情况下简化了环境的约束。

8.2　轮式运动的通过性分析

常用的轮式运动通过性分析将机器人抽象为一个如图 8.1 所示的固定大小的二维窗口，通过将该窗口放置于地图上不同离散的位置模拟计算机器人放置在不同位置时的稳定性情况，进而生成通过性地图。通过性地图考虑了机器人位于地图上每个位置时的稳定性状况和环境特征。

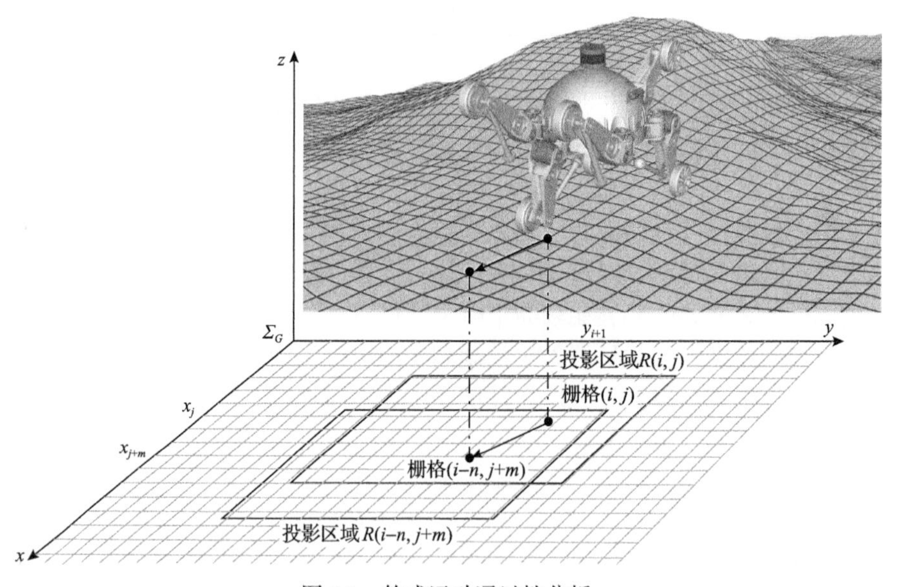

图 8.1　轮式运动通过性分析

这里采用高程图模型对环境进行描述，高程图模型由固定尺寸的栅格构成，每个栅格中存储一个高度值，该高度值为所有位于该栅格内的地形数据高度的平

均值。基于高程图的环境表示可以有效降低计算的复杂度，并且对本章提出的规划问题提供了足够详细的环境描述，具体可表示为

$$E=\{z_{i,j}\} \tag{8.2}$$

式中，i、j 为栅格的行列指标；$z_{i,j}$ 为栅格的高程值。假设机器人的中心位于栅格 i、j，则机器人的位置可以表示为

$$P_{\text{body}}=(x_i,y_j,z_{i,j}) \tag{8.3}$$

其中，x_i、y_j 为栅格 (i,j) 的 x、y 坐标。为了衡量机器人处于地图上不同位置时的运动代价，需要建立机器人与地面接触的详细模型，包括机器人足与地面接触的位置形状以及机器人足与环境的材质等，准确地计算机器人在该支撑状态下的稳定性。然而，这样的建模方法运算量巨大，并且无法得到足够精确的模型，难以应用于实际计算。这里通过提取机器人在高程图上投影区域的地形特征，对机器人与地面的接触状况进行估计。定义机器人的足印(footprint)为包络机器人在平面上投影的最小多边形，由于 E-beetle 机器人轮式运动时采用三轮车构型，其足印可以通过三角形 $R_{i,j}(P_1,P_2,P_3)$。通过对该足印区域内所有栅格的高程值进行分析，提取相应的地形特征，估计机器人处于该位置时的稳定性情况，具体提取的地形特征包含坡度、粗糙度和台阶障碍高度。

坡度在轮式运动的通过性分析中起着主要的作用，当机器人需要通过较为陡峭的坡度时，机器人很可能发生滑动或者翻倒。有很多根据地形数据对机器人所处环境坡度进行拟合的方法，这里通过最小二乘法拟合机器人足印区域内所有数据形成的平面，通过该平面的角度估计机器人所处的坡度，表示为

$$\varTheta_{i,j}=\begin{cases}\varTheta_x\\ \varTheta_y\end{cases} \tag{8.4}$$

其中，$\varTheta_x$ 与 $\varTheta_y$ 分别为平面与 x 和 y 方向之间的夹角。

粗糙度代表了环境表面的凹凸不平的程度，可通过地表面积与其投影面积之比进行衡量。粗糙度指标是表征机器人所处环境复杂程度的重要参数，当机器人所处的环境粗糙度过大时，机器人难以采用轮行通过。本章采用足印区域内的地形数据和拟合平面之间的标准差作为粗糙度的衡量指标，表示为

$$B_{i,j}=\sqrt{\frac{1}{n}\sum_{R_{i,j}}(z(R_{i,j})-\overline{z}(R_{i,j}))^2} \tag{8.5}$$

其中，$\bar{z}(R_{i,j})$ 为地形数据投影到拟合平面上点的高度值。

台阶障碍表征足印区域内高程值的最大变化，是该区域内最大高程值和最小高程值之间的差。该指标可以有效描述投影区域内出现的尖峰或者深坑等地形特征，该类地形特征通过坡度值难以展现，但是对机器人的通过性有着决定性的影响。台阶障碍指标定义为

$$E_{i,j} = z_{\max}(R_{i,j}) - z_{\min}(R_{i,j}) \tag{8.6}$$

其中，$z_{\max}$、$z_{\min}$ 分别为投影区域内最大和最小的高程值。

将坡度、粗糙度、台阶障碍高度作为地形特征，定义机器人本体中心位于地图上不同位置时的危险性指标为

$$\text{Risk}(S) = \max\left(\frac{\Theta_{i,j}}{\Theta_{\max}}, \frac{B_{i,j}}{B_{\max}}, \frac{E_{i,j}}{E_{\max}}\right) \tag{8.7}$$

其中，$\Theta_{\max}$、$B_{\max}$、$E_{\max}$ 分别为设定的最大坡度、最大粗糙度和最大台阶障碍高度参数，需根据实验过程进行调节，初始值可以设定为机器人的最大安全坡度、最大安全粗糙度和最大越障高度。该危险度指标反映了机器人处于环境不同位置时的稳定程度，指标小代表着机器人处于易通过的光滑平整环境，指标越大，表示机器人越难通过。当该指标值大于 1 时代表地形环境已经超出了机器人的运动能力，机器人当前位形不可行。

8.3　腿式运动的通过性分析

不同于轮式运动，腿式运动通过一系列的立足点选择，规划相应的腿部运动来通过复杂的地形环境。腿式机器人的高自由度使上述运动规划变得极为复杂，基于环境的自由步态规划更是需要实时处理大量运算，给实际应用带来了困难。为解决上述问题，需对模型进行合理简化处理，即在一定程度上减少腿式机器人运动灵活性，假设机器人在运动过程中采用固定的三角步态步序，但是可以根据地形环境选择立足点位置，称为慎重三角步态。这样的简化既保证了机器人的越障能力，又减少了运动规划的复杂程度。在采用慎重三角步态进行运动规划过程中，立足点在足端可达工作空间内的位置选择成为关键，因此机器人腿式运动通过性分析中要考量机器人的立足点情况。当机器人采用固定步序时，机器人的每一步的立足点可选区域是机器人足端工作空间和环境信息共同作用的结果。为了方便计算，将机器人受运动学约束形成的足端可达空间简化为一个立方体，机器人处于环境中不同位置时，该立方体与地形表面之间形成不同的截面，在水平面上的投影记为 RA，为在保证足端与地面接触情况下足端位置的可选区域。对每

个 RA 进行栅格化，离散为 m 个备选立足点，如图 8.2 所示。

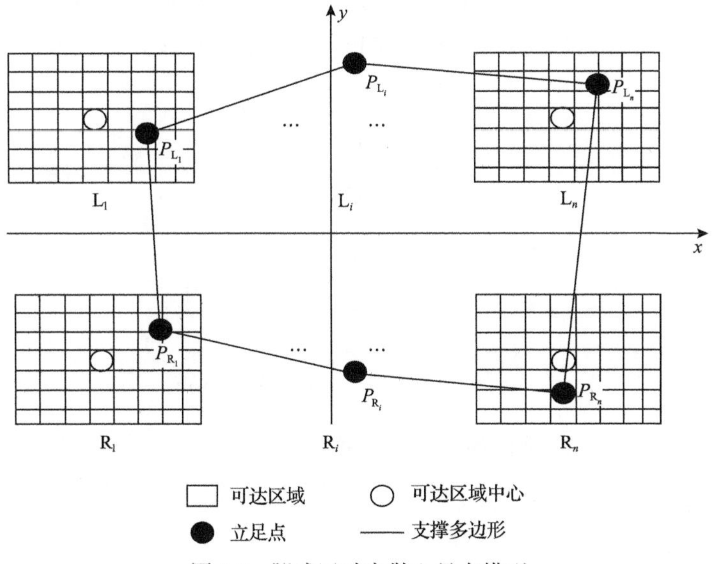

图 8.2　腿式运动离散立足点模型

机器人的一个支撑状态可以经由一组立足点 FootPrint(i, j, k) 表示，其中 i、j、k 为立足点在相应 RA 区域内的栅格下标。通过对立足点区域的足地接触状况及相应的机器人构型状况进行综合，可以很好地估计出该构型下足式机器人环境通过性。采用下列几个因素对图 8.3 所示的使用慎重“3+3”步态运动的六足机器人的每个支撑状态 S 的可行性进行衡量。

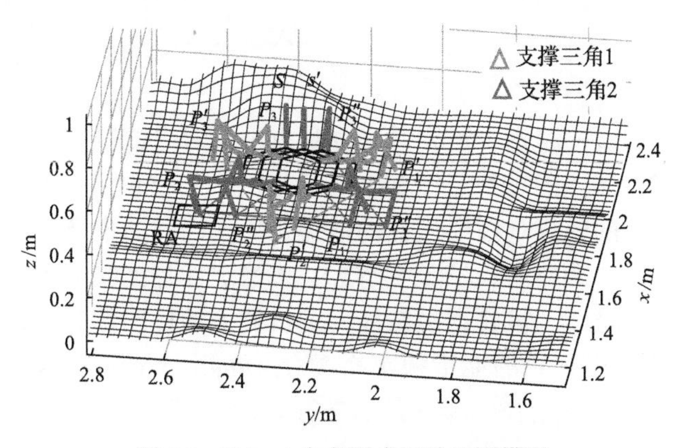

图 8.3　Tripod 步态腿式运动地图模型

1. 足地接触状况

足地接触状况是基于当前地形的几何信息对机器人的足端与地面接触状况的

估计。足式机器人在支撑腿推动本体发生移动时，足端与地面会发生一定程度的相对滑动，为了增大运动的稳定性，总是希望该相对滑动越小越好。为减少足端与地面之间的相对滑动，这里采用文献[40]中的参数对与足端接触的局部环境进行描述，参数描述为

$$K_1(i,j)=\sum_{k=-1}^{1}\sum_{l=-1}^{1}(z_{i,j}-z_{i+k,j+l}) \tag{8.8}$$

$$K_2(i,j)=\sum_{k=-1}^{1}\sum_{l=-1}^{1}\left|z_{i,j}-z_{i+k,j+l}\right| \tag{8.9}$$

$$K_3(i,j)=\sqrt{(x_0-x_{i,j})^2+(y_0-y_{i,j})^2} \tag{8.10}$$

其中，$z_{i,j}$ 为对应下标的栅格高度；K_1 描述了地形是凹陷还是凸起特征，当所处位置为一个凸起时，K_1 为正，反之，为一个凹陷特征时，K_1 为负；K_2 描述了地形的坡度特征，K_1 和 K_2 的组合描述了地形的基本特征；K_3 描述了立足点和名义立足点之间的距离。文献[40]中通过学习的方法，建立起一个多项式分类面对给定的立足点进行分类。本节简化上述过程，基于平面对给定的立足点进行分类，建立立足点评价函数为

$$Q(P_i)=w_1K_1(i,j)+w_2K_2(i,j)+w_3K_3(i,j) \tag{8.11}$$

其中，w_i 评价参数的权重；$Q(P_i)$ 为归一化处理结果，映射到[0,1]区间内，值越小表示所给的立足点状况越好。

2. 静态稳定性

为保证当前构型的稳定，需要基于立足点位置对当前构型进行稳定性评价。一个简单的足式机器人静态稳定性判据定义为机器人质心在水平面投影位置到机器人立足点所组成的支撑多边形边界的最短距离。当质心投影位于支撑多边形内部时，机器人稳定，距离越长稳定性越好。该稳定性判据仅适用于水平环境，当机器人处于崎岖环境时，该判据虽然能判定机器人的稳定性，但是无法对稳定性进行量化的描述。正则化的能量稳定裕度(normalized energy stability margin, NESM)被证明是机器人静态行走时的有效稳定性判据，定义为

$$S_{\text{NESM}}=\min_i(h_i) \tag{8.12}$$

其中，h_i 为绕支撑多边形各边界旋转至发生翻倒时质心上升的最大高度。该高度描述了机器人绕该支撑边界翻倒所需要的能量，所需要的能量越大，稳定性越好。

3. 灵活性

对于采用三角步态行走的六足机器人，可以将机器人的腿分为支撑相和摆动相两组。在一个步态周期中，机器人的摆动相与地面接触并保持触地点位置不变，机器人通过支撑相推动本体向前移动一定距离后，摆动相腿形成新的支撑相，支撑相转换为摆动相。支撑相和摆动相的交替推动了六足机器人的运动。对于一个支撑状态，期望机器人本体可以在较大的范围内移动，而不会形成死端。对于一组给定的立足点，机器人躯体、支撑腿和地面形成一个并联机构，可以用并联机构的灵活度指标来衡量机器人躯体自由地改变位姿的范围。但是并联机构灵活度计算复杂，这里采用肢体灵活度指标进行计算，具体的躯体位姿可以用 $\{X, Y, Z, \alpha, \beta, \gamma\}$ 六个参数表示，分别表示躯体的平移和旋转，由于支撑构型形成的并联机构运动学限制，定义各参数的变化范围为

$$\begin{cases} S_X = X_{\max} - X_{\min}, \quad S_Y = Y_{\max} - Y_{\min}, \quad S_Z = Z_{\max} - Z_{\min} \\ \varphi_X = \alpha_{\max} - \alpha_{\min}, \quad \varphi_Y = \beta_{\max} - \beta_{\min}, \quad \varphi_Z = \gamma_{\max} - \gamma_{\min} \end{cases} \tag{8.13}$$

灵活度指标定义为

$$M_{\mathrm{p}} = \frac{1}{6}\left\{\frac{1}{2L}(S_X + S_Y + S_Z) + \frac{1}{180}(\varphi_X + \varphi_Y + \varphi_Z)\right\} \tag{8.14}$$

其中，M_{p} 为一个[0,1]区间的无量纲参数，具体各参数变化范围应用并联机构运动学反解方法求解。

因此，给定位形 S 的腿式运动通过性可以表示为

$$\mathrm{Risk}(S) = w_1\prod_{i=1}^{3} Q(P_i) + w_2\left(1 - \frac{S_{\mathrm{NESM}}}{h_{\max}}\right) + w_3(1 - M_{\mathrm{p}}) \tag{8.15}$$

其中，w_1、w_2 和 w_3 为和为 1 的权重参数；$h_{\max}$ 为具体机器人相关的参数；S_{NESM} 为机器人的静态能量稳定裕度；$M_{\mathrm{p}} \in [0,1]$ 为机器人的灵活度指标。该通过性指标综合地考虑了地形的几何形状、机器人足地接触状况、机器人稳定性和灵活性指标，对机器人当前构型做出了评价，可以作为碰撞检测判据和运动规划评价指标。

上述 Risk(S) 考虑了给定位形 S 的可行性，但是由于足式机器人的运动需要在状态序列之间转换，因此还要考虑相邻位形之间的连接性。对于给定的三个相邻状态 (S, S', S'')，状态间的连接性可以通过三个方面进行检测：第一，相邻状态的支撑相要发生改变，并且后续状态 S' 应位于状态 S 形成的并联平台的工作空间内。该条件可以通过对机器人的本体工作空间进行预先估计，在实际运算过程中快速进行判断。第二，机器人从状态 S' 运动到 S'' 过程中，其本体需要与地面之间保持

一定的距离。最后在相邻状态转变过程中，机器人足端的摆动轨迹不与环境之间发生碰撞。

8.4 基于 Anytime RRT 的轮腿混合运动规划

快速拓展随机树(rapidly-exploring random tree，RRT)是一种增量式的基于随机采样的单查询运动规划算法，算法的执行过程可以分为构建随机树和反向搜索可行路径两个阶段，其中构建随机树是算法的主要内容。RRT 算法通过逐步迭代的增量方式进行随机树的构建。首先将初始状态点作为根节点加入随机树中完成初始化，接下来通过不断地迭代来拓展随机树。在扩展新节点的过程中，如图 8.4 所示，首先在位形空间中随机选取一个点 q_{random} 作为目标点，为保证 RRT 生长的导向性，需以一定的概率 P 选择终点位置 q_{goal} 作为 q_{random} 进行拓展；然后在现有随机树上寻找距离 q_{random} 最近的节点 q_{near}。将 q_{near} 作为选定节点，随机树从 q_{near} 开始朝 q_{near} 方向上直线生长一个步距 ε ，得到一个新的节点 q_{new}。测试 q_{new} 是否满足已知约束或者是否与环境发生碰撞，若满足条件则将 q_{new} 添加到随机树中，其父节点为 q_{near}；若 q_{new} 不满足已知约束则重新生成 q_{random}。通过不断重复上述生长过程，当随机树中的某一个叶节点和目标位置足够接近的时候，认为随机树的构造过程完成。此时以距离目标位置最近的叶节点作为起始，依次向上搜索父节点，获得一条从起始位置到目标位置的可行路径，完成运动规划过程。

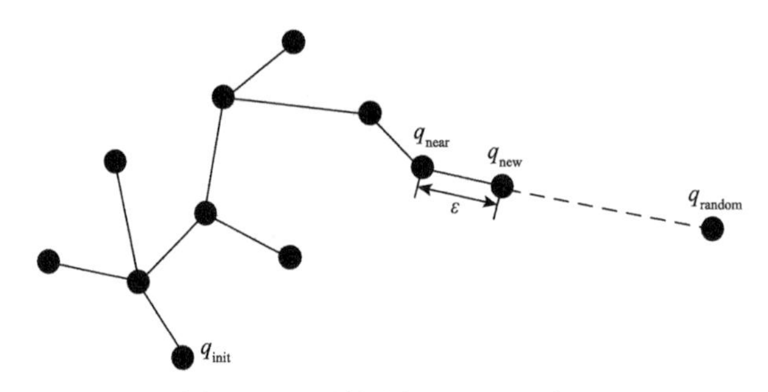

图 8.4 RRT 算法扩展过程示意图

RRT 算法具有概率完备性，适用于考虑微分约束的情况下进行高维空间多自由度的运动规划。但是标准的 RRT 算法并不能保证算法的稳定性和优化性，即 RRT 算法在搜索过程中表现出一定的盲目性，每次规划的结果都不一样，并且不能保证所规划的路径最短。为解决上述问题，研究人员提出了许多改进方法，其中 Anytime RRT 方法运用任意时间算法(Anytime)的思想，可以在有限的时间内求得较高质量的解，适合实际应用。本书采用 Anytime RRT 运动规划方法的框架来求解多模式移动六足机器人的轮腿混合运动规划问题，具体的算法流程如下。

算法 8.1　hybridMotionPlan $(q_{\text{init}}, q_{\text{goal}}, E)$

```
1   T{1} = Standard_RRT(q_init, q_goal);
2   Tc = Estimate_Cost(T{1});
3   i = 1;
4   while time < timeout
5         q_new = q_init;
6         i++;
7         while Distance(q_new, q_goal) > dis_threshold
8              q_target = Choose _Target(T{i}, Tc);
9              (q_new, subpath, modes) = AstarConnetct(q_target, Tc);
10             if q_new ≠NULL
11                 T{i}.add(subpath, modes);
12             end
13        end
14   Tc = Estimate_Cost(T{i});
15   Tc = (1 − ε)Tc ;
16  UpdateTime();
17  end
```

Anytime RRT 算法通过生成一列随机树来完成运动规划，其中每个随机树都利用前面随机树提供的信息来优化生长过程，提高最终所生成树的质量。算法初始化阶段采用一个标准的 RRT 过程进行轮式运动规划，所规划的轮式运动路径代价作为后续迭代过程中代价约束 Tc 的初始值。通过对每次迭代过程中的 Tc 进行控制，使新生成的随机树代价小于$(1-\varepsilon)\mathrm{Tc}$，重复上述过程直至用完给定的运动规划时间，最终获得一条高质量的混合运动规划路径。在每棵子树的生成过程中，$(1-\varepsilon)\mathrm{Tc}$始终作为运动代价约束，引导子树的生长。具体地，在 Choose_Target 子模块随机生成目标点的过程中，目标点的选取范围由全部的位形空间减小为满足代价约束的局部空间。子路径的生长过程中也考虑了运动代价约束，对于 Choose_Target 选取的一个随机节点 q_{target}，Extend_to_Target 子模块在现有随机树上搜寻与之距离最近的节点 q_{near}，然后基于运动约束，采用 A^*算法以混合运动的方式从 q_{near} 向 q_{target} 生长随机树[41]。如果新生长的分支满足所有的系统约束，则将分支添加到当前随机树中，若不满足，则跳转至 Choose_Target 步骤重新进行随机节点生成。重复上述生长过程至随机树的某个叶节点和目标点之间的距离小于用户设定的阈值 dis_threhold，则认为该随机树构建完成，然后进行反向可行路径搜索，并计算当前路径代价，更新代价约束 Tc 为新随机树搜索的代价约束。

8.5　随机采样过程与随机树拓展过程

标准的 RRT 算法在机器人的整个位形空间 $X \in \mathbb{R}^n$ 内进行均一概率采样，进而通过碰撞检测排除那些不在可行空间内的位形。足式机器人在运动过程中需要满足足地接触形成的运动学约束，其可行位形空间 X_{free} 为全部位形空间流形的一个子流形，并且维数远低于机器人整个的位形空间。因此，六足机器人的可行位形空间在整个位形空间中具有零度量，通过均一化采样的方式很难采样到一个可行的位形。对于给定的起始点 X_{start} 和目标点 X_{goal}，假设 $\sigma:[0,1] \to X$ 是一条可行路径，Σ 为所有可行路径的集合。假设 $f(x)$ 为一条经过节点 x 并连接起始点到目标点路径的代价，则所有可以提升当前路径质量的节点的集合可以定义为

$$X_f = \{x \in X | f(x) < c_{\text{best}}\} \tag{8.16}$$

其中，c_{best} 为当前路径质量。提升 RRT 算法效率的关键在于提高采样点在 X_f 内的概率。由于在一般情况下，准确的 $f(\cdot)$ 很难得到，通常采用启发函数 $\hat{f}(\cdot)$ 对其进行估计。一个可行的启发函数要求对于任意的 $\forall x \in X$，$\hat{f}(\cdot) \leqslant f(\cdot)$。

为获得基于运动代价约束的可行采样空间，首先需要定义运动代价。基于上述对六足轮腿机器人不同运动形式位形可行性的分析，获得机器人的状态评价函数 Risk(S)，则机器人从状态 S 运动到相邻状态 S' 的代价函数可以表示为

$$C(S,S') = \frac{\text{dis}(S,S')}{\max(v_{\min}^M(1-\max(\text{Risk}(S),\text{Risk}(S'))w_{\text{is}})v_{\max}^M)} + \Delta \tag{8.17}$$

其中，$\text{dis}(S,S')$ 为机器人从状态 S 到 S' 本体移动的距离；$v_{\min}^M$ 及 $v_{\max}^M$ 为对应运动形式 M 的最小及最大移动速度；w_{is} 为危险性在运动代价评价中所占的权重；Δ 为轮腿切换代价，如果状态 S 、S' 之间发生运动切换，则 $\Delta = t_1$，t_1 为一个估计的轮腿切换时间代价，需根据运动规划结果中轮腿切换的次数是否合理进行调节，若规划的结果中轮腿切换过于频繁，则增大该参数；若缺乏合理的轮腿切换频率，则减小该参数。若状态 S 、S' 之间没有发生运动切换，则 $\Delta = 0$ 。式(8.17)以机器人相邻状态 S 、S' 中较大的危险性评价函数 $\text{Risk}(\cdot)$ 来度量整个状态转移过程中的危险性，以相邻状态之间的运动时间作为评价指标。通过综合考虑两种运动的运动速度和危险性，对不同运动形式的代价进行评价。当两种运动的危险性都较低时，以速度更快的轮式运动形式通过，运动代价较低；当地形复杂时，机器人的腿式运动危险性较低，轮式运动危险性较高，进而使用腿式运动代价较低；当危险性为 1，即机器人采用当前运动形式不能通过时，机器人的运动代价趋近于无穷。

进一步，为减小采样空间，定义启发代价函数，该函数提供了所有通过节点

q_{target}的路径代价的一个下界，若所计算的启发代价超过代价约束 Tc，则任何经过节点 q_{target}的实际规划路径代价都会超过 Tc，即 q_{target}不在可行的采样空间内。启发式代价函数 h 所计算的代价必须要小于实际代价函数 $\sum C(S,S')$ 所计算的代价，估计的代价与实际代价越接近，采样效率就越高。根据代价函数 $C(S,S')$ 的形式，定义启发式代价函数：

$$h(S,S')=\frac{\text{dis}(S,S')}{v_{\max}(S,S')} \tag{8.18}$$

其中，$\text{dis}(S,S')$ 为机器人从状态 S 到 S' 本体移动的距离；$v_{\max}(S,S')$ 为相邻状态最快的速度。对于任意的状态 S 、S'，启发函数 $h(S,S')\leqslant C(S,S')$，并且当路面平坦时等号成立。对于给定的一个节点 q_{target}，若

$$h(q_{\text{start}},q_{\text{target}})+h(q_{\text{target}},q_{\text{goal}})>\text{Tc} \tag{8.19}$$

则任何通过 q_{target}的路径的代价都会超过 Tc，q_{target}不能作为目标点。上述启发式代价函数对采样空间进行了约束，提高了采样效率。

假设已经生成部分随机树，如图 8.5 所示，轮腿混合运动规划维数较高，为了便于表示和理解，图中仅显示机器人本体位置和运动方式，省略了每个节点的立足点信息。其中节点本体位置用黑色实心点表示，节点之间采用不同颜色的边进行连接，红色的边代表机器人采用轮式运动通过该段子路径，蓝色表示采用腿式运动通过。在现有随机树上寻找与之距离最近的 3 个节点，分别记为 q_{near1}、q_{near2}和 q_{near3}。定义节点之间的距离为本体位置间的欧氏距离，即

$$d(q_1,q_2)=\text{Eucalidean}(P_{\text{body1}},P_{\text{body2}}) \tag{8.20}$$

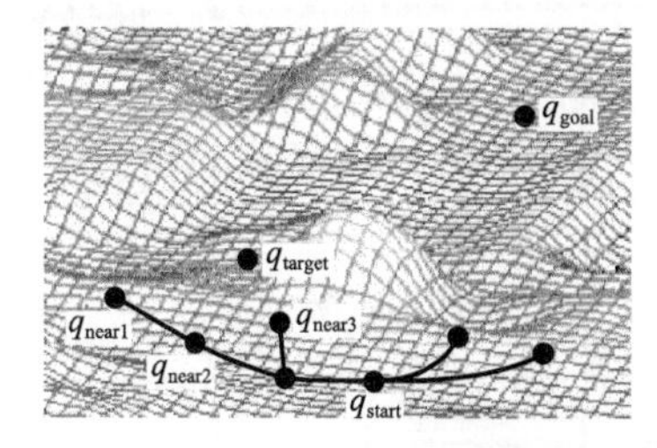

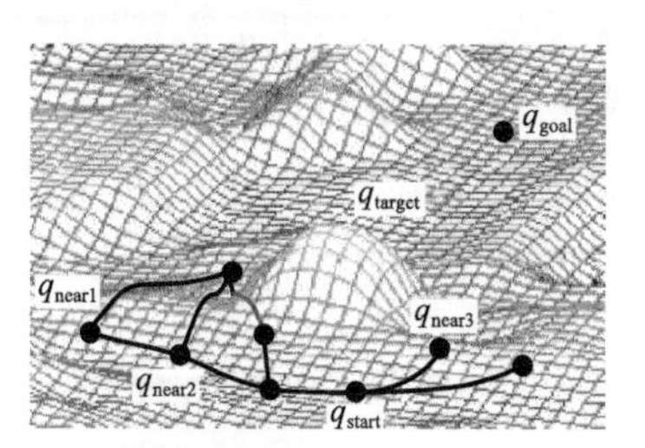

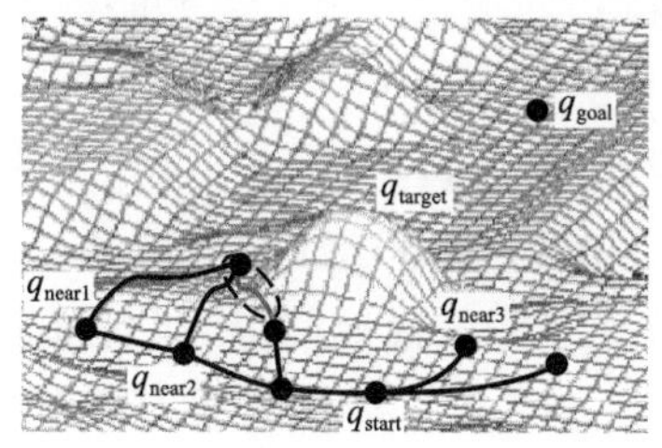

图 8.5　RRT 算法子路径生长过程

接下来考虑从这三个节点向 q_{target} 进行生长。不同于标准 RRT 算法中仅搜索与采样点最近的一个节点，考虑 3 个最近的相邻节点可以增加随机树的搜索效率，避免陷入局部陷阱。

一般的 RRT 算法为生成尽可能多的分支并能使其可尽快生成随机树，多采用线性方式对起始点和目标点之间进行固定步长的插值，然后通过判断每个插值点的可行性来决定分支生长的长度。假如某条分支拓展成功，则需要进一步考虑该分支是否满足代价约束。对于每条备选分支，计算不等式：

$$\text{Cost}(q_{\text{start}}, q_{\text{near}}) + C(q_{\text{near}}, q_{\text{target}}) + h(q_{\text{start}}, q_{\text{goal}}) < \text{Tc} \tag{8.21}$$

是否成立，其中 $\text{Cost}(q_{\text{start}}, q_{\text{near}}) = \sum_{i \in \text{tree}(q_{\text{start}}, q_{\text{near}})} C(q_i, q_{i+1})$，为 RRT 中从根节点 q_{start} 到节点 q_{near} 的路径代价，即路径上所有相邻节点之间代价的累积。$C(q_{\text{near}}, q_{\text{target}})$ 和 $h(q_{\text{start}}, q_{\text{goal}})$ 分别为方程(8.17)和(8.18)定义的代价函数和启发式代价函数。假如备选子分支满足上述代价约束不等式，则将该分支加入 RRT 中，不满足则舍弃。重复上述拓展过程直至随机树的某个叶节点和目标点之间小于指定距离，RRT 的构建过程结束，然后从目标点反向搜索寻找到根节点的路径即所规划的运动，更新代价约束 Tc 为新随机树搜索的代价约束。

8.6　基于 A^* 算法的分支生长

上述 RRT 拓展过程中采用线性方法对起始点和目标点之间节点进行插补。尽管直线插补可以提高探索速度，但是在子路径生长过程中投入一定的计算量来考虑如何提高生成的子路径质量也可以提高 RRT 算法的搜索效率。许多现有研究对随机搜索算法的算法复杂度和效率之间的平衡优化问题进行了讨论，用基于势能函数的方法对 RRT 分支的生长进行优化，使子路径可以沿障碍物边缘进行生长，提高了 RRT 算法的效率。

足式机器人运动规划过程中，立足点信息具有重要的作用。如果规划过程中仅考虑本体的运动，规划完成后再采用某种方式搜索立足点跟踪所规划的本体运动，可能导致所规划的本体运动难以实现，或者所规划的本体运动过于约束，限制了机器人的运动能力。在综合考虑了立足点信息等因素后，该规划问题具有较高的维数，无法直接应用搜索算法进行求解。因此，本节在现有足式机器人的运动规划算法基础上提出了一种改进型RRT 算法。在进行轮腿混合运动规划过程中，综合考虑了立足点信息和本体位置，建立机器人状态 $S = (P_{\text{body}}, P_1, P_2, P_3, M)$，其中 $S = (P_{\text{body}}, P_1, P_2, P_3, M)$ 包含了机器人的运动模式 M、机器人本体在环境中的位置 P_{body} 以及机器人的立足点信息 (P_1, P_2, P_3)，即根据建立 FootPrint(i, j, k) 的轮

腿混合运动系统模型，定义机器人的立足点位形空间为

$$\Omega=(P_1,P_2,P_3)\in\{1,2,\cdots,m\}\times\{1,2,\cdots,m\}\times\{1,2,\cdots,m\} \tag{8.22}$$

其中，m 为 RA 离散化的栅格个数。定义 $\Omega_{\text{free}}\in\Omega$ 为可行立足点空间，空间 Ω_{free} 的形状受参数 P_{body}、M 和环境影响，对于已知的环境模型，该空间可以进一步表示为 $\Omega_{\text{free}}(P_{\text{body}},M)$。在前面 RRT 算法分支生长的过程中，对起始点和目标点 S、S'' 之间进行线性插补，所得的中间节点 $S'=(P'_{\text{body}},P'_1,P'_2,P'_3)$ 有很大的概率会使立足点 $(P'_1,P'_2,P'_3)\notin\Omega_{\text{free}}(P'_{\text{body}},M')$，有很高的拒绝率，降低了 RRT 算法的效率。为避免在分支生长过程中对本体位置和立足点状态同时进行直线插补，本节采用分层规划的思想，先对节点 S 的 P_{body} 部分进行直线插补，再利用所得的本体位置信息指导立足点信息 (P_1,P_2,P_3) 的探索，最终得到全部的节点状态信息，算法过程如图 8.6 所示。

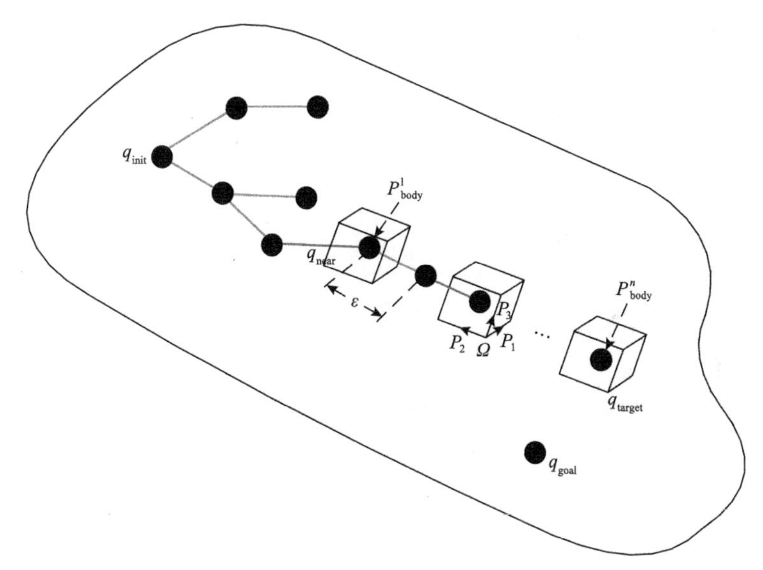

图 8.6　RRT 分支生长子空间示意图

假设已经产生了一部分 RRT，黑色节点表示本体位置，节点周围的立方体表示对应本体位置的立足点空间。对于一个期望从 $q_{\text{near}}=(P^i_{\text{body}},P^i_1,P^i_2,P^i_3,M^i)$ 向 $q_{\text{target}}=(P^f_{\text{body}},P^f_1,P^f_2,P^f_3,M^f)$ 生长的分支，先对节点的本体位置（P^i_{body}, P^f_{body}）之间进行步距为 ε 的直线插补，得到一个本体位置序列：

$$P_n=(P^1_{\text{body}},P^2_{\text{body}},P^3_{\text{body}}) \tag{8.23}$$

判断各个节点的轮式运动的通过性，若轮式运动可以通过，则设置对应节点

的运动模式为轮行，即 $M=2$。否则采用腿式运动的方式通过该节点，即 $M=\mathrm{mod}(M+1,2)$，$\mathrm{mod}(\cdot)$为取模函数。综上节点 P_{body}^i 的运动模式可以表示为

$$M^i=\mathrm{adpt}(P_{\mathrm{body}}^i) \tag{8.24}$$

其中，$\mathrm{adpt}(\cdot)$表示依据上述规则的机器人运动模式选取函数，给定运动模式选取函数后，对应本体位置 P_{body}^i 的机器人可行立足点空间 $\Omega_{\mathrm{free}}^i\in\Omega^i$ 可以简化为

$$\Omega_{\mathrm{free}}^i=\Omega_{\mathrm{free}}(P_{\mathrm{body}}^i,M^i)=\Omega_{\mathrm{free}}(P_{\mathrm{body}}^i,\mathrm{adpt}(P_{\mathrm{body}}^i)) \tag{8.25}$$

进一步得到与该本体位置 P_{body}^i 序列对应的一个可行立足点空间序列为

$$\Omega_n=\{\Omega_{\mathrm{free}}^1,\Omega_{\mathrm{free}}^2,\cdots,\Omega_{\mathrm{free}}^n\} \tag{8.26}$$

在 Ω_n 中采用 A^*算法寻找从初始位置（P_1^i,P_2^i,P_3^i）和目标位置（P_1^f,P_2^f,P_3^f）的路径。若搜索成功则得到与相应本体序列对应的立足点序列，综合即得到待生长分支上全部的节点状态信息，分支成功生长到目标点。若搜索失败则返回最深探索序列，分支生长到该深度，进一步保证 RRT 对未知区域的探索，所采用的 A^* 算法的伪代码如下。

算法 8.2　AstarConnect$(q_{\mathrm{start}},q_{\mathrm{target}},a)$

---

node(**state, g_value, h_value, parent**)

1　**Q.insert**(q_{start},**0,0, NULL**);

2　**while** running_time< Tmax **do**

3　　　x_{best} = Q.Extract

4　　　**if** GoalReached(x_{best}, x_{goal}) **then**

5　　　　　**return** x_{best}

6　　　**end**

7　　　**for each** $a\in A$ **do**

8　　　　　$x_{\mathrm{next}}=a(x_{\mathrm{best}})$

9　　　　　$C(S,S')=\dfrac{\mathrm{dis}(S,S')}{\max(v_{\min}^M(1-\max(\mathrm{Risk}(S),\mathrm{Risk}(S'))w_{\mathrm{is}})v_{\max}^M)}+\Delta$

10　　　　$h(x_{\mathrm{next}})=h(x_{\mathrm{next}},q_{\mathrm{target}})=\dfrac{\mathrm{dis}(x_{\mathrm{next}},q_{\mathrm{target}})}{v_{\max}(x_{\mathrm{next}},q_{\mathrm{target}})}$

11　　　　Q.insert(x_{next}, x_{best}.cost+$C(x_{\mathrm{best}},x_{\mathrm{next}})$, $h(x_{\mathrm{next}})$, x_{best});

12　　**end**

13 **end**

由前文可知，该 A^*算法搜索空间 Ω_n 的大小为 $m^3\times n$，因此为保证算法的收敛速度，m 值不能过大，经实验发现选择 m=9 可以保证算法的实时性同时选取较优的立足点。如图 8.7 所示，该 A^*算法中的状态 x 表示为

$$x^{i,j}=(P_1^j,P_2^j,P_3^j,i)\in\Omega^i \tag{8.27}$$

其中，i 表示状态 x 属于序列 Ω_n 中的第 i 个空间；j 表示状态 x 在足端空间 Ω^i 内的坐标。定义动作模型：

$$a^k=\{\Delta_{P_1}^k,\Delta_{P_2}^k,\Delta_{P_3}^k,\mathrm{adpt}(\cdot)\} \tag{8.28}$$

其中，$\Delta_{P_1}^k,\Delta_{P_2}^k,\Delta_{P_3}^k\in\{0,1,\cdots,m-1\}$ 代表支撑相三角形和摆动相三角形之间的立足点位置变化；adpt(·) 为前面提到的运动模式转换函数。机器人状态 z_D 执行动作 a^k 后得到新的状态为

$$x^{i+1,j}=a^k(x^{i,j})=(\mathrm{mod}(P_1^{i,j}+\Delta_{P_1}^k,m),\mathrm{mod}(P_2^{i,j}+\Delta_{P_2}^k,m),\mathrm{mod}(P_3^{i,j}+\Delta_{P_3}^k,m)) \tag{8.29}$$

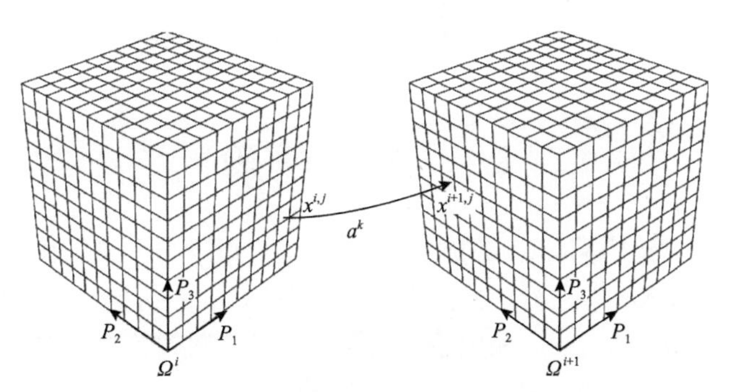

图 8.7　A^*算法相邻节点转移过程

动作 a^k 将序列 Ω_n 中的第 i 个元素 Ω^i 内一组立足点映射到下一个元素 Ω^{i+1} 内的另一组立足点。若

$$x^{i+1,j}\in\Omega_{\mathrm{free}}^{i+1} \tag{8.30}$$

则动作 a^k 可行，定义 A 为所有动作 a^k 的集合，如假设 m=9、i=1、M^1=1，则式 (8.27) 中的状态 $x^{i,j}$ 可以表示为

$$x^{i,j}=(6,0,2,1) \tag{8.31}$$

动作 a^k 为

$$a^k=\{3,6,1,\mathrm{mod}(1+1,2)\} \tag{8.32}$$

经动作 γ 后得到新的状态：

$$x^{i+1,j}=(6,0,2,1),\quad M^2=0 \tag{8.33}$$

对应的机器人支撑相间的转移如图 8.8 所示，状态 $x^{i+1,j}$ 的可行性判断方法如 8.3 节中描述，本例中后续支撑状态的质心距离支撑多边形距离小于最小安全阈值，机器人稳定性低，后续状态不可行。

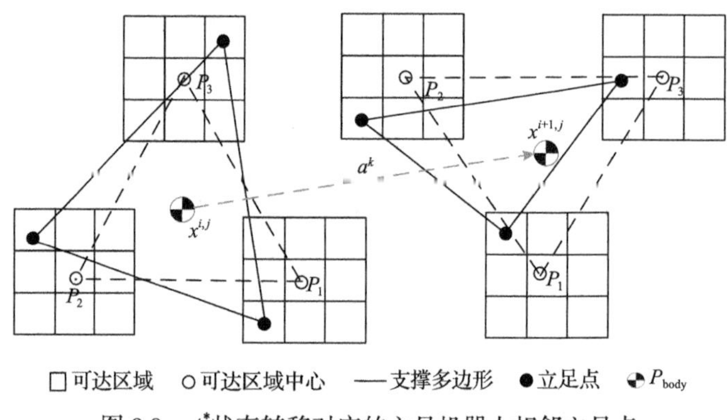

图 8.8　A^*状态转移对应的六足机器人相邻立足点

8.7　仿真与实验

为验证上述轮腿协同运动规划方法的可行性，以下分别进行仿真和实验验证。仿真过程在 MATLAB 中进行。首先生成一个 3m×3m 的仿真地形，为使仿真地形在最大限度上模拟实际地形，采用服从高斯分布的随机过程模拟真实地形的变化，生成的地形中包含山丘和沟壑等地形特征，分辨率为 3cm×3cm。为了验证本章所提出的轮腿运动规划算法的性能，分别规划纯轮式和纯腿式运动作为对照实验。仿真结果如图 8.9 所示，其中轮式运动路径采用红色线表示，腿式运动路径采用深蓝色线表示。紫色线为 RRT 拓展过程中所探索的分支。其中一些重要的腿式运动构型如图 8.9(a)所示，为了清楚地显示，通过浅蓝色线条连接相邻支撑相。在分支生长的过程中，采用 A^*算法进行立足点搜索可以有效提高立足点质量。如图 8.10 所示，其中红色的节点为采用固定三角步态运动每条腿的应许立足点，黑色点为优化后的立足点。从图中的红色虚线区域可以观察到立足点选择过程中可以有效地避开崎岖的尖点、斜坡等不稳定区域，选择较为稳定的支撑状态。图 8.9(a)和(b)分别描述了所规划的纯腿式和纯轮式运动。两组规划的运动中较高的代价作为协同运动代价约束的初始值。ε 代表每次 RRT 迭代过程中代价约束的收敛程度，初始 $\varepsilon=0.1$，每次迭代过程中 ε 减小 0.01，整个迭代过程运行 10s。

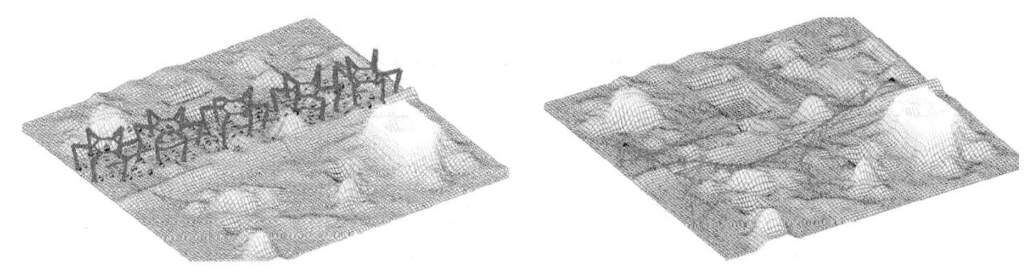

(a) 腿式通过　　(b) 轮式通过

图 8.9　六足机器人仅使用腿式或轮式运动规划仿真结果

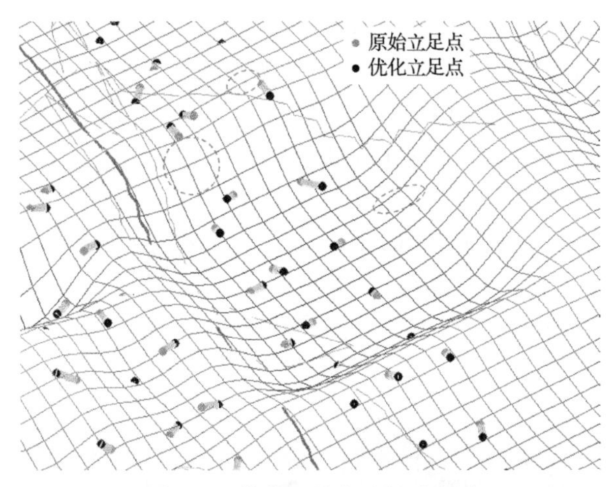

图 8.10　优化立足点选择示意图

采用基于 Anytime RRT 的轮腿协同运动方法运算 10s 后得到的协同运动路径如图 8.11 所示，由表 8.1 可以得出本场景中所规划的轮腿协同运动代价明显低于单纯的轮式及腿式运动，并且在 Anytime RRT 的迭代过程中，后次规划运动的代价明显低于前次，在有限的时间内明显提高了路径的质量。上述仿真结果证明了本章所提出的轮腿协同运动规划方法可以有效地利用轮式及腿式运动各自的特点，结合环境特征，规划出较优的轮式和腿式协同运动方案，所规划的轮腿协同运动在地形较为平坦时采用轮式运动，较为复杂时切换到腿式运动，通过轮腿运动的组合高速、稳定地通过目标区域。

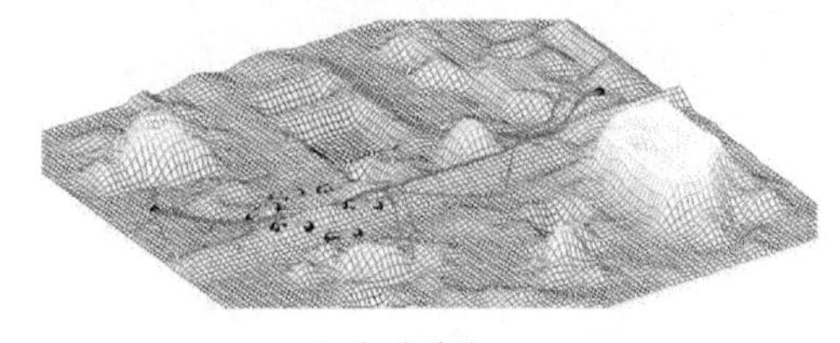

(a) 初次迭代

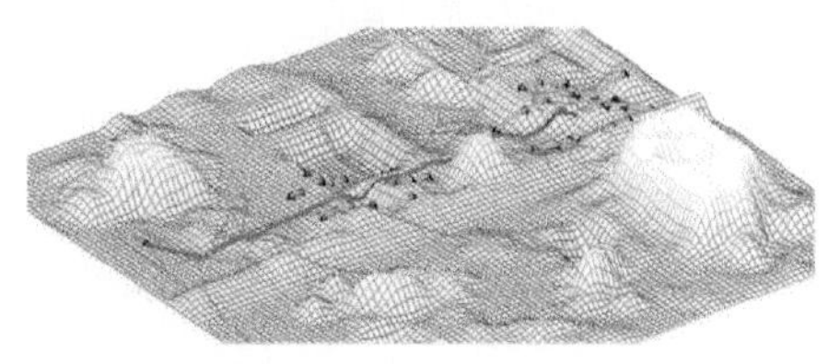

(b) 第三次迭代

图 8.11　六足机器人轮腿协同运动规划方法

表 8.1　规划运动代价

运动规划	图 8.9(a)	图 8.9(b)	图 8.11(a)	图 8.11(b)
代价	2.3479	1.8954	1.8549	1.5751

为了验证所提出的轮腿协同运动规划方法的实际效果，采用 NOROS-III 机器人进行实际环境实验。NOROS-III 机器人宽 980mm，高 120mm，具有沿本体圆周对称分布的六条腿，每条腿的小腿上安装有主动驱动轮，机器人可以快速地进行轮式和腿式运动模式之间的切换。该机器人轮行最大越障高度为 4cm，最大轮行速度为 10cm/s，轮腿运动转换过程可以在 3s 内完成，最大步行速度为 4cm/s，最大越障高度为 12cm。NOROS-III 机器人搭载 Xtion Pro RGB-D 摄像头，可以感知测量环境的深度数据，机器人搭载双核 1.33GHz Intel® Atom CPU 的单板机，通过 WiFi 将所获得的点云数据传输至上位机进行实时地图构建，同时也可以通过上位机对机器人进行遥操作控制。

进行实验的户外场景如图 8.12(a)所示，场景中包含多种地形特征，如较为平坦柔软的土地面、稍微崎岖坚硬的石板地面、台阶障碍、机器人无法越过的岩石等。实验过程中采用现有的点云融合算法对场景进行事先建模，得到融合后的场景点云数据如图 8.12(b)所示。进一步通过 GEON points2grid Utility 软件将点云数

(a) 实验环境图片

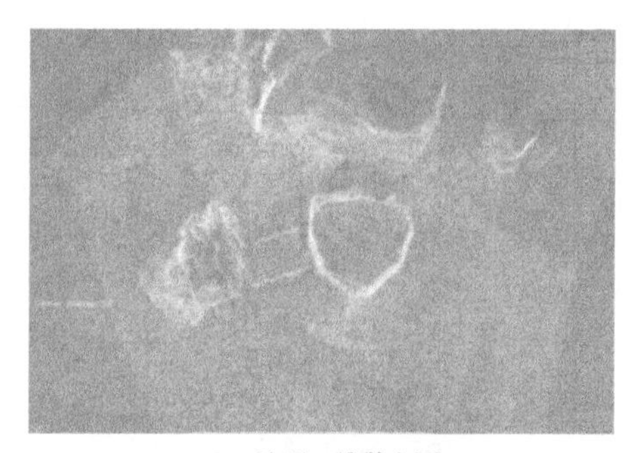

(b) 地形三维散点图

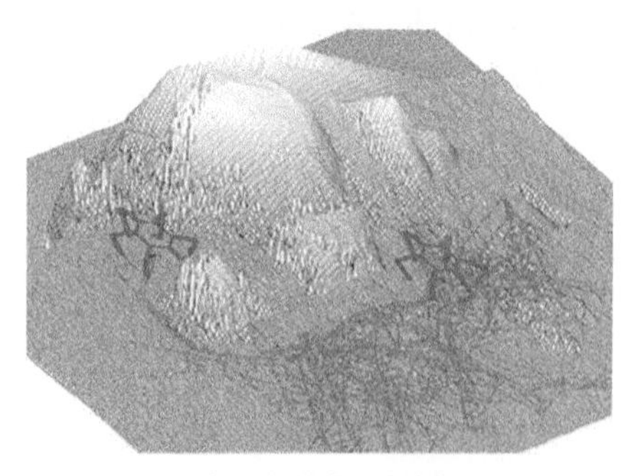

(c) 规划的轮式运动路径

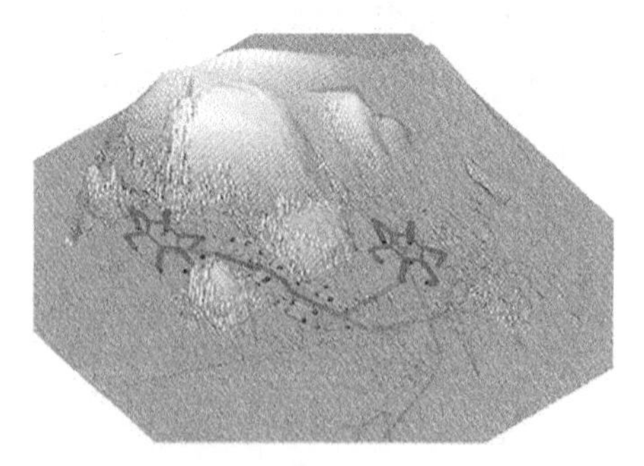

(d) 规划的混合运动路径

图 8.12　户外场景实验

据处理为数字高程模型(digital elevation model，DEM)数据，建模后的环境如图 8.12(c)所示。在该环境中分别规划从起始点到目标点的单纯轮式运动和轮腿协同运动，规划结果如图 8.12(c)和(d)所示，可以观察到机器人采用单纯轮式运动需要绕过障碍物区域才能运动到目标点。采用轮腿协同运动方式时，机器人先采用轮式运动接近目标点，在到达障碍物区域附近后切换至腿式运动越过障碍，之后切换回轮式运动方式达到目标点。图 8.13 为机器人实际进行轮腿协同运动过程，可以看到机器人采用轮式运动接近障碍物区域后切换到腿式运动，并且成功地越过障碍物区域，最终切换成轮式运动到达目标点区域。

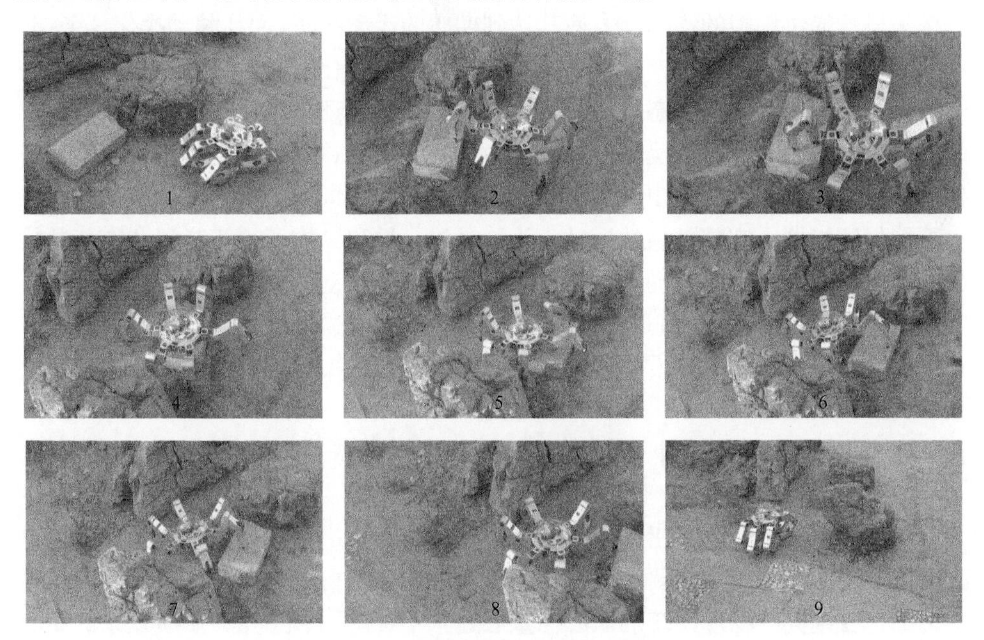

图 8.13　轮腿协同运动户外实验

第9章　机器人的质心运动学公式

多模式移动操作机器人运动过程中变模式、变构型、多输入、变参数、变约束的复杂运动行为使得其运动稳定性难以准确评估，机器人运动过程的质心计算与稳定性评价是控制的核心要素。普通的移动机器人将机身作为被控对象，移动机构为机身提供期望的支撑反力使其达到期望的运动状态，而在移动操作任务中，机器人还会由于操作任务产生整体重力和约束力的变化，此时仅规划机身运动并由机身状态判断机器人状态可能会导致机器人失稳，还会增加整体能耗。因此，研究基于惯性中心的整体运动控制技术对于机器人的移动操作任务来说是十分必要的。通常在运动学问题中并没有涉及质心的位置，即便求解出了关节的轨迹，也不能保证机器人实现预想的运动。为弥补这一缺陷，本章基于李群和李代数推导并建立机器人的质心运动学公式[30,42]。运用质心运动学公式，可以直接在工作空间中规划多足机器人质心的运动轨迹，再通过质心逆运动学计算出对应的关节角度，从而更易于保证多模式移动操作机器人的行走操作稳定性。

9.1　质心与其运动学概述

质量中心简称质心，指物质系统上被认为质量集中于此的一个假想点，与重心不同的是，质心不一定要在有重力场的系统中。值得注意的是，除非重力场是均匀的，否则同一物质系统的质心与重心通常不在同一假想点上。质点系的质心是质点系质量分布的平均位置。设质点系由 n 个质点组成，它们的质量分别是 m_1，m_2 ,…, m_n 。若用 r_1, r_2 ,…, r_n 分别表示质点系中各质点相对于某一固定点 o 的矢径，用 r_σ 表示质心的矢径，则有

$$\boldsymbol{r}_\sigma = \frac{\sum_i m_i \boldsymbol{r}_i}{M_{\text{tot}}} \tag{9.1}$$

其中，$M_{\text{tot}} = \sum_{i=1}^{n} m_i$ 为质点系的总质量。若选择不同的坐标系，质心坐标的具体数值就会不同，但质心相对于质点系中各质点的相对位置与坐标系的选择无关。质点系的质心仅与各质点的质量大小和分布的相对位置有关。

在机器人机构学的研究中，多足机器人可以看成一个并联机构，如果给定本

体和足的运动轨迹，那么可以通过求解并联机构的逆运动学问题来得到各个主动关节的运动轨迹。在实际应用中，常规的运动学模型存在一个问题，由于地面只能对足提供单向的支持力，机器人的足与地面接触不能完全等价于一个球面约束。如果支持力方向与约束力方向相反，那么足将脱离地面导致整个球面副约束失效。出现这一状况的典型例子是机器人的质心运动到腿部支撑区域之外时，机器人会发生失稳而翻倒。

为弥补这一缺陷，本章引入一种基于质心的运动学理论，该理论将机构的质心当作末端执行器，研究机构的输入运动和质心运动之间的映射关系。研究方法和常规的机器人运动学一样，质心运动学问题也包括正运动学问题和逆运动学问题。质心正运动学问题是指给定机器人各个关节变量的值求解质心的位置；质心逆运动学问题则是指给定机器人质心的位置求解各个关节变量的值。

9.2　质量位移矩阵

在进行质心运动学建模之前，需要介绍一下质量位移矩阵。对于一个由 n 个质点组成的质点系，其质心位置 $\bar{\boldsymbol{x}}$ 可以表示为

$$\bar{\boldsymbol{x}}_n = \frac{1}{\sum_{i=1}^{n} m_i} \sum_{i=1}^{n} m_i \boldsymbol{c}_i \tag{9.2}$$

其中，$m_i \in \mathbb{R}$ 为第 i 个质点的质量；$\boldsymbol{c}_i \in \mathbb{R}^3$ 为第 i 个质点的位置。

如果此时移除第1个质点，其余 $n-1$ 个质点的质心为

$$\bar{\boldsymbol{x}}_{n-1} = \frac{1}{\sum_{i=2}^{n} m_i} \sum_{i=2}^{n} m_i \boldsymbol{c}_i \tag{9.3}$$

将式(9.3)代入式(9.2)，可以得到

$$\bar{\boldsymbol{x}}_n = \frac{1}{\sum_{i=1}^{n} m_i} \left(\sum_{i=2}^{n} m_i \bar{\boldsymbol{x}}_{n-1} + m_1 \boldsymbol{c}_1 \right) \tag{9.4}$$

利用齐次坐标和矩阵运算，式(9.4)可以进一步改写为

$$\begin{bmatrix} \bar{\boldsymbol{x}}_n \\ 1 \end{bmatrix} = \rho_1 \overline{\boldsymbol{M}}_1 \begin{bmatrix} \bar{\boldsymbol{x}}_{n-1} \\ 1 \end{bmatrix} \tag{9.5}$$

其中,

$$\overline{\boldsymbol{M}}_1=\begin{bmatrix}\boldsymbol{I}_{3\times3} & \dfrac{m_1}{\sum\limits_{i=2}^{n}m_i}\boldsymbol{c}_1\\ 0 & \dfrac{\sum\limits_{i=2}^{n}m_i}{\sum\limits_{i=1}^{n}m_i}\end{bmatrix},\quad \rho_1=\frac{\sum\limits_{i=2}^{n}m_i}{\sum\limits_{i=1}^{n}m_i}$$

观察到 $\overline{\boldsymbol{M}}_1$ 具有和平移齐次变换矩阵类似的形式，都可以使空间中点产生一个位移，因此将 $\overline{\boldsymbol{M}}_1$ 定义为质量位移矩阵。原本的质心 $\overline{\boldsymbol{x}}_n$ 可以看成新的质心 $\overline{\boldsymbol{x}}_{n-1}$ 进行一次关于 $\overline{\boldsymbol{M}}_1$ 的位移变换后再以 ρ_1 为比例进行缩放。如果再移除第 2 个质点，同理有

$$\begin{bmatrix}\overline{\boldsymbol{x}}_{n-1}\\ 1\end{bmatrix}=\rho_2\overline{\boldsymbol{M}}_2\begin{bmatrix}\overline{\boldsymbol{x}}_{n-2}\\ 1\end{bmatrix}\tag{9.6}$$

其中,

$$\overline{\boldsymbol{M}}_2=\begin{bmatrix}\boldsymbol{I}_{3\times3} & \dfrac{m_2}{\sum\limits_{i=3}^{n}m_i}\boldsymbol{c}_2\\ 0 & \dfrac{\sum\limits_{i=2}^{n}m_i}{\sum\limits_{i=3}^{n}m_i}\end{bmatrix},\quad \rho_2=\frac{\sum\limits_{i=3}^{n}m_i}{\sum\limits_{i=2}^{n}m_i}$$

推广到一般情况，移除第 j 个质点前后质心位置的关系为

$$\begin{bmatrix}\overline{\boldsymbol{x}}_{n-j+1}\\ 1\end{bmatrix}=\rho_j\overline{\boldsymbol{M}}_j\begin{bmatrix}\overline{\boldsymbol{x}}_{n-j}\\ 1\end{bmatrix}\tag{9.7}$$

其中,

$$\overline{\boldsymbol{M}}_j=\begin{bmatrix}\boldsymbol{I}_{3\times3} & \dfrac{m_j}{\sum\limits_{i=j+1}^{n}m_i}\boldsymbol{c}_j\\ 0 & \dfrac{\sum\limits_{i=j}^{n}m_i}{\sum\limits_{i=j+1}^{n}m_i}\end{bmatrix},\quad \rho_j=\frac{\sum\limits_{i=j+1}^{n}m_i}{\sum\limits_{i=j}^{n}m_i}$$

利用一组质量位移矩阵 $\{\overline{\boldsymbol{M}}_1,\overline{\boldsymbol{M}}_2,\cdots,\overline{\boldsymbol{M}}_{n-1}\}$，整个质点系质心的齐次坐标可以表示为

$$\begin{bmatrix}\overline{\boldsymbol{x}}_n\\1\end{bmatrix}=\rho_1\overline{\boldsymbol{M}}_1\rho_2\overline{\boldsymbol{M}}_2\cdots\rho_{n-1}\overline{\boldsymbol{M}}_{n-1}\begin{bmatrix}\boldsymbol{c}_n\\1\end{bmatrix}\tag{9.8}$$

另外，由缩放系数 ρ_i 的定义可知 $\rho_{n-1}\cdots\rho_1=\dfrac{m_n}{\sum\limits_{i=1}^{n}m_i}$，式(9.8)可以写为

$$\begin{bmatrix}\overline{\boldsymbol{x}}_n\\1\end{bmatrix}=\frac{m_n}{\sum\limits_{i=1}^{n}m_i}\overline{\boldsymbol{M}}_1\overline{\boldsymbol{M}}_2\cdots\overline{\boldsymbol{M}}_{n-1}\begin{bmatrix}\boldsymbol{c}_n\\1\end{bmatrix}\tag{9.9}$$

式(9.9)和式(9.2)在物理意义上是等价的，不同的是式(9.9)用矩阵相乘的数学形式表达，而式(9.2)用加权平均的数学形式表达。用矩阵相乘的数学形式表达的好处是质心的齐次坐标能够直接参与刚体运动的齐次变换运算，而加权平均值的概念在刚体的齐次变换运算中是没有定义的。

下面介绍一个关于质量位移矩阵和刚体齐次变换的命题及其证明，在后面建立机器人的质心运动学模型时需要使用到这个命题。

命题 9.1　对于任意一个质量位移矩阵 $\overline{\boldsymbol{M}}=\begin{bmatrix}\boldsymbol{I}_{3\times3} & a\boldsymbol{c}\\0 & b\end{bmatrix}$ 和一个齐次变换矩阵 $\boldsymbol{g}=\mathrm{e}^{\theta\hat{\xi}}$，其中 $a,b\in\mathbb{R}^+$，$\boldsymbol{c}\in\mathbb{R}^3$，$\theta\in\mathbb{R}$，$\xi\in\mathrm{se}(3)$。$\boldsymbol{g}$ 关于 $\overline{\boldsymbol{M}}$ 的相似变换 $\boldsymbol{g}'=\overline{\boldsymbol{M}}\boldsymbol{g}\overline{\boldsymbol{M}}^{-1}$ 仍然是一个齐次变换矩阵，即 $\boldsymbol{g}'\in\mathrm{SE}(3)$。将 $\boldsymbol{g}'$ 也写成指数映射的形式为 $\boldsymbol{g}'=\mathrm{e}^{\theta\hat{\xi}'}$，$\boldsymbol{g}'$ 的运动旋量 ξ' 与 $\boldsymbol{g}$ 的运动旋量 ξ 满足：

$$\xi'=\begin{bmatrix}\dfrac{1}{b}\boldsymbol{I}_{3\times3} & \dfrac{a}{b}\hat{\boldsymbol{c}}\\\boldsymbol{0}_{3\times3} & \boldsymbol{I}_{3\times3}\end{bmatrix}\xi\tag{9.10}$$

证明　假设 ξ 的线速度分量为 $\boldsymbol{v}\in\mathbb{R}^3$，角速度分量为 $\boldsymbol{\omega}\in\mathbb{R}^3$。若 $\boldsymbol{\omega}\neq\boldsymbol{0}$，则 $\boldsymbol{g}=\mathrm{e}^{\theta\hat{\xi}}$ 表示一个螺旋运动。在该螺旋运动转轴上任取一点 $\boldsymbol{r}\in\mathbb{R}^3$，根据运动旋量定义，$\xi$ 的线速度分量 $\boldsymbol{v}$ 可以表示为

$$\boldsymbol{v}=\boldsymbol{r}\times\boldsymbol{\omega}+h\boldsymbol{\omega}\tag{9.11}$$

其中，$h\in\mathbb{R}$ 为运动旋量 ξ 的螺距。

将 $\boldsymbol{g}=\mathrm{e}^{\theta\hat{\xi}}$ 用指数映射展开，可得

$$g=\begin{bmatrix} e^{\theta\hat{\omega}} & (I-e^{\theta\hat{\omega}})r+h\omega\theta \\ 0 & 1 \end{bmatrix} \tag{9.12}$$

对 $\boldsymbol{g}$ 进行关于矩阵 $\overline{\boldsymbol{M}}$ 的相似变换，得到 $\boldsymbol{g}'$ 为

$$\boldsymbol{g}'=\overline{\boldsymbol{M}}\boldsymbol{g}\overline{\boldsymbol{M}}^{-1}=\begin{bmatrix} e^{\theta\hat{\omega}} & (\boldsymbol{I}-e^{\theta\hat{\omega}})\left(\dfrac{1}{b}\boldsymbol{r}+\dfrac{a}{b}\boldsymbol{c}\right)+\dfrac{h}{b}\boldsymbol{\omega}\theta \\ 0 & 1 \end{bmatrix} \tag{9.13}$$

另外，将 $\boldsymbol{g}'=e^{\theta\hat{\xi}'}$ 用指数映射展开，可得

$$\boldsymbol{g}'=\begin{bmatrix} e^{\theta\hat{\omega}'} & (\boldsymbol{I}-e^{\theta\hat{\omega}'})\boldsymbol{r}'+h'\boldsymbol{\omega}'\theta \\ 0 & 1 \end{bmatrix} \tag{9.14}$$

其中，$\boldsymbol{\omega}'\in\mathbb{R}^3$ 为 ξ' 的角速度分量；$\boldsymbol{r}'\in\mathbb{R}^3$ 为 ξ' 转轴上任意一点；$h'\in\mathbb{R}$ 为运动旋量 ξ' 的螺距。

式(9.13)和式(9.14)是同一个刚体运动 $\boldsymbol{g}'$ 的两种不同数学表达形式，比较对应系数可得

$$\boldsymbol{\omega}'=\boldsymbol{\omega} \tag{9.15}$$

$$\boldsymbol{r}'=\frac{1}{b}\boldsymbol{r}+\frac{a}{b}\boldsymbol{c} \tag{9.16}$$

$$h'=\frac{1}{b}h \tag{9.17}$$

由 $\boldsymbol{\omega}'$、$\boldsymbol{r}'$ 和 h' 可求出 ξ' 的线速度分量为

$$\boldsymbol{v}'=\boldsymbol{r}'\times\boldsymbol{\omega}'+h'\boldsymbol{\omega}'=\left(\frac{1}{b}\boldsymbol{r}+\frac{a}{b}\boldsymbol{c}\right)\times\boldsymbol{\omega}+\frac{1}{b}h\boldsymbol{\omega} \tag{9.18}$$

将式(9.11)代入式(9.18)，可得

$$\boldsymbol{v}'=\frac{1}{b}\boldsymbol{v}+\frac{a}{b}\boldsymbol{c}\times\boldsymbol{\omega} \tag{9.19}$$

综合式(9.15)和式(9.19)，得到运动旋量 ξ' 为

$$\xi'=\begin{bmatrix} \boldsymbol{v}' \\ \boldsymbol{\omega}' \end{bmatrix}=\begin{bmatrix} \dfrac{1}{b}\boldsymbol{v}+\dfrac{a}{b}\boldsymbol{c}\times\boldsymbol{\omega} \\ \boldsymbol{\omega} \end{bmatrix}=\begin{bmatrix} \dfrac{1}{b}\boldsymbol{I}_{3\times3} & \dfrac{a}{b}\hat{\boldsymbol{c}} \\ \boldsymbol{0}_{3\times3} & \boldsymbol{I}_{3\times3} \end{bmatrix}\xi \tag{9.20}$$

若 $\boldsymbol{\omega}=\mathbf{0}$，则 $\boldsymbol{g}=\mathrm{e}^{\boldsymbol{\theta}\hat{\xi}}$ 表示一个平移运动，用指数映射展开可得

$$\boldsymbol{g}=\begin{bmatrix}\boldsymbol{I}_{3\times3} & \boldsymbol{v}\theta\\ 0 & 1\end{bmatrix}\tag{9.21}$$

$\boldsymbol{v}$ 对 $\boldsymbol{g}$ 进行关于 $\overline{\boldsymbol{M}}$ 的相似变换，得到 $\boldsymbol{g}'$ 为

$$\boldsymbol{g}'=\overline{\boldsymbol{M}}\boldsymbol{g}\overline{\boldsymbol{M}}^{-1}=\begin{bmatrix}\boldsymbol{I}_{3\times3} & \dfrac{\boldsymbol{v}}{b}\theta\\ 0 & 1\end{bmatrix}\tag{9.22}$$

另外，将 $\boldsymbol{g}'=\mathrm{e}^{\boldsymbol{\theta}\hat{\xi}'}$ 展开可得

$$\boldsymbol{g}'=\begin{bmatrix}\boldsymbol{I}_{3\times3} & \boldsymbol{v}'\theta\\ 0 & 1\end{bmatrix}\tag{9.23}$$

对比式(9.22)和式(9.23)的系数，可得

$$\boldsymbol{v}'=\frac{1}{b}\boldsymbol{v}\tag{9.24}$$

将 $\xi'=\begin{bmatrix}\boldsymbol{v}'\\0\end{bmatrix}$ 和 $\xi=\begin{bmatrix}\boldsymbol{v}\\0\end{bmatrix}$ 代入式(9.20)仍然成立。

综合上述两种情况的结论，命题 9.1 得证。

为方便书写，这里定义一个从 ξ 到 ξ' 的线性映射：

$$\boldsymbol{T}_{\boldsymbol{M}}=\begin{bmatrix}\dfrac{1}{b}\boldsymbol{I}_{3\times3} & \dfrac{a}{b}\hat{c}\\ \mathbf{0}_{3\times3} & \boldsymbol{I}_{3\times3}\end{bmatrix}\tag{9.25}$$

这个线性映射 $\boldsymbol{T}_{\boldsymbol{M}}$ 是由给定的质量位移矩阵 $\overline{\boldsymbol{M}}$ 确定的，下标表示该质量位移矩阵。利用线性映射 $\boldsymbol{T}_{\boldsymbol{M}}$，式(9.20)可以化简为 $\xi'=\boldsymbol{T}_{\boldsymbol{M}}\xi$。

9.3　单分支系统质心运动学

9.2 节介绍了质量位移矩阵，本节使用质量位移矩阵进行机器人单分支系统的质心运动学分析。以一种 3R 关节组成的单分支步行机器人腿机构为例，其质心运动学研究的是关节角度和分支上质心位置之间的映射关系，如图 9.1 所示。

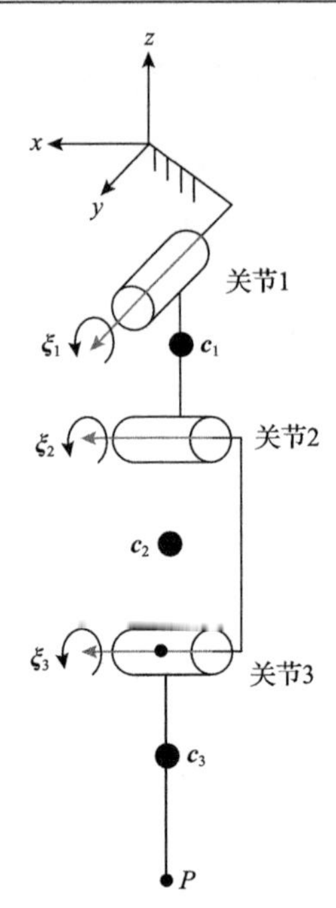

图 9.1　单分支腿中各杆件的质量分布

对于如图 9.1 所示的单分支腿结构，假设各杆件的质量为 $m_i \in \mathbb{R}^+$ $(i=1,2,3)$，初始质心位置为 $\boldsymbol{c}_i \in \mathbb{R}^3$ $(i=1,2,3)$， $\xi_i = \begin{bmatrix} \boldsymbol{v}_i \\ \boldsymbol{\omega}_i \end{bmatrix}_{6\times 1}$ 为各关节旋量。

仅考虑关节 3 转动时，连杆 3 的质心位置为

$$\begin{bmatrix} \bar{\boldsymbol{x}}_3 \\ 1 \end{bmatrix} = \mathrm{e}^{\theta_3 \hat{\xi}_3} \begin{bmatrix} \boldsymbol{c}_3 \\ 1 \end{bmatrix} \tag{9.26}$$

考虑连杆 2 的质量位移矩阵和关节 2 的转动，可得连杆 2 和连杆 3 的质心为

$$\begin{bmatrix} \bar{\boldsymbol{x}}_{23} \\ 1 \end{bmatrix} = \mathrm{e}^{\theta_2 \hat{\xi}_2} \rho_2 \overline{\boldsymbol{M}}_2 \begin{bmatrix} \bar{\boldsymbol{x}}_3 \\ 1 \end{bmatrix} \tag{9.27}$$

同理，加入关节 1 的运动，可得整条腿的质心为

$$\begin{bmatrix} \bar{\boldsymbol{x}}_{123} \\ 1 \end{bmatrix} = \mathrm{e}^{\theta_1 \hat{\xi}_1} \rho_1 \overline{\boldsymbol{M}}_1 \begin{bmatrix} \bar{\boldsymbol{x}}_{23} \\ 1 \end{bmatrix} \tag{9.28}$$

综合式(9.26)～式(9.28)，用 $\bar{\boldsymbol{x}}$ 代替 $\bar{\boldsymbol{x}}_{123}$，得到

$$\begin{bmatrix} \overline{\boldsymbol{x}} \\ 1 \end{bmatrix} = \mathrm{e}^{\theta_1\hat{\xi}_1}\rho_1\overline{\boldsymbol{M}}_1\mathrm{e}^{\theta_2\hat{\xi}_2}\rho_2\overline{\boldsymbol{M}}_2\mathrm{e}^{\theta_3\hat{\xi}_3}\begin{bmatrix} \boldsymbol{c}_3 \\ 1 \end{bmatrix} \tag{9.29}$$

根据命题 9.1，对 $\mathrm{e}^{\theta_2\hat{\xi}_2}$ 和 $\mathrm{e}^{\theta_3\hat{\xi}_3}$ 分别进行关于 $\overline{\boldsymbol{M}}_1$ 和 $\overline{\boldsymbol{M}}_1\overline{\boldsymbol{M}}_2$ 的相似变换，可以得到

$$\overline{\boldsymbol{M}}_1\mathrm{e}^{\theta_2\hat{\xi}_2} = \mathrm{e}^{\theta_2\hat{\xi}_2'}\overline{\boldsymbol{M}}_1 \tag{9.30}$$

$$\overline{\boldsymbol{M}}_1\overline{\boldsymbol{M}}_2\mathrm{e}^{\theta_3\hat{\xi}_3} = \mathrm{e}^{\theta_3\hat{\xi}_3'}\overline{\boldsymbol{M}}_1\overline{\boldsymbol{M}}_2 \tag{9.31}$$

其中，$\xi_2' = \boldsymbol{T}_{\boldsymbol{M}_1}\xi_2$，$\xi_3' = \boldsymbol{T}_{\boldsymbol{M}_1\boldsymbol{M}_2}\xi_3$。

将式(9.30)和式(9.31)代入式(9.29)得到

$$\begin{bmatrix} \overline{\boldsymbol{x}} \\ 1 \end{bmatrix} = \mathrm{e}^{\theta_1\hat{\xi}_1}\mathrm{e}^{\theta_2\hat{\xi}_2'}\mathrm{e}^{\theta_3\hat{\xi}_3'}\rho_1\overline{\boldsymbol{M}}_1\rho_2\overline{\boldsymbol{M}}_2\begin{bmatrix} \boldsymbol{c}_3 \\ 1 \end{bmatrix} \tag{9.32}$$

令 $\begin{bmatrix} \overline{\boldsymbol{x}}_0 \\ 1 \end{bmatrix} = \rho_1\overline{\boldsymbol{M}}_1\rho_2\overline{\boldsymbol{M}}_2\begin{bmatrix} \boldsymbol{c}_3 \\ 1 \end{bmatrix}$，$\overline{\boldsymbol{x}}_0$ 代表腿部质心的初始位置。将 $\overline{\boldsymbol{x}}_0$ 代入式(9.32)，可得

$$\begin{bmatrix} \overline{\boldsymbol{x}} \\ 1 \end{bmatrix} = \mathrm{e}^{\theta_1\hat{\xi}_1}\mathrm{e}^{\theta_2\hat{\xi}_2'}\mathrm{e}^{\theta_3\hat{\xi}_3'}\begin{bmatrix} \overline{\boldsymbol{x}}_0 \\ 1 \end{bmatrix} \tag{9.33}$$

注意到式(9.33)具有和串联机器人的指数积公式类似的形式，故将式(9.33)称为关于质心运动的指数积公式。如果将腿部的质心看成另外一个等效串联机构的末端点，该等效串联机构的关节运动旋量由 ξ_1、ξ_2' 和 ξ_3' 确定，那么腿部的质心运动学模型就是等效串联机构的运动学模型。在串联机构中使用的运动学分析方法也可以在质心运动学模型中使用，如应用一般 3R 串联机构的逆运动学问题求解方法以及几何法计算雅可比矩阵[43]。

根据串联机构的空间雅可比矩阵形式，可以得到质心等效串联机构的空间雅可比矩阵为

$$\overline{\boldsymbol{J}}^{\mathrm{s}} = \begin{bmatrix} \xi_1 & \mathrm{Ad}_{\mathrm{e}^{\theta_1\hat{\xi}_1}}\xi_2' & \mathrm{Ad}_{\mathrm{e}^{\theta_1\hat{\xi}_1}\mathrm{e}^{\theta_2\hat{\xi}_2'}}\xi_3' \end{bmatrix} \tag{9.34}$$

使用质心等效串联机构的空间雅可比矩阵，可以进一步得到质心速度和关节角速度的关系为

$$\dot{\boldsymbol{x}} = \begin{bmatrix} \boldsymbol{I}_{3\times 3} \\ \widehat{\boldsymbol{x}} \end{bmatrix}^{\mathrm{T}} \bar{\boldsymbol{J}}^{\mathrm{s}} \dot{\boldsymbol{\theta}} \tag{9.35}$$

实际上，任何一个串联机构的质心运动都可以等价于另外一个串联机构的末端点运动。将式(9.33)推广，对于任意一个 n 关节的串联机构，其质心的齐次坐标为

$$\begin{bmatrix} \bar{\boldsymbol{x}} \\ 1 \end{bmatrix} = \mathrm{e}^{\theta_1 \hat{\xi}_1} \mathrm{e}^{\theta_2 \hat{\xi}_2'} \cdots \mathrm{e}^{\theta_n \hat{\xi}_n'} \begin{bmatrix} \bar{\boldsymbol{x}}_0 \\ 1 \end{bmatrix} \tag{9.36}$$

其中，$\xi_i' = \boldsymbol{T}_{\boldsymbol{M}_1 \cdots \boldsymbol{M}_{i-1}} \xi_i (i \geqslant 2)$。

9.4　多分支系统质心运动学

一般的机器人系统多为一个多分支系统，当机器人单分支系统的质心运动学分析完成后，其多分支系统的质心运动学分析也需要进行考虑。这里以一个单分支腿为 3R 机构的四足机器人为例(图 9.2)，其整体的质心等于本体质心和四条腿的质心的质量加权平均值。

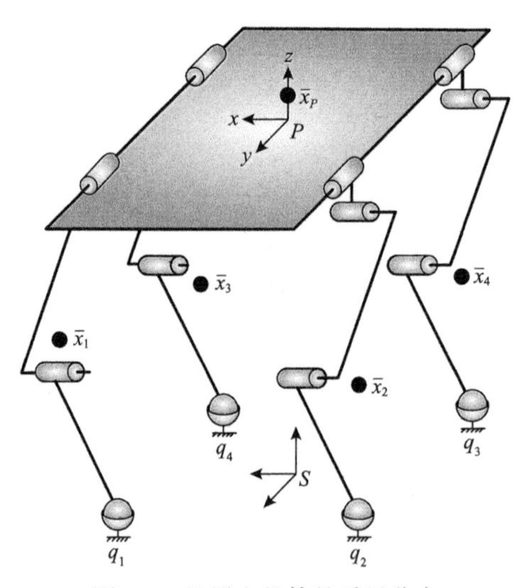

图 9.2　机器人整体的质量分布

假设在空间坐标系 $\{S\}$ 中，本体的质心位置为 $\bar{x}_P \in \mathbb{R}^3$，本体质量为 $m_P \in \mathbb{R}^+$，各条腿的质心位置为 $\bar{\boldsymbol{x}}_i \in \mathbb{R}^3$ $(i = 1,2,3,4)$，质量为 $m \in \mathbb{R}^+$，如图 9.2 所示，那么机器人整体的质心 $\bar{\boldsymbol{x}}$ 为

$$\bar{\boldsymbol{x}} = \frac{1}{m_P + 4m}\left(m_P \bar{\boldsymbol{x}}_P + \sum_{i=1}^{4} m \bar{\boldsymbol{x}}_i\right) \tag{9.37}$$

如果给定机器人本体位姿 $\boldsymbol{g}_P \in SE(3)$ 和各腿足端位置 $\boldsymbol{q}_i \in \mathbb{R}^3$ $(i=1,2,3,4)$，那么腿部的关节角度 $\theta_i \in \mathbb{R}^3$ $(i=1,2,3,4)$ 可以通过求解单腿逆运动学问题确定。利用单腿质心运动学公式(9.33)，可以得到各腿的质心位置 $\bar{\boldsymbol{x}}_i$，再代入式(9.37)计算得出机器人整体的质心位置 $\bar{\boldsymbol{x}}$。因此，四足机器人整体的质心运动学正问题是比较简单的，而整体的质心运动学逆问题则较为复杂。

四足机器人整体的质心运动学逆问题具体描述为：给定机器人整体的质心位置 $\bar{\boldsymbol{x}}$ 和各腿足端位置 $\boldsymbol{q}_i$，求解机器人本体位姿 $\boldsymbol{g}_P$ 和各腿关节角度 θ_i。求解质心运动学逆问题需要解决两个问题：①本体运动空间 SE(3) 是一个六维空间，而质心运动空间 $\mathbb{R}^3$ 是一个三维空间，因此本体的位姿 $\boldsymbol{g}_P$ 不能完全由质心位置 $\bar{\boldsymbol{x}}$ 确定，同一个质心位置 $\bar{\boldsymbol{x}}$ 有可能对应不同的本体位姿 $\boldsymbol{g}_P$；②由于每条腿的构形和质心位置都会影响机器人整体的质心位置，各运动参数之间相互耦合，式(9.37)是一个关于本体位姿 $\boldsymbol{g}_P$ 和关节角度 θ_i 的非线性化的方程，难以得到解析解。

对于第一点，学者提出了各种方法，如 Kalakrishnan 等提出的可达空间最优化法[44]以及 Shkolnik 等提出的零空间运动规划法[45]等。在实际应用中，可达空间最优化法计算效率低下且容易产生优化结果不收敛的情况，而零空间运动规划法在复杂运动的情况下也会产生逐渐发散的运动轨迹，因此这些方法并不具有普适性。这里直接对机器人本体的 3 个转动自由度进行约束，提出一种基于足端位置的本体姿态约束方法，以解决机器人自由度冗余的问题。

首先，构造两个方向向量如下：

$$\boldsymbol{n}_1 = \boldsymbol{q}_1 + \boldsymbol{q}_2 - \boldsymbol{q}_3 - \boldsymbol{q}_4 \tag{9.38}$$

$$\boldsymbol{n}_2 = \boldsymbol{q}_1 - \boldsymbol{q}_2 - \boldsymbol{q}_3 + \boldsymbol{q}_4 \tag{9.39}$$

如图 9.3 所示，$\boldsymbol{n}_1$ 表示向量 $\boldsymbol{q}_1 - \boldsymbol{q}_4$ 与向量 $\boldsymbol{q}_2 - \boldsymbol{q}_3$ 的和向量；$\boldsymbol{n}_2$ 表示向量 $\boldsymbol{q}_1 - \boldsymbol{q}_2$ 与向量 $\boldsymbol{q}_4 - \boldsymbol{q}_3$ 的和向量。

规定本体坐标系 $\{P\}$ 的 y 轴(即机器人本体的前进方向)始终与向量 $\boldsymbol{n}_1$ 平行，本体坐标系 $\{P\}$ 的 z 轴(即本体平面的垂直方向)始终与向量 $\boldsymbol{n}_2$ 垂直。令坐标系 $\{P\}$ 的转动矩阵 $\boldsymbol{R} \in SO(3)$ 为

$$\boldsymbol{R} = \begin{bmatrix} \dfrac{\boldsymbol{n}_1 \times (\boldsymbol{n}_2 \times \boldsymbol{n}_1)}{\| \boldsymbol{n}_1 \times (\boldsymbol{n}_2 \times \boldsymbol{n}_1) \|} & \dfrac{\boldsymbol{n}_1}{\| \boldsymbol{n}_1 \|} & \dfrac{\boldsymbol{n}_2 \times \boldsymbol{n}_1}{\| \boldsymbol{n}_2 \times \boldsymbol{n}_1 \|} \end{bmatrix} \tag{9.40}$$

$\boldsymbol{R}$ 应满足如下约束方程组：

$$\begin{cases} \boldsymbol{n}_1^{\mathrm{T}} \boldsymbol{R} \boldsymbol{e}_1 = \boldsymbol{0} \\ \boldsymbol{n}_1^{\mathrm{T}} \boldsymbol{R} \boldsymbol{e}_3 = \boldsymbol{0} \\ \boldsymbol{n}_2^{\mathrm{T}} \boldsymbol{R} \boldsymbol{e}_3 = \boldsymbol{0} \end{cases} \tag{9.41}$$

其中，$\boldsymbol{e}_1 = [1 \quad 0 \quad 0]^{\mathrm{T}}$，$\boldsymbol{e}_3 = [0 \quad 0 \quad 1]^{\mathrm{T}}$。

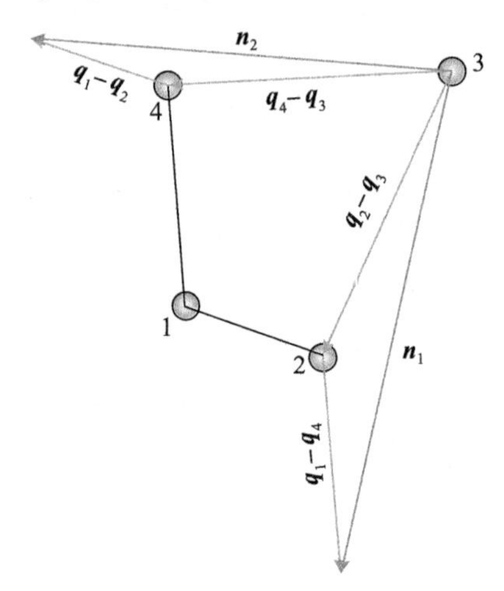

图 9.3　方向向量 $\boldsymbol{n}_1$ 和 $\boldsymbol{n}_2$

以式(9.40)确定的本体姿态有两点好处：①机器人的本体姿态会随着足端位置的变化而变化，保证机器人的步行方向和本体的朝向基本相符；②机器人本体与足端具有相同的运动趋势，有利于增大摆动腿的工作空间。

对于第二点，考虑到质心运动在运动空间中是光滑连续的，尽管难以得到封闭形式的解析解，但是可以应用非线性方程的数值解法得到近似的数值解。下面给出一种求解质心逆运动学问题的数值算法。

对式(9.37)求时间导数可得

$$\dot{\boldsymbol{x}} = \frac{1}{m_P + 4m}\left(m_P \dot{\boldsymbol{x}}_P + \sum_{i=1}^{4} m_i \dot{\boldsymbol{x}}_i \right) \tag{9.42}$$

因为机器人本体为一个刚体，所以本体质心速度 $\dot{\boldsymbol{x}}_P$ 完全由本体的广义空间速度 $\boldsymbol{S}_P = \begin{pmatrix} \boldsymbol{v}_P^S \\ \boldsymbol{\omega}_P^S \end{pmatrix} \in \mathrm{se}(3)$ 和当前本体质心位置 $\overline{\boldsymbol{x}}_P$ 确定，即

$$\dot{\boldsymbol{x}}_P = \begin{bmatrix} \boldsymbol{I}_{3\times3} \\ \hat{\overline{\boldsymbol{x}}}_P \end{bmatrix}^{\mathrm{T}} \boldsymbol{S}_P \tag{9.43}$$

腿部质心速度 $\dot{\boldsymbol{x}}_i$ 可用单腿质心雅可比矩阵 $\overline{\boldsymbol{J}}_i^S$ 和本体广义空间速度 $\boldsymbol{V}_P^S$ 表示为

$$\dot{\boldsymbol{x}}_i = \begin{bmatrix} \boldsymbol{I}_{3\times3} \\ \hat{\boldsymbol{x}}_i \end{bmatrix}^{\mathrm{T}} (\boldsymbol{V}_P^S + \mathrm{Ad}_{\boldsymbol{g}_P} \bar{\boldsymbol{J}}_i^S \dot{\boldsymbol{\theta}}_i) \tag{9.44}$$

其中，$\mathrm{Ad}_{\boldsymbol{g}_P}$ 为单腿质心在本体坐标系下的速度到空间坐标系下的伴随变换。

由前面的整体运动学模型分析可知，足端速度 $\dot{\boldsymbol{q}}_i$ 和关节速度 $\dot{\boldsymbol{\theta}}_i$ 的关系为

$$\dot{\boldsymbol{\theta}}_i = \left(\begin{bmatrix} \boldsymbol{I}_{3\times3} \\ \hat{\boldsymbol{q}}_i \end{bmatrix}^{\mathrm{T}} \mathrm{Ad}_{\boldsymbol{g}_P} \boldsymbol{J}_i^S \right)^{-1} \left(\dot{\boldsymbol{q}}_i - \begin{bmatrix} \boldsymbol{I}_{3\times3} \\ \hat{\boldsymbol{q}}_i \end{bmatrix}^{\mathrm{T}} \boldsymbol{V}_P^S \right) \tag{9.45}$$

将式(9.43)～式(9.45)代入式(9.42)，整理得到

$$\dot{\boldsymbol{x}} = \boldsymbol{A}\boldsymbol{V}_P^S + \boldsymbol{B}\dot{\boldsymbol{q}} \tag{9.46}$$

其中，

$$\boldsymbol{A} = \frac{1}{M+4m} \left[M \begin{bmatrix} \boldsymbol{I}_{3\times3} \\ \hat{\boldsymbol{x}}_P \end{bmatrix}^{\mathrm{T}} + m \sum_{i=1}^{4} \left(\begin{bmatrix} \boldsymbol{I}_{3\times3} \\ \hat{\boldsymbol{x}}_i \end{bmatrix}^{\mathrm{T}} - \bar{\boldsymbol{J}}_i \boldsymbol{J}_i^{-1} \begin{bmatrix} \boldsymbol{I}_{3\times3} \\ \hat{\boldsymbol{q}}_i \end{bmatrix}^{\mathrm{T}} \right) \right]$$

$$\boldsymbol{B} = \frac{m}{M+4m} \sum_{i=1}^{4} \bar{\boldsymbol{J}}_i \boldsymbol{J}_i^{-1}, \quad \bar{\boldsymbol{J}}_i = \begin{bmatrix} \boldsymbol{I}_{3\times3} \\ \hat{\boldsymbol{x}}_i \end{bmatrix}^{\mathrm{T}} \mathrm{Ad}_{\boldsymbol{g}_P} \bar{\boldsymbol{J}}_i^S$$

$$\boldsymbol{J}_i = \begin{bmatrix} \boldsymbol{I}_{3\times3} \\ \hat{\boldsymbol{q}}_i \end{bmatrix}^{\mathrm{T}} \mathrm{Ad}_{\boldsymbol{g}_P} \boldsymbol{J}_i^S, \quad \boldsymbol{q} = \begin{bmatrix} \boldsymbol{q}_1^{\mathrm{T}} & \boldsymbol{q}_2^{\mathrm{T}} & \boldsymbol{q}_3^{\mathrm{T}} & \boldsymbol{q}_4^{\mathrm{T}} \end{bmatrix}^{\mathrm{T}}$$

设 $\boldsymbol{V}_P^S$ 的线速度分量为 $\boldsymbol{v}_P^S \in \mathbb{R}^3$，角速度分量为 $\boldsymbol{\omega}_P^S \in \mathbb{R}^3$，代入式(9.46)可得

$$\dot{\boldsymbol{x}} = \boldsymbol{A}_1 \boldsymbol{v}_P^S + \boldsymbol{A}_2 \boldsymbol{\omega}_P^S + \boldsymbol{B}\dot{\boldsymbol{q}} \tag{9.47}$$

其中，$\boldsymbol{A}_1$ 为矩阵 $\boldsymbol{A}$ 前 3 列组成的矩阵；$\boldsymbol{A}_2$ 为矩阵 $\boldsymbol{A}$ 后 3 列组成的矩阵；$\boldsymbol{A}_1$ 和 $\boldsymbol{A}_2$ 满足 $\boldsymbol{A} = [\boldsymbol{A}_1 \quad \boldsymbol{A}_2]$。

坐标系 $\{P\}$ 的原点 P 在坐标系 $\{S\}$ 中的位置用 $\boldsymbol{x}_P \in \mathbb{R}^3$ 表示。根据广义空间速度的定义，机器人本体的线速度 $\dot{\boldsymbol{x}}_P$ 也可以用 $\boldsymbol{v}_P^S$ 和 $\boldsymbol{\omega}_P^S$ 来表示：

$$\dot{\boldsymbol{x}}_P = \boldsymbol{v}_P^S + \hat{\boldsymbol{x}}_P^{\mathrm{T}} \boldsymbol{\omega}_P^S \tag{9.48}$$

由式(9.48)解出 $\boldsymbol{v}_P^S$ 代入式(9.47)，整理得

$$\dot{\boldsymbol{x}} = \boldsymbol{A}_1 \dot{\boldsymbol{x}}_P + (\boldsymbol{A}_2 - \hat{\boldsymbol{x}}_P^{\mathrm{T}}) \boldsymbol{\omega}_P^S + \boldsymbol{B}\dot{\boldsymbol{q}} \tag{9.49}$$

对姿态约束方程(9.41)求导，可得 $\boldsymbol{V}_P^S$ 的角速度分量 $\boldsymbol{\omega}_P^S$ 为

$$\boldsymbol{\omega}_P^S = \boldsymbol{C}\dot{\boldsymbol{q}} \tag{9.50}$$

其中，

$$C=\begin{bmatrix} \boldsymbol{n}_1^{\mathrm{T}}(\boldsymbol{Re}_1)^{\wedge} \\ \boldsymbol{n}_1^{\mathrm{T}}(\boldsymbol{Re}_3)^{\wedge} \\ \boldsymbol{n}_2^{\mathrm{T}}(\boldsymbol{Re}_3)^{\wedge} \end{bmatrix}^{-1}\begin{bmatrix} (\boldsymbol{Re}_1)^{\mathrm{T}}\boldsymbol{D}_1 \\ (\boldsymbol{Re}_3)^{\mathrm{T}}\boldsymbol{D}_1 \\ (\boldsymbol{Re}_3)^{\mathrm{T}}\boldsymbol{D}_2 \end{bmatrix}$$

$$\boldsymbol{D}_1=[\boldsymbol{I}_{3\times3} \quad \boldsymbol{I}_{3\times3} \quad -\boldsymbol{I}_{3\times3} \quad -\boldsymbol{I}_{3\times3}]^{\mathrm{T}}$$

$$\boldsymbol{D}_2=[\boldsymbol{I}_{3\times3} \quad -\boldsymbol{I}_{3\times3} \quad -\boldsymbol{I}_{3\times3} \quad \boldsymbol{I}_{3\times3}]^{\mathrm{T}}$$

再将式(9.50)代入式(9.49)，整理得

$$\dot{\bar{\boldsymbol{x}}}=\boldsymbol{A}_1\dot{\boldsymbol{x}}_P+\left[\boldsymbol{B}+(\boldsymbol{A}_2-\hat{\boldsymbol{x}}_P^{\mathrm{T}})\boldsymbol{C}\right]\dot{\boldsymbol{q}} \tag{9.51}$$

由式(9.51)解出本体速度 $\dot{\boldsymbol{x}}_P$ 为

$$\dot{\boldsymbol{x}}_P=\boldsymbol{A}_1^{-1}\left\{\dot{\bar{\boldsymbol{x}}}-\left[\boldsymbol{B}+(\boldsymbol{A}_2-\hat{\boldsymbol{x}}_P^{\mathrm{T}})\boldsymbol{C}\right]\dot{\boldsymbol{q}}\right\} \tag{9.52}$$

对 $\dot{\boldsymbol{x}}_P$ 进行数值积分可以得到本体位置 $\boldsymbol{x}_P$，结合式(9.40)给出的本体姿态 $\boldsymbol{R}$，通过求解四足机器人的逆运动学得到腿部各个关节的角度。

9.5　四足被动轮滑机器人质心运动控制

以如图 9.4 所示四足被动轮滑机器人摆腿运动为例，介绍质心逆运动学算法在机器人质心运动控制中的应用，仿真环境为 Adams 和 MATLAB 联合仿真，机器人的物理参数如表 9.1 所示。

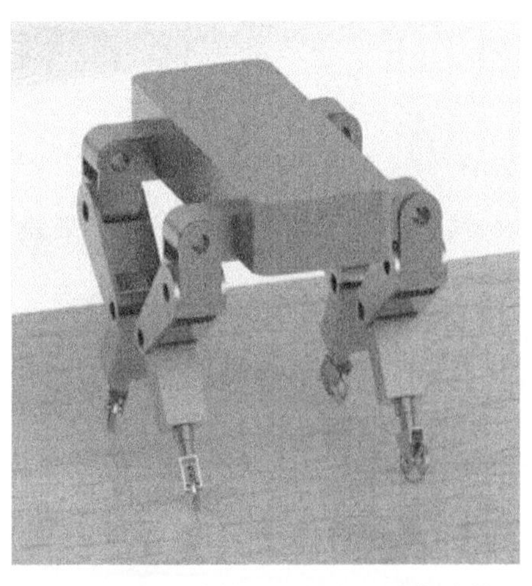

图 9.4　四足被动轮滑机器人三维仿真模型

表 9.1　仿真机器人结构参数

参数	取值
本体质量/kg	26.95
本体尺寸/(m×m×m)	0.63×0.675×0.15
本体惯性矩阵/(kg·m^2)	diag(3.5,0.74,4.0)
髋关节质量/kg	3.53
髋关节长度/m	0.15
髋关节质心位置 p_1/m	(0, 0, −0.053)
髋关节惯性矩阵/(kg·m^2)	diag(0.018,0.025,0.014)
大腿质量/kg	3.85
大腿长度/m	0.3
髋关节质心位置 p_2/m	(0, 0, −0.33)
大腿惯性矩阵/(kg·m^2)	diag(0.055,0.063,0.020)
小腿质量/kg	2.99
小腿长度/m	0.415
髋关节质心位置 p_3/m	(0, 0, −0.58)
小腿惯性矩阵/(kg·m^2)	diag(0.06,0.061,0.007)
被动轮半径/m	0.06

假设机器人保持质心位置在腿部支撑长方形中心，右前腿在 2s 内向前迈出 0.2m，足端轨迹采用摆线方程，最大抬腿高度 0.05m。图 9.5 为在不同采样周期下，机器人质心的水平位移距离 $\|\Delta\bar{x}\|$。

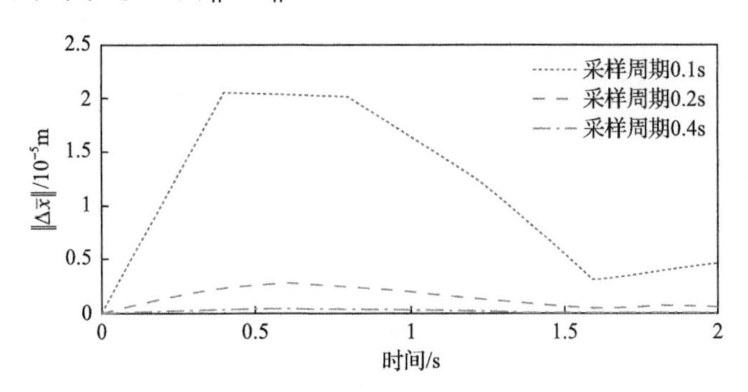

图 9.5　保持质心位置的质心水平位移距离

作为对比，令机器人的本体位置保持在腿部支撑长方形中心，完成同样的摆腿动作，并用常规的运动学方法求解关节轨迹，图 9.6 为在这种情况下质心的水平位移距离。可以看出，即使是采样周期为 0.4s 的粗糙计算结果，采用质心运动学得到的运动，其质心偏移也要比采用常规运动学得到的质心偏移小很多。

当然，还可以采用牛顿迭代法来进一步提高整体质心逆运动学的计算精度。

在给定本体方向和足端位置的条件下，质心位置 $\bar{\boldsymbol{x}}$ 仅仅是本体位置 $\boldsymbol{x}_P$ 的函数，记为 $\bar{\boldsymbol{x}} = \bar{\boldsymbol{x}}(\boldsymbol{x}_P)$ 。$\bar{\boldsymbol{x}}$ 对 $\boldsymbol{x}_P$ 的偏导数等于 $\boldsymbol{A}_1$ ，即 $\partial\bar{\boldsymbol{x}}/\partial\boldsymbol{x}_P = \boldsymbol{A}_1$ 。对于一个已知的质心位置 $\bar{\boldsymbol{x}}_\mathrm{d} \in \mathbb{R}^3$，要求对应的本体位置 $\boldsymbol{x}_P$ ，牛顿迭代公式为

$$\boldsymbol{x}_P^{(k+1)} = \boldsymbol{x}_P^{(k)} - (\boldsymbol{A}_1^{(k)})^{-1}\left(\bar{\boldsymbol{x}}(x_P^{(k)}) - \bar{\boldsymbol{x}}_\mathrm{d}\right) \tag{9.53}$$

其中， $k \in \mathbb{N}$ 为迭代次数； $\boldsymbol{A}_1^{(k)}$ 和 $\boldsymbol{x}_P^{(k)}$ 分别为第 k 次迭代时 $\boldsymbol{A}_1$ 和 $\boldsymbol{x}_P$ 的值。

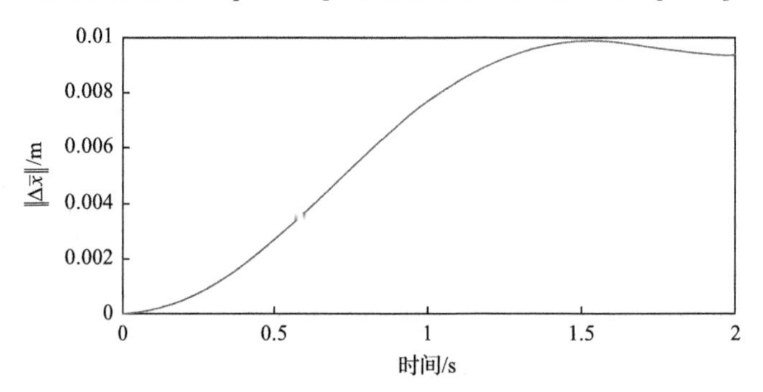

图 9.6 保持本体位置的质心水平位移距离

定义迭代误差为 $\mathrm{err} = \| \bar{\boldsymbol{x}}(\boldsymbol{x}_P^{(k)}) - \bar{\boldsymbol{x}}_\mathrm{d} \|$ ，当迭代误差 err 小于某个正实数 $\sigma \in \mathbb{R}^+$ 时停止迭代，最后一次迭代得到的本体位置 $\boldsymbol{x}_P^{(k)}$ 即方程 $\bar{\boldsymbol{x}}_\mathrm{d} = \bar{\boldsymbol{x}}(\boldsymbol{x}_P)$ 的数值解。因为 σ 的值是人为设定的，可以取到任意小的正实数，所以理论上最终得到的数值解可以达到任何精度，相应的计算量也会增加。图 9.7 为所述的迭代流程图。

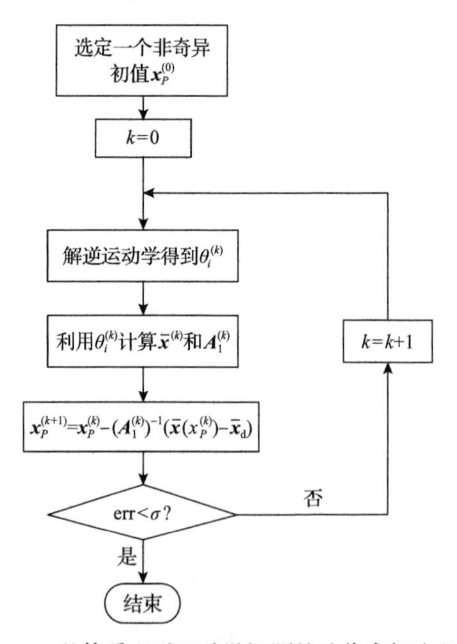

图 9.7 整体质心逆运动学问题的迭代求解流程图

初值的选取是影响牛顿迭代法收敛性的一个重要因素。应尽量选取远离机构奇异点的位置作为初值 $\boldsymbol{x}_P^{(0)}$，因为在奇异点附近 $\boldsymbol{A}_1$ 的行列式趋向于零而 $\boldsymbol{A}_1^{-1}$ 趋向于无穷大，按照式(9.53)迭代会导致结果失真。

9.6　六足机器人腿臂融合操作运动学控制

本章采用肢体机构的概念，在不依赖特殊设计的操作机构条件下，针对一般的三关节六足机器人提出一种腿臂融合的操作规划方法。该方法以操作稳定性为目标，综合考虑平稳抓取的运动学约束，以及操作过程中不发生倾倒的质心运动学约束，对机器人全身操作进行优化，提出一种闭环运动学控制方法，该方法可广泛应用于现有的腿式机器人，使其实现简单的搬运、推动、抛掷等操作功能，提高腿式机器人改造环境的能力，更好地适应不同的任务要求。针对如何提高六足机器人的操作性能展开深入研究，着重探讨腿臂融合操作规划方法、运动学模型建立、控制方法以及瞬时质心计算等问题，所提出的理论方法不限于本书中的六足机器人构型，可广泛应用在一般构型的足式机器人上，提出的操作控制器在满足操作约束条件的同时可提高操作的稳定性。

9.6.1　六足机器人腿臂融合操作运动学分析

六足机器人站立过程最少只需要三条腿与地面接触来维持静态稳定，因此其余的三条腿可以通过不同的方式用于操作。一种常用的方法是通过在机器人足端添加末端执行器将摆动腿转换为操作臂进行操作，此类方法对实现大范围的作业是有效的，但是夹持器的构型限制了所能抓取物体的类型和大小。另一种方法是通过多腿之间的相互协调共同完成操作，这种方法不依赖于末端特殊的夹具设计，可操作的物体类型和范围广泛，但是多个腿之间的协调使系统的复杂性增加，同时系统的运动学分析必须考虑接触约束，使可行的操作规划工作变得困难。本节考虑六足机器人的多腿协同操作问题，通过对机器人、接触模型、物体的描述，进行机器人与物体之间的速度和力的关系的分析，建立腿臂融合操作的运动学约束[46]。

根据选择用于操作的腿的个数和分布情况，几种可能的腿臂融合操作情况简图如图 9.8 所示，图 9.8(a)和(b)描述了采用间隔的三条腿分别在本体的上方和下方进行协同操作的情况。此类操作方法具有较高的稳定性和精确度，但是只能操作体积较小的物体。图 9.8(c)和(d)分别描述了机器人采用相邻和相对的两条腿进行操作的情况。这两种方法相较三条腿的协同操作具有更大的操作空间，但是稳定裕度和可操作度较低。值得注意的是，图 9.8(d)描述的操作方法中，机器人可以携带被操作物体行走，行走的过程中通过控制被操作物体的运动来补偿系统的行走动力学，实现快速稳定的搬运操作。由于对图 9.8(c)描述的操作方法具有更大的操作范围和可操作物体类型，本节对该构型的腿臂融合操作进行运动学分析。

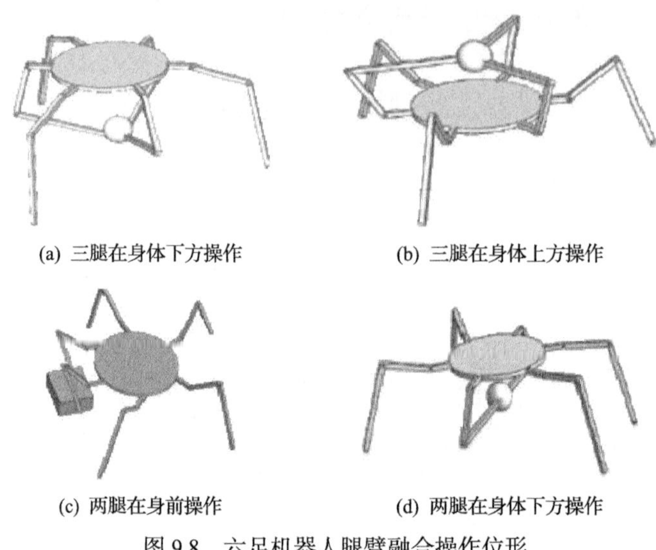

(a) 三腿在身体下方操作　(b) 三腿在身体上方操作

(c) 两腿在身前操作　(d) 两腿在身体下方操作

图 9.8　六足机器人腿臂融合操作位形

当被操作物体和要求的操作范围都较小时，机器人仅通过相邻双臂的协调运动即可完成操作任务，此时不需要机器人调整本体的位姿进行协同操作，如人拿杯子喝水时仅通过上臂的运动即可完成而不需要身体的配合，这种情况下可以认为机器人本体固定，进而该操作问题等同于固定基双臂机器人协同操作的问题。假设机器人足端和被操作物体之间的接触类型为有摩擦点接触，操作过程中保持接触点位置不变。为保证操作的稳定性，机器人足端必须在接触处施加适当的力旋量来平衡作用在被操作物体上的外力旋量，即维持力封闭。由于有摩擦点接触模型可施加于接触处的力为摩擦锥内的任意方向，因此判断该操作力的封闭性是困难的。为简化操作的规划和稳定性条件，采用空间对心抓取的方法，即两接触点连线位于两摩擦锥内。由空间对心抓取是两软指接触抓取力封闭的充分必要条件，假设操作过程中机器人足端与物体的接触点位置不变，在保证对心抓取的情况下，接触点可以等效为一个球铰。建立六足机器人相邻两臂对心抓取模型如 9.9 所示，假设被操作物体宽 w，Σ_R 为本体中心坐标系，Σ_O 为物体坐标系。通过旋量理论来分析双臂操作运动学，选定初始位置为 xy 平面内关于 x 轴对称，各关节运动旋量如图 9.9 所示，物体坐标系到本体坐标系之间的变换可以表示为

$$\begin{cases} \boldsymbol{g}_{RO}(\theta) = \mathrm{e}^{\hat{\xi}_{11}\theta_{11}}\mathrm{e}^{\hat{\xi}_{12}\theta_{12}}\mathrm{e}^{\hat{\xi}_{13}\theta_{13}}\mathrm{e}^{\hat{\xi}_{14}\theta_{14}}\mathrm{e}^{\hat{\xi}_{15}\theta_{15}}\boldsymbol{g}_{RO}(0) \\ \boldsymbol{g}_{RO}(\theta) = \mathrm{e}^{\hat{\xi}_{21}\theta_{21}}\mathrm{e}^{\hat{\xi}_{22}\theta_{22}}\mathrm{e}^{\hat{\xi}_{23}\theta_{23}}\mathrm{e}^{\hat{\xi}_{24}\theta_{24}}\mathrm{e}^{\hat{\xi}_{25}\theta_{25}}\boldsymbol{g}_{RO}(0) \end{cases} \tag{9.54}$$

其中，$\boldsymbol{g}_{RO}(0)$ 为初始变换。由于上述运动学约束，操作过程中双臂不会发生碰撞，操作臂的其他部分与被操作物体(凸物体)不发生碰撞的条件可以表示为

$$\begin{cases}\varphi_1 > 90^\circ \\ \varphi_2 > 90^\circ\end{cases} \tag{9.55}$$

其中，φ_i 为腿 i 与物体之间的空间夹角。

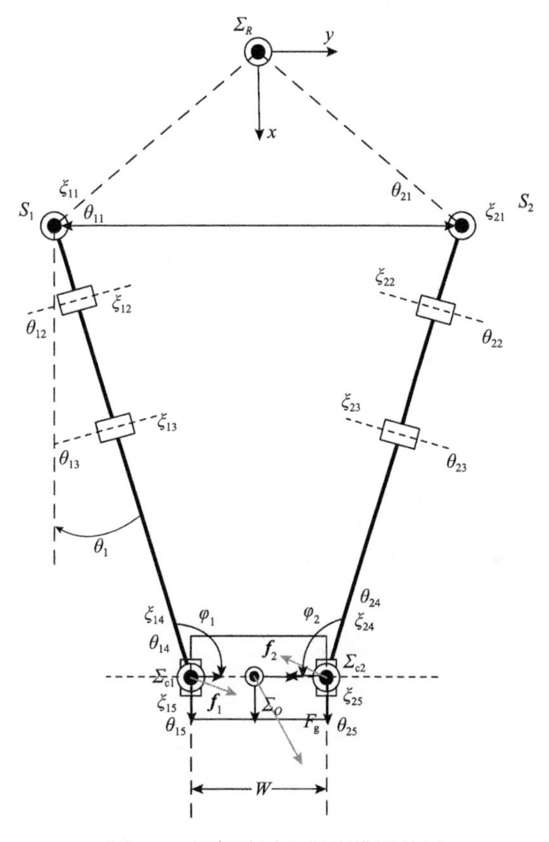

图 9.9　相邻臂对心抓取模型简图

实际操作中每个关节所能提供的力矩是有限的，因此关节力矩约束可以描述为

$$\boldsymbol{\tau} = \boldsymbol{J}_{\mathrm{h}}^{\mathrm{T}} \boldsymbol{f}_{\mathrm{c}} \leqslant \boldsymbol{\tau}_{\max} \tag{9.56}$$

其中，$\boldsymbol{J}_{\mathrm{h}}$ 为操作臂的雅可比矩阵；$\boldsymbol{f}_{\mathrm{c}}$ 为接触力旋量，为平衡被操作物体所受的外力影响。由力封闭条件可知

$$
\boldsymbol{G}\boldsymbol{f}_{\mathrm{c}}=\begin{bmatrix}0&1&0&0&1&0&0&0\\0&0&1&0&0&0&-1&0\\1&0&0&0&0&1&0&0\\-a&0&0&0&0&a&0&0\\0&0&0&1&0&0&0&-1\\0&a&0&0&-a&0&0&0\end{bmatrix}\begin{bmatrix}f_{1x}\\f_{1y}\\f_{1z}\\f_{1t}\\f_{2x}\\f_{2y}\\f_{2z}\\f_{2t}\end{bmatrix}=-\begin{bmatrix}F_{gx}\\F_{gy}\\F_{gz}\\0\\0\\0\end{bmatrix} \tag{9.57}
$$

$$
\boldsymbol{G}=\left[\mathrm{Ad}_{\boldsymbol{g}_{oc1}^{-1}}^{\mathrm{T}}\boldsymbol{B}_{\mathrm{c}1},\mathrm{Ad}_{\boldsymbol{g}_{oc2}^{-1}}^{\mathrm{T}}\boldsymbol{B}_{\mathrm{c}2}\right] \tag{9.58}
$$

$\boldsymbol{G}$ 为抓取映射，描述接触力与物体所受合力之间的关系；$\boldsymbol{F}_{\mathrm{g}}$ 为系统所受合力，$\boldsymbol{F}_{\mathrm{g}}=\left[\boldsymbol{F}_{gx}\quad \boldsymbol{F}_{gy}\quad \boldsymbol{F}_{gz}\right]$；$\boldsymbol{f}_1$ 、$\boldsymbol{f}_2$ 为足端与被操作物体的接触力，$\boldsymbol{f}_1=\left[\boldsymbol{f}_{1x}\quad \boldsymbol{f}_{1y}\quad \boldsymbol{f}_{1z}\quad \boldsymbol{f}_{1t}\right]$，$\boldsymbol{f}_2=\left[\boldsymbol{f}_{2x}\quad \boldsymbol{f}_{2y}\quad \boldsymbol{f}_{2z}\quad \boldsymbol{f}_{2t}\right]$；考虑摩擦锥约束：

$$
\begin{cases}\mu^2 f_{2z}^2 \geqslant \dfrac{F_{gx}^2}{4}+\dfrac{F_{gz}^2}{4}, & F_{gy}\geqslant 0\\[2ex] \mu^2 f_{1z}^2 \geqslant \dfrac{F_{gx}^2}{4}+\dfrac{F_{gz}^2}{4}, & F_{gy}<0\end{cases} \tag{9.59}
$$

以上提供了双臂稳定操作的运动学约束，为维持稳定的操作，机器人足端需在接触面上提供足够的正压力。采用蒙特卡罗法对上述约束进行数值求解，获得双臂稳定抓取操作空间如图 9.10 所示。

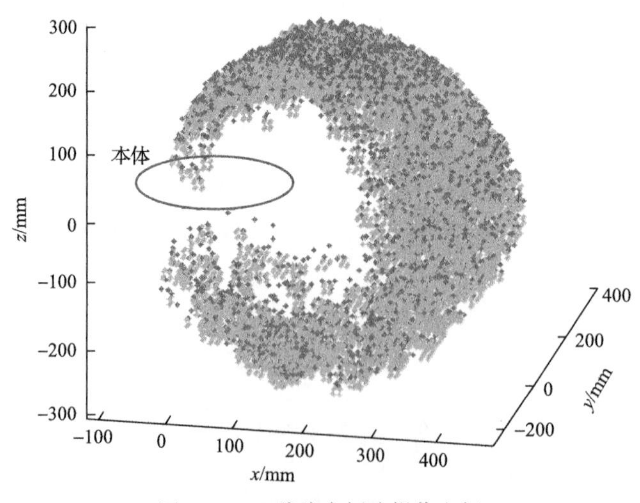

图 9.10　双臂稳定抓取操作空间

由图 9.10 可以看出，双臂稳定操作的空间较为狭长，工作范围较小。当被操作物体需要有较大的运动范围时，机器人需调整本体的位姿进行协同运动。类似地，人在取较远距离的物体时会通过腰部运动获得更大的抓取范围。假设六足机器人的足端与地面接触不发生滑动，机器人调整站立腿及操作臂的关节角度协同进行操作的问题可以看成一个串并联混合运动机构运动问题。建立六足机器人全身操作的模型如图 9.11 所示，Σ_R 为固定在本体中心的本体坐标系，Σ_P 为固定在中心坐标系下方地面的全局坐标系，Σ_O 为固定在被操作物体中心的物体坐标系。假设选定腿 1、腿 2 为操作腿，其关节角度表示为 $\beta_i=[\alpha_{i1} \quad \alpha_{i2} \quad \alpha_{i3}]$，其余的腿为支撑腿，关节角度表示为$[\alpha_{j1} \quad \alpha_{j2} \quad \alpha_{j3}]$。对于操作腿，建立其髋关节坐标系 S_i 和足端坐标系 F_i，在足端与被操作物体接触处建立接触坐标系 C_i。对于支撑腿，建立其髋关节坐标系 B_i 和足端坐标系 P_j，在足端与地面接触位置的地面上建立坐标系 L_j，其中 $i=1,2$，$j=1,2,3,4$。

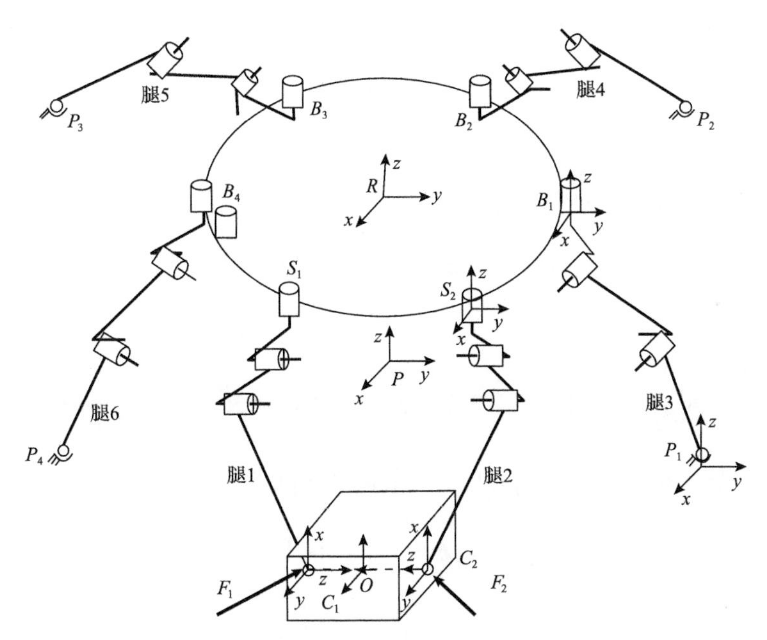

图 9.11　六足机器人腿臂融合操作模型简图

假设操作过程中足端与被操作物体的接触位置保持不变，这时操作的运动学约束可以描述为足端与被操作物体沿某些方向具有相同的速度，通常运动受到约束的方向就是力作用的方向，因此对于力旋量基为 $\boldsymbol{B}_{c_i}$ 的接触，有

$$\boldsymbol{B}_{c_i}^{\mathrm{T}}\boldsymbol{V}_{f_ic_i}^{\mathrm{b}}=0 \tag{9.60}$$

接下来的推导过程均采用物体坐标系进行计算，可暂时省略上标 b，在不同

的坐标系中分解速度$V_{f_i c_i}$得到

$$\boldsymbol{V}_{f_i c_i} = \mathrm{Ad}_{\boldsymbol{g}_{Pc_i}^{-1}} \boldsymbol{V}_{f_i P} + \boldsymbol{V}_{Pc_i} = -\mathrm{Ad}_{\boldsymbol{g}_{Pc_i}^{-1}} \mathrm{Ad}_{\boldsymbol{g}_{Pf_i}} \boldsymbol{V}_{Pf_i} + \boldsymbol{V}_{Pc_i} \tag{9.61}$$

其中，$\boldsymbol{V}_{Pf_i}$为足端相对于全局坐标系的速度，可以进一步分解为

$$\begin{aligned} \boldsymbol{V}_{Pf_i} &= \mathrm{Ad}_{\boldsymbol{g}_{Rf_i}^{-1}} \boldsymbol{V}_{PR} + \boldsymbol{V}_{Rf_i} \\ \boldsymbol{V}_{Rf_i} &= \mathrm{Ad}_{\boldsymbol{g}_{s_i f_i}^{-1}} \boldsymbol{V}_{Rs_i} + \boldsymbol{V}_{s_i f_i} = \boldsymbol{V}_{s_i f_i} = \mathrm{Ad}_{\boldsymbol{g}_{s_i f_i}^{-1}} \boldsymbol{J}_{s_i f_i}^{\mathrm{s}} \dot{\boldsymbol{\beta}}_i \end{aligned} \tag{9.62}$$

因为足端与被操作物体的接触坐标系位置不变，可以对接触坐标系速度进行分解，得

$$\boldsymbol{V}_{Pc_i} = \mathrm{Ad}_{\boldsymbol{g}_{Oc_i}^{-1}} \boldsymbol{V}_{PO} + \boldsymbol{V}_{Oc_i} = \mathrm{Ad}_{\boldsymbol{g}_{Oc_i}^{-1}} \boldsymbol{V}_{PO} \tag{9.63}$$

由对并联平台机构的分析可得

$$\begin{cases} \boldsymbol{J}_X \boldsymbol{V}_{PR} = \boldsymbol{J}_a \dot{\boldsymbol{\theta}}_a \\ \boldsymbol{J}_1 \dot{\boldsymbol{\theta}}_a = \boldsymbol{J}_2 \dot{\boldsymbol{\theta}}_P \end{cases} \tag{9.64}$$

将式(9.63)代入式(9.62)中得到

$$\boldsymbol{B}_{c_i}^{\mathrm{T}} \boldsymbol{V}_{Pc_i} = \boldsymbol{B}_{c_i}^{\mathrm{T}} \mathrm{Ad}_{\boldsymbol{g}_{Oc_i}^{-1}} \boldsymbol{V}_{PO} = \boldsymbol{G}_i^{\mathrm{T}} \boldsymbol{V}_{PO} \tag{9.65}$$

进一步得

$$\boldsymbol{B}_{c_i}^{\mathrm{T}} \mathrm{Ad}_{\boldsymbol{g}_{Pc_i}^{-1}} \mathrm{Ad}_{\boldsymbol{g}_{Pf_i}} \boldsymbol{V}_{Pf_i} = \boldsymbol{B}_{c_i}^{\mathrm{T}} \mathrm{Ad}_{\boldsymbol{g}_{Rc_i}^{-1}} \boldsymbol{J}_X^{+} \boldsymbol{J}_a \dot{\boldsymbol{\theta}}_a + \boldsymbol{B}_{c_i}^{\mathrm{T}} \mathrm{Ad}_{\boldsymbol{g}_{s_i c_i}^{-1}} \boldsymbol{J}_{s_i f_i}^{\mathrm{s}} \dot{\boldsymbol{\beta}}_i \tag{9.66}$$

最后可得到被操作物体速度$\boldsymbol{V}_{PO}$和各关节角度之间的速度关系:

$$\boldsymbol{A}[\dot{\boldsymbol{\theta}}_a, \dot{\boldsymbol{\beta}}_1, \dot{\boldsymbol{\beta}}_2]^{\mathrm{T}} = [\boldsymbol{G}_1, \boldsymbol{G}_2]^{\mathrm{T}} \boldsymbol{V}_{PO} \tag{9.67}$$

其中，

$$\boldsymbol{A} = \begin{bmatrix} \boldsymbol{B}_{c_1}^{\mathrm{T}} \mathrm{Ad}_{\boldsymbol{g}_{Rc_1}^{-1}} \boldsymbol{J}_X{}^{+} \boldsymbol{J}_a & \boldsymbol{B}_{c_1}^{\mathrm{T}} \mathrm{Ad}_{\boldsymbol{g}_{s_1 c_1}^{-1}} \boldsymbol{J}_{s_1 f_1}^{\mathrm{s}} & 0 \\ \boldsymbol{B}_{c_2}^{\mathrm{T}} \mathrm{Ad}_{\boldsymbol{g}_{Rc_2}^{-1}} \boldsymbol{J}_X{}^{+} \boldsymbol{J}_a & 0 & \boldsymbol{B}_{c_2}^{\mathrm{T}} \mathrm{Ad}_{\boldsymbol{g}_{s_2 c_2}^{-1}} \boldsymbol{J}_{s_2 f_2}^{\mathrm{s}} \end{bmatrix} \tag{9.68}$$

进一步可以表示为

$$\boldsymbol{V}_{PO} = \boldsymbol{J}_{\mathrm{opt}} [\dot{\theta}_1 \quad \dot{\theta}_2 \quad \cdots \quad \dot{\theta}_6]^{\mathrm{T}} \tag{9.69}$$

方程(9.69)描述了满足稳定抓取的六足机器人操作运动学约束，是六足机器人腿臂融合操作的基础。为保证抓取过程中机器人不发生倾覆，需要对系统的重心进行实时计算。六足机器人腿臂融合操作的结构复杂，实时重心计算较为困难，一种常用的方法是忽略腿部的质量，只考虑被操作物体和机器人本体的质量，然而这种方法在实际操作过程中可能会带来风险，下面介绍一种静态稳定等效串联机构的建模方法来实时求解机器人操作的系统质心。

9.6.2 腿臂融合操作的质心运动学控制方法

现在应用上述质心运动学方法建立六足机器人腿臂融合操作时的质心运动学模型。可以通过在本体中心添加虚拟关节 ξ_R 将操作的运动学模型等效为一个具有共同根节点的二十五自由度六分支运动链。另一种方法是将每条腿视为单独的运动链，通过上述质心运动学方法建立单腿的质心位置模型，然后通过质量加权平均的方法求出系统质心。这里采用后面一种方法对系统质心进行建模，系统质心的位置可以表示为

$$\bar{\boldsymbol{x}} = \frac{1}{m_{\mathrm{r}} + m_{\mathrm{o}} + \sum_{i=1}^{6} m_i} \left(m_{\mathrm{r}} \bar{\boldsymbol{x}}_{\mathrm{r}} + m_{\mathrm{o}} \bar{\boldsymbol{x}}_{\mathrm{o}} + \sum_{i=1}^{6} m_i \bar{\boldsymbol{x}}_i \right) \tag{9.70}$$

其中，$\bar{\boldsymbol{x}}_i$ 为腿 i 的质心位置，可以通过质心运动学方法等效表示为一个三自由度串联运动链的末端位置；m_i 为腿 i 的质量；m_{o} 和 m_{r} 分别为被操作物体和本体的质量，它们的质心位置分别表示为 $\bar{\boldsymbol{x}}_{\mathrm{o}}$ 和 $\bar{\boldsymbol{x}}_{\mathrm{r}}$。对式(9.70)微分得

$$\dot{\bar{\boldsymbol{x}}} = \frac{1}{m_{\mathrm{r}} + m_{\mathrm{o}} + \sum_{i=1}^{6} m_i} \left(m_{\mathrm{r}} \dot{\bar{\boldsymbol{x}}}_{\mathrm{r}} + m_{\mathrm{o}} \dot{\bar{\boldsymbol{x}}}_{\mathrm{o}} + \sum_{i=1}^{6} m_i \dot{\bar{\boldsymbol{x}}}_i \right) \tag{9.71}$$

对于欧氏空间中的一个向量 $\bar{\boldsymbol{x}} = [x, y, z]$，定义操作符“^”，即

$$\hat{\bar{\boldsymbol{x}}} = \begin{bmatrix} 0 & -z & y \\ z & 0 & -x \\ -y & x & 0 \end{bmatrix} \tag{9.72}$$

则式(9.72)中各运动分量可以进一步表示为

$$\dot{\bar{\boldsymbol{x}}}_{\mathrm{r}} = \begin{bmatrix} \boldsymbol{I}_{3\times 3} \\ \hat{\bar{\boldsymbol{x}}}_{PR} \end{bmatrix}^{\mathrm{T}} \mathrm{Ad}_{\boldsymbol{g}_{PR}} \boldsymbol{V}_{PR}^{\mathrm{b}} = \begin{bmatrix} \boldsymbol{I}_{3\times 3} \\ \hat{\bar{\boldsymbol{x}}}_{PR} \end{bmatrix}^{\mathrm{T}} \mathrm{Ad}_{\boldsymbol{g}_{PR}} \boldsymbol{J}_X^{\dagger} \boldsymbol{J}_a \dot{\boldsymbol{\theta}}_a \tag{9.73}$$

$$\dot{\boldsymbol{x}}_{\mathrm{o}}=\begin{bmatrix}\boldsymbol{I}_{3\times3}\\ \hat{\boldsymbol{x}}_{PO}\end{bmatrix}^{\mathrm{T}}\mathrm{Ad}_{\boldsymbol{g}_{PO}}\boldsymbol{V}_{PO}^{\mathrm{b}}=\begin{bmatrix}\boldsymbol{I}_{3\times3}\\ \hat{\boldsymbol{x}}_{PR}\end{bmatrix}^{\mathrm{T}}\mathrm{Ad}_{\boldsymbol{g}_{PO}}[\boldsymbol{G}_1,\boldsymbol{G}_2]^{-\mathrm{T}}\boldsymbol{A}[\dot{\boldsymbol{\theta}}_a,\dot{\boldsymbol{\beta}}_1,\dot{\boldsymbol{\beta}}_2]^{\mathrm{T}} \tag{9.74}$$

$$\dot{\boldsymbol{x}}_i=\begin{bmatrix}\boldsymbol{I}_{3\times3}\\ \hat{\boldsymbol{x}}_{Px_i}\end{bmatrix}^{\mathrm{T}}\mathrm{Ad}_{\boldsymbol{g}_{Px_i}}\boldsymbol{V}_{Px_i}^{\mathrm{b}}=\begin{bmatrix}\boldsymbol{I}_{3\times3}\\ \hat{\boldsymbol{x}}_{Px_i}\end{bmatrix}^{\mathrm{T}}\mathrm{Ad}_{\boldsymbol{g}_{PR}}\boldsymbol{J}_X^{\dagger}\boldsymbol{J}_a\dot{\boldsymbol{\theta}}_a+\begin{bmatrix}\boldsymbol{I}_{3\times3}\\ \hat{\boldsymbol{x}}_{Px_i}\end{bmatrix}^{\mathrm{T}}\mathrm{Ad}_{\boldsymbol{g}_{Px_i}}\boldsymbol{J}_{b_i}'^{\mathrm{b}}\dot{\theta}_i \tag{9.75}$$

其中，$\boldsymbol{J}_{b_i}'^{\mathrm{b}}$为各腿质心等效串联运动链的雅可比矩阵；其余变量在前文均有定义。将式(9.73)～式(9.75)代入式(9.71)中得到

$$\dot{\boldsymbol{x}}=\boldsymbol{J}_{\mathrm{COM}}[\dot{\theta}_1\quad\dot{\theta}_2\quad\cdots\quad\dot{\theta}_6]^{\mathrm{T}} \tag{9.76}$$

其中，θ_i为腿i的关节角度。至此就得到了系统质心速度和各关节角速度之间的运动学模型，该模型可以用于六足机器人操作过程中质心位置的控制，保证操作的稳定性。

为了使本节提出的腿臂融合操作方法得到实际应用，这里设计基于运动学的腿臂融合操作控制模型。对于移动机器人操作，最严重的一个情况是机器人在操作过程中失去稳定性导致机器人发生倾覆。因此，首先考虑机器人操作过程中的稳定性指标。由于接触条件的限制，操作过程中机器人尽量采取速度较慢的平稳操作，忽略动力学的影响，采用静态稳定指标对系统稳定性进行判断。最常用的系统静态稳定性判断指标静态稳定裕度由 McGhee 等提出[13]，当系统重心投影在支撑多边形内部时系统稳定且稳定裕度的大小等于该投影点到支撑多边形的最短距离。由于静态稳定裕度没有考虑质心的高度对稳定裕度的影响，Nagy 等提出了改进型能量稳定裕指标[47]。该指标把系统发生倾覆所需要的最小势能作为稳定性衡量标准，被证明是最有效的静态稳定判据。由于改进型能量稳定裕度受机器人质量大小的影响，对改进型能量稳定裕度进行归一化处理得到归一化的能量稳定裕度指标[48]。这里采用 NESM 作为六足机器人操作的稳定性指标，假设一个给定的支撑状态如图 9.12 所示，机器人与地面的接触点表示为P_i，操作过程中，该接触点保持位置不变。机器人质心位置如图 9.12 所示，当机器人倾覆时，机器人的质心会绕连接两个接触点形成的支撑边界L_i翻转，其中由于对向腿的支撑，机器人不会绕边界P_1P_3、P_2P_4发生翻转。D_i为质心绕L_i旋转到最高点时与当前质心位置在垂直方向的距离。

对于一个给定的操作，操作过程中各支撑足的立足点位置不会发生改变，则该操作的 NESM 可以表示为质心位置的函数：

$$S_{\mathrm{NESM}}(\overline{\boldsymbol{x}})=\min(D_i),\quad i=1,2,3,4 \tag{9.77}$$

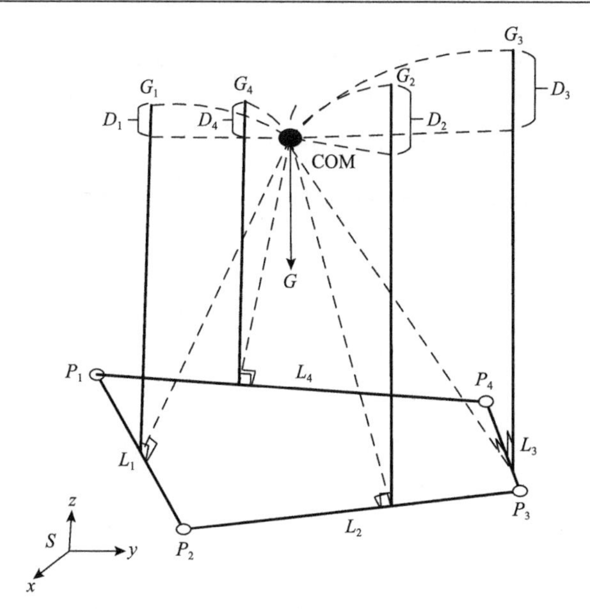

图 9.12　六足机器人能量稳定裕度计算模型

进一步，对于一个给定支撑位置的操作，可以计算质心在给定区域内的 NESM 梯度分布 $\nabla_{\text{NESM}} = \dfrac{\partial S_{\text{NESM}}}{\partial \overline{x}}$。

建立六足机器人的腿臂融合操作约束运动学模型、操作的质心运动学模型及稳定裕度指标梯度分布后，提出一种基于运动学的六足机器人的腿臂融合操作控制方法。该控制方法的目标为生成相应的关节运动轨迹 $(\theta(t), \dot{\theta}(t))$ 跟踪指定的可行的被操作物体位置及速度轨迹 $(x_{\text{d}}(t), \dot{x}_{\text{d}}(t))$，同时使操作具有尽量大的稳定裕度。该类问题通常可以通过逆运动学求解。但是由于六足机器人腿臂融合操作运动学约束的雅可比矩阵 $\boldsymbol{J}_{\text{opt}}$ 不是方阵，因此关节空间中存在着无数组解与指定末端位姿相对应。方程 (9.67) 的通解形式为

$$\dot{\boldsymbol{\theta}} = \boldsymbol{J}_{\text{opt}}^{\dagger}(\theta)\dot{\boldsymbol{x}} + (\boldsymbol{I} - \boldsymbol{J}_{\text{opt}}^{\dagger}(\theta)\boldsymbol{J}_{\text{opt}}(\theta))\dot{\boldsymbol{q}}_0 \tag{9.78}$$

其中，$\boldsymbol{J}_{\text{opt}}^{\dagger}$ 为 $\boldsymbol{J}_{\text{opt}}$ 的广义逆，一种计算方法为 $\boldsymbol{J}_{\text{opt}}^{\dagger} = \boldsymbol{J}_{\text{opt}}^{\text{T}}(\boldsymbol{J}_{\text{opt}}\boldsymbol{J}_{\text{opt}}^{\text{T}})^{-1}$；$\dot{\boldsymbol{q}}_0$ 为任意的速度值，$\boldsymbol{I} - \boldsymbol{J}_{\text{opt}}^{\dagger}(\theta)\boldsymbol{J}_{\text{opt}}(\theta)$ 将其映射到 $\boldsymbol{J}$ 的零空间，即任意 $\dot{\boldsymbol{q}}_0$ 不会引起末端速度在目标方向上的改变，为充分利用额外的冗余度带来的灵活性，$\dot{\boldsymbol{q}}_0$ 的选取通常要满足额外的优化目标函数，这里定义目标函数为

$$\min\ w(\boldsymbol{\theta}) = -S_{\text{NESM}}(\overline{\boldsymbol{x}}) \tag{9.79}$$

即获得最大的归一化能量稳定裕度。当

$$\dot{\boldsymbol{q}}_0 = \alpha \frac{\partial w(\boldsymbol{\theta})}{\partial \boldsymbol{\theta}} = -\alpha \frac{\partial S_{\mathrm{NESM}}(\overline{\boldsymbol{x}})}{\partial \overline{\boldsymbol{x}}} \frac{\partial \overline{\boldsymbol{x}}}{\partial \boldsymbol{\theta}} = -\alpha \nabla_{\mathrm{NESM}} \boldsymbol{J}_{\mathrm{COM}}(\boldsymbol{\theta}) \tag{9.80}$$

时，$(\boldsymbol{I} - \boldsymbol{J}_{\mathrm{opt}}^{\dagger}(\theta)\boldsymbol{J}_{\mathrm{opt}}(\theta))\dot{\boldsymbol{q}}_0$ 使目标函数下降。

进一步应用闭环逆运动学算法建立控制模型，被操作物体的位置和速度误差表示为

$$\boldsymbol{e} = \boldsymbol{x}_{\mathrm{d}} - \boldsymbol{x}, \quad \dot{\boldsymbol{e}} = \dot{\boldsymbol{x}}_{\mathrm{d}} - \dot{\boldsymbol{x}} \tag{9.81}$$

选取关节速度

$$\dot{\boldsymbol{\theta}} = \boldsymbol{J}_{\mathrm{opt}}^{\dagger}(\boldsymbol{\theta})\left[\dot{\boldsymbol{x}}_{\mathrm{d}} + \boldsymbol{K}_{\mathrm{p}}(\boldsymbol{x}_{\mathrm{d}} - \boldsymbol{x})\right] + (\boldsymbol{I} - \boldsymbol{J}_{\mathrm{opt}}^{\dagger}(\boldsymbol{\theta})\boldsymbol{J}_{\mathrm{opt}}(\boldsymbol{\theta}))\dot{\boldsymbol{q}}_0 \tag{9.82}$$

代入方程(9.78)中可得

$$\dot{\boldsymbol{e}} + \boldsymbol{K}_{\mathrm{p}}\boldsymbol{e} = \boldsymbol{0} \tag{9.83}$$

选定 $\boldsymbol{K}_{\mathrm{p}}$ 为正定矩阵，则可以保证跟踪误差 e 一直收敛到零，收敛速度取决于 $\boldsymbol{K}_{\mathrm{p}}$ 的特征根大小。基于闭环逆运动学算法的六足机器人腿臂融合操作控制系统框图如图 9.13 所示。

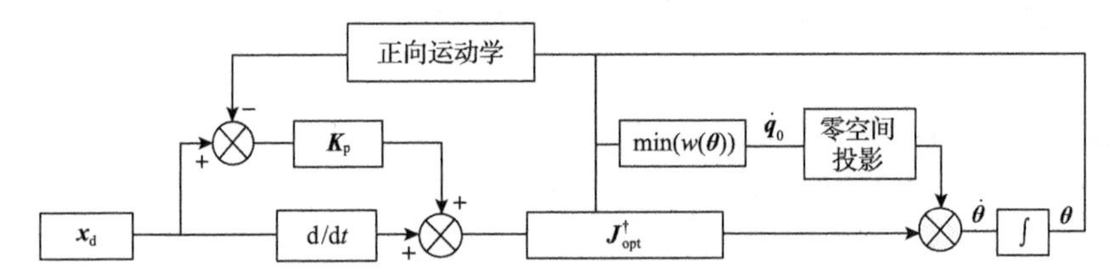

图 9.13　基于闭环逆运动学算法的六足机器人腿臂融合操作控制系统框图

9.6.3　六足机器人腿臂融合操作仿真及实验

为了验证本章所述腿臂融合操作方法的有效性，对所提出的控制模型和规划方法分别进行 MATLAB 仿真和真实场景实验。经测量，实验用的 NOROS 机器人单腿三段质量分别约为 165g、176g 和 185g，机器人本体质量约为 1200g。实验用被操作物体为一个 90mm×60mm×20mm 的长方体，质量约为 300g。假设系统中所有部件均为刚体，且质心位于其几何中心。对于给定被操作物体的一个点到点操作，已知起始点和目标点位置、速度和加速度约束，通过 5 次多项式表示，则该点到点操作的运动轨迹为

$$\boldsymbol{x}_{\mathrm{d}}(t) = \boldsymbol{a}_5 t^5 + \boldsymbol{a}_4 t^4 + \boldsymbol{a}_3 t^3 + \boldsymbol{a}_2 t^2 + \boldsymbol{a}_1 t + \boldsymbol{a}_0 \tag{9.84}$$

为方便系数的计算，给定起始点和目标点速度及加速度为零，起始点和目标点在本体坐标系中的位置分别为 x_i =(260, 0, 10), x_f =(280, 0, 10)。操作时间 T =10s。初始立足点位置分别为 P_1 = (120, 280, 20)、P_2 = ($-140\sqrt{3}$, 140, 0)、P_3 = ($-140\sqrt{3}$, −140, 0)、P_4 =(120, −280, 20)。

计算六足机器人腿臂融合操作系统的归一化能量稳定裕度 $S_{\mathrm{NESM}}(\bar{\boldsymbol{x}})$ 分布情况，该指标由支撑多边形的形状和系统质心位置决定。对于上述给定的立足点位置，栅格化支撑多边形内支撑面到本体高度的空间，计算质心位于每个栅格点位置时的 S_{NESM}，进而求得该区域内归一化能量稳定裕度梯度向量场分布如图 9.14 所示。

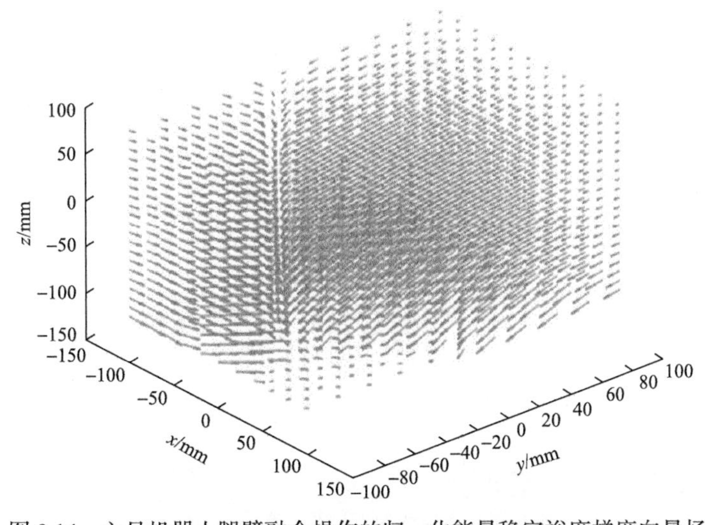

图 9.14　六足机器人腿臂融合操作的归一化能量稳定裕度梯度向量场

首先采用本体位姿固定，图 9.15 为操作过程中六足机器人的部分位形及相应的系统质心位置，仅用相邻的双臂进行操作的简单有效策略对上述任务进行操作规划，MATLAB 仿真结果如图 9.15 所示。图 9.16(a)和(b)分别为操作过程中的 S_{NESM} 指标和质心运动轨迹。由图可知，系统的质心运动方向基本和被操作物体一致，随着运动的过程逐渐靠近支撑边界，系统的稳定性逐渐减小，9s 之后系统稳定系降至最低，机器人随时都可能发生倾倒。

针对同样的被操作物体轨迹和初始立足点位置，采用本章所述闭环运动学控制方法进行腿臂融合操作，仿真结果如图 9.17 所示。图 9.18(a)和(b)分别为操作过程中的 S_{NESM} 指标和质心运动轨迹变化情况，由图可知，操作过程中机器人通过调整整体的姿态，在保证被操作物体轨迹的情况下，使系统的 S_{NESM} 指标增大，有效地提高了系统的稳定性。

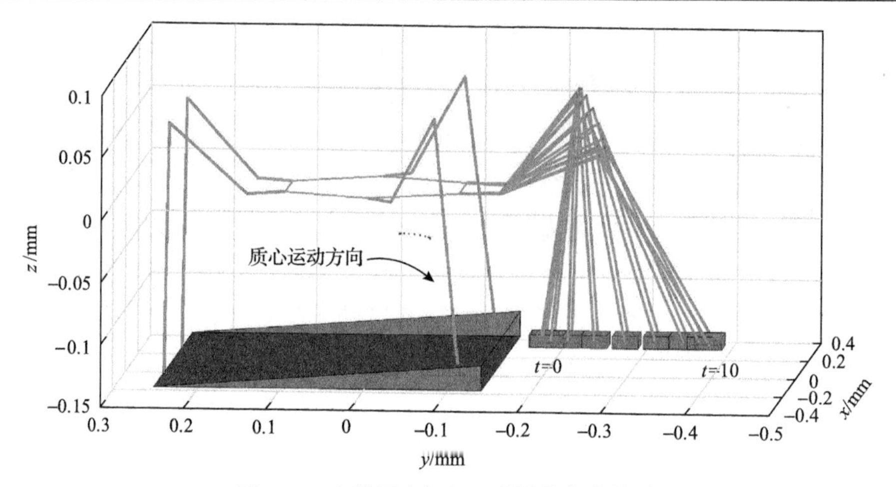

图 9.15　本体固定相邻双臂操作仿真结果

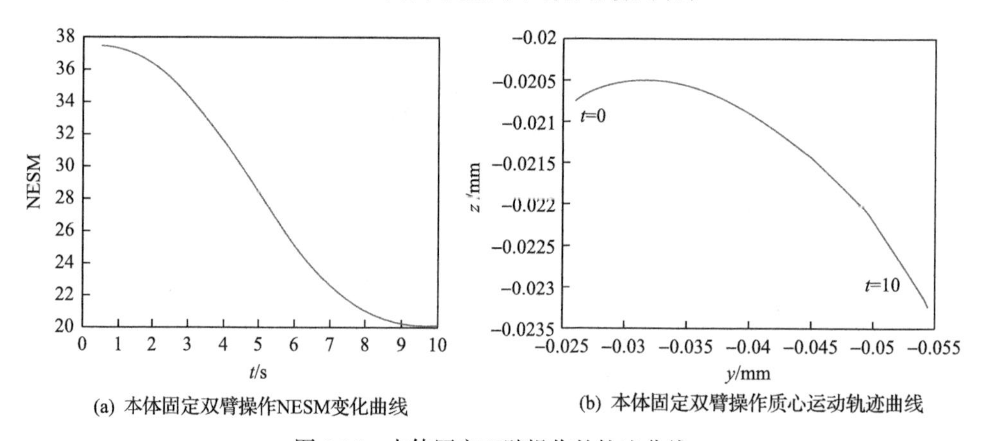

(a) 本体固定双臂操作NESM变化曲线

(b) 本体固定双臂操作质心运动轨迹曲线

图 9.16　本体固定双臂操作的轨迹曲线

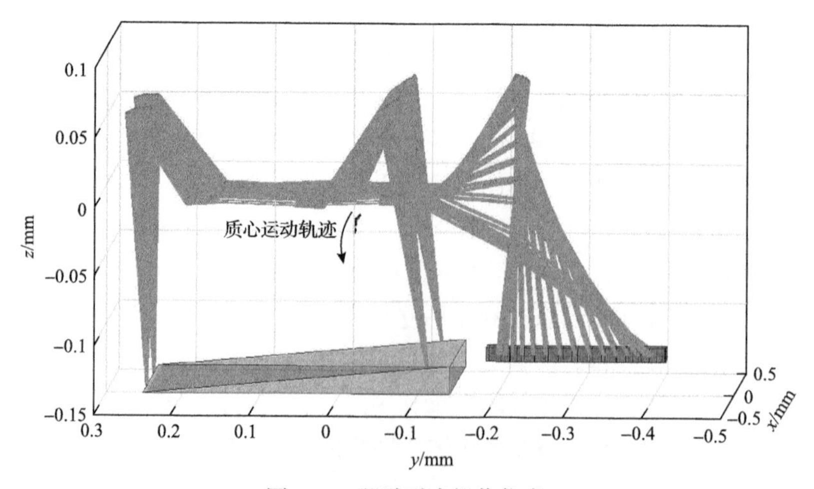

图 9.17　腿臂融合操作仿真

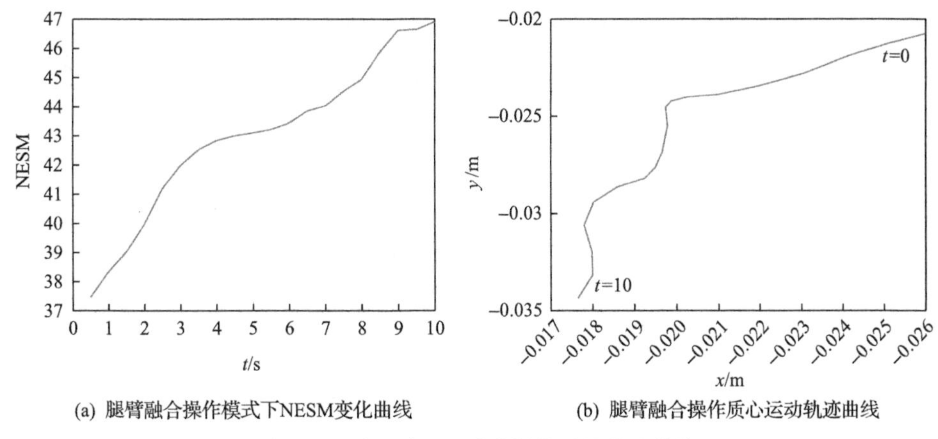

(a) 腿臂融合操作模式下NESM变化曲线　(b) 腿臂融合操作质心运动轨迹曲线

图 9.18　采用质心运动学操作时的轨迹曲线

为了验证本章提出的最大能量稳定裕度腿臂融合操作方法的有效性，采用 NOROS 机器人进行实际实验验证。实验被操作物体的大小、质量及运动轨迹与上述仿真相同，分别采用本体固定的简单操作策略以及本章提出的基于质心运动学的腿臂融合操作方法对操作过程进行规划控制，实验结果分别如图 9.19(a) 和 (b) 所示。

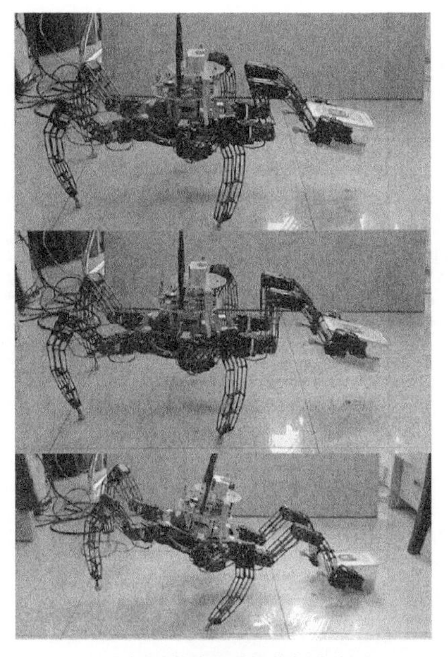

(a) 本体固定的双臂操作部分位形　(b) 采用质心运动学的双臂操作位形

图 9.19　腿臂融合操作实验对比

从实验结果可以看出，采用简单操作策略的双臂操作可以在离本体一定范围内成功完成操作，但是当被操作物体距离本体较远时，系统质心运动到支撑多边形外部，机器人发生翻倒不能顺利完成操作任务。采用所提出的腿臂融合操作模型操作结果如图 9.19(b)所示，从实验结果可以看出，机器人通过本体位置的调整保持操作的稳定裕度，即使被操作物体离本体距离较远，仍可以保持稳定的操作。

第 10 章　基于惯性中心的机器人动力学控制方法

复杂非结构环境中地形多变、约束时变，机器人运动模式与足地交互作用状态频繁变换，导致机器人移动与操作过程的稳定性难以准确评估。本章基于质心运动学模型，进一步提出机器人惯性中心的概念，形成基于惯性中心的动力学稳定裕度评价准则与控制方法，国际上首次实现了哺乳动物构型四足被动轮式机器人的动态仿人轮滑运动控制[49]。

在质心运动学的基础上，本章建立基于 SE(3) 和惯性中心的多足机器人动力学模型，将复杂多体系统转化为变惯量参数的单体系统，克服经典的弹簧负载倒立摆(SLIP)模型因忽略腿分支质量所带来的动力学不确定性问题的局限性，为解决机器人的动态稳定性分析难题提供了重要理论支撑[50]。

10.1　基于惯性中心在 SE(3) 上指数坐标的多足机器人动力学

四足机器人在进行快速运动或者动态行走时的惯性参数会对运动效果产生很大的影响，纯粹的运动学模型已经不能满足运动控制的要求，因此需要对四足机器人进行动力学建模。建立机器人动力学方程的常用方法主要有两种：牛顿欧拉(Newton-Euler)法和拉格朗日(Lagrange)法。牛顿欧拉法通过研究相邻杆件之间的相对运动和相互作用力来建立动力学方程，而拉格朗日法则利用系统能量和广义坐标之间的关系来推导动力学方程。两种方法都可以得到机器人动力学方程，其一般形式为

$$
\begin{cases} \boldsymbol{M}\ddot{\boldsymbol{q}} + \boldsymbol{C} + \boldsymbol{N} + \boldsymbol{A}^{\mathrm{T}}\boldsymbol{\lambda} = \boldsymbol{F} \\ \boldsymbol{A}\dot{\boldsymbol{q}} = \boldsymbol{0} \end{cases} \tag{10.1}
$$

其中，$\boldsymbol{M}$ 为系统的惯性矩阵；$\boldsymbol{q}$ 为系统的广义坐标；$\boldsymbol{C}$ 为向心力和柯氏力项；$\boldsymbol{N}$ 为保守力势能项；$\boldsymbol{A}$ 为约束矩阵；$\boldsymbol{\lambda}$ 为拉格朗日乘子；$\boldsymbol{F}$ 为广义力。

首先，多足机器人是一个驱动冗余的机械系统，驱动关节的数量大于系统自由度数目，为了计算关节力矩，需要使用大量冗余的广义坐标，导致动力学方程的规模增大，计算效率降低。其次，多足机器人还是一个变约束系统，在行走过程中腿部不断在支撑腿和摆动腿之间切换，系统的约束矩阵也会随之改变，不同的腿部支撑情况需要计算不同的动力学方程，增加了控制的难度。

考虑多足机器人是一个具有浮动平台的多刚体系统，所受的外力完全来自重

力、足地接触力，那么在 SE(3)上能够把机器人整体等效于一个具有相同惯性参数的单一刚体，通过研究等效刚体的受力和运动来建立基于惯性中心的机器人系统动力学模型。该模型建立了机器人质心运动和所受外力之间的关系，可以看成质心运动学模型在动力学上的扩展。因为描述单刚体系统运动所需的广义坐标大大少于多刚体系统，所以该方法可以简化动力学建模过程，也为设计机器人的控制系统带来了便利，提高控制系统的实时性。

一个质点系的质心表示所有质点的质量加权平均位置，而惯性中心则表示多刚体系统的惯性参数加权平均位姿。利用惯性中心的概念，可以把多刚体系统作为一个整体来研究，简化了系统模型，为计算和控制提供了便利。

对于一个包含 n 个刚体的多刚体系统 $\{\boldsymbol{M}_i\}$， $\boldsymbol{M}_i \in \mathbb{R}^{6\times6}$ 和 $\boldsymbol{V}_i \in se(3)$ 分别表示第 i 个刚体的惯性矩阵和广义速度，假设空间中存在一个运动坐标系 $\{C\}$， $\boldsymbol{g}_C \in SE(3)$ 表示坐标系 $\{C\}$ 的位姿， $\boldsymbol{V}_C \in se(3)$ 表示坐标系运动的广义速度，如果运动坐标系 $\{C\}$ 满足：

(1) $\left(\sum_{i=1}^{n}\boldsymbol{M}_i\right)\boldsymbol{V}_C = \sum_{i=1}^{n}\boldsymbol{M}_i\boldsymbol{V}_i$；

(2) $\{C\}$ 的原点与系统质心重合。

那么称运动坐标系 $\{C\}$ 为多刚体系统的惯性中心。

从上面的定义可以看出，惯性中心是质心在多刚体系统上的推广，它表示多刚体系统的惯性参数加权平均位姿。值得注意的是，这里惯性中心的定义是以动量关系的形式给出的，如果要确定惯性中心相对于空间参考坐标系的齐次变换矩阵，需要对惯性中心的广义速度 $\boldsymbol{V}_C$ 进行积分，根据定义该积分的位置初始值由系统质心位置决定，而姿态初始值在定义中并未规定，可以取任意值。由于姿态初始值的不确定性，多刚体系统的惯性中心并不是唯一的。

Papadopoulos 在其博士论文中已经证明，惯性中心的广义速度 $\boldsymbol{V}_C$ 的积分不存在统一的解析表达式，积分结果取决于系统内各刚体的运动轨迹[51]。因此，只能使用数值积分的方法来得到系统惯性中心的位姿 $\boldsymbol{g}_C$。因为 $\boldsymbol{g}_C$ 的平移分量由系统质心确定，只需计算出旋转矩阵 $\boldsymbol{R}_C \in SO(3)$ 即可。

为方便描述，令 $\boldsymbol{L} = \sum_{i=1}^{n}\boldsymbol{M}_i\boldsymbol{V}_i$， $\boldsymbol{M}_C = \sum_{i=1}^{n}\boldsymbol{M}_i$。$\boldsymbol{L} \in \mathbb{R}^6$ 表示系统的总动量和动量矩， $\boldsymbol{M}_C \in \mathbb{R}^{6\times6}$ 表示 $\{\boldsymbol{M}_i\}$ 中所有刚体的惯性矩阵之和。根据惯性中心的定义可以得到

$$\boldsymbol{M}_C\boldsymbol{V}_C = \boldsymbol{L} \tag{10.2}$$

令 $\boldsymbol{M}_C = \begin{bmatrix}\boldsymbol{M}_{11} & \boldsymbol{M}_{12}\\ \boldsymbol{M}_{21} & \boldsymbol{M}_{22}\end{bmatrix}$， $\boldsymbol{V}_C = \begin{bmatrix}\boldsymbol{v}_C\\ \boldsymbol{\omega}_C\end{bmatrix}$， $\boldsymbol{L} = \begin{bmatrix}\boldsymbol{L}_1\\ \boldsymbol{L}_2\end{bmatrix}$，其中 $\boldsymbol{M}_{11}, \boldsymbol{M}_{12}, \boldsymbol{M}_{21}, \boldsymbol{M}_{22} \in \mathbb{R}^{3\times3}$，

$\boldsymbol{v}_C, \boldsymbol{\omega}_C, \boldsymbol{L}_1, \boldsymbol{L}_2 \in \mathbb{R}^3$，式(10.2)可以展开为

$$\boldsymbol{M}_{11}\boldsymbol{v}_C + \boldsymbol{M}_{12}\boldsymbol{\omega}_C = \boldsymbol{L}_1 \tag{10.3}$$

$$\boldsymbol{M}_{21}\boldsymbol{v}_C + \boldsymbol{M}_{22}\boldsymbol{\omega}_C = \boldsymbol{L}_2 \tag{10.4}$$

式(10.3)表示系统的动量；式(10.4)表示系统的动量矩。

假设系统的质心为 $\boldsymbol{x}_C \in \mathbb{R}^3$，质心速度和惯性中心广义速度 $\boldsymbol{v}_C$ 的关系为

$$\dot{\boldsymbol{x}}_C = \boldsymbol{v}_C + \hat{\boldsymbol{\omega}}_C \boldsymbol{x}_C \tag{10.5}$$

可以证明式(10.2)和式(10.5)是等价的，但式(10.5)的表达形式比式(10.2)更加简洁。联立式(10.4)和式(10.5)解出 $\boldsymbol{v}_C$ 和 $\boldsymbol{\omega}_C$ 为

$$\boldsymbol{v}_C = (\hat{\boldsymbol{x}}_C \boldsymbol{M}_{22}^{-1} \boldsymbol{M}_{21} + \boldsymbol{I})^{-1} (\dot{\boldsymbol{x}}_C + \hat{\boldsymbol{x}}_C \boldsymbol{M}_{22}^{-1} \boldsymbol{L}_2) \tag{10.6}$$

$$\boldsymbol{\omega}_C = \boldsymbol{M}_{22}^{-1} (\boldsymbol{L}_2 - \boldsymbol{M}_{21} \boldsymbol{v}_C) \tag{10.7}$$

将 $\boldsymbol{\omega}_C$ 映射到指数坐标空间中，得到

$$\dot{\boldsymbol{\varepsilon}}_C = \mathrm{dexp}_{\boldsymbol{\varepsilon}_C}^{-1} \boldsymbol{\omega}_C \tag{10.8}$$

其中，$\boldsymbol{\varepsilon}_C \in \mathbb{R}^3$ 为 $\boldsymbol{g}_C$ 的旋转矩阵 $\boldsymbol{R}_C$ 的指数坐标；dexp 表示从 $\mathbb{R}^3$ 映射到特殊正交群的李代数 so(3) 的线性算子。将式(10.8)离散化并写成差分形式可得

$$\boldsymbol{\varepsilon}_C^{(k)} - \boldsymbol{\varepsilon}_C^{(k-1)} = \mathrm{dexp}_{\boldsymbol{\varepsilon}_C^{(k-1)}}^{-1} \boldsymbol{\omega}_C^{(k-1)} \Delta t \tag{10.9}$$

其中，$k \in \mathbb{N}$ 表示差分迭代序号；$\Delta t \in \mathbb{R}$ 表示时间间隔。

只需给定一个初始值 $\boldsymbol{\varepsilon}_C^{(0)}$，利用式(10.9)迭代运算可得到 $\boldsymbol{\varepsilon}_C^{(k)}$ 为

$$\boldsymbol{\varepsilon}_C^{(k)} = \sum_{i=1}^{k-1} \mathrm{dexp}_{\boldsymbol{\varepsilon}_C^{(i-1)}}^{-1} \boldsymbol{\omega}_C^{(i-1)} \Delta t + \boldsymbol{\varepsilon}_C^{(0)} \tag{10.10}$$

如果时间间隔 Δt 足够小，那么可以将 $\boldsymbol{\varepsilon}_C^{(k)}$ 作为 $\boldsymbol{\varepsilon}_C$ 在 $k\Delta t$ 时刻的近似值。当然，采用这种迭代算法来计算 $\boldsymbol{\varepsilon}_C$ 的近似值不可避免地会产生累积误差，在设计控制系统时可以引入一个闭环反馈来消除累积误差的影响。

利用指数坐标 $\boldsymbol{\varepsilon}_C$ 可以得到旋转矩阵 $\boldsymbol{R}_C = \mathrm{e}^{\hat{\boldsymbol{\varepsilon}}_C}$，进一步得到惯性中心坐标系 $\{C\}$的位姿为

$$\boldsymbol{g}_C = \begin{bmatrix} \mathrm{e}^{\hat{\boldsymbol{\varepsilon}}_C} & \boldsymbol{x}_C \\ 0 & 1 \end{bmatrix} \tag{10.11}$$

假设 $\boldsymbol{a}_C \in \mathbb{R}^6$ 为 $\boldsymbol{g}_C$ 的指数坐标，即 $\boldsymbol{g}_C = \mathrm{e}^{\hat{a}_C}$，则利用式(10.11)可求得 $\boldsymbol{a}_C$ 为

$$\boldsymbol{a}_C = \begin{bmatrix} \mathrm{dexp}_{\varepsilon_C}^{-1} \boldsymbol{x}_C \\ \boldsymbol{\varepsilon}_C \end{bmatrix} \tag{10.12}$$

如图10.1所示，在地面建立空间坐标系$\{S\}$，在机器人本体的几何中心建立本体坐标系$\{P\}$，在机器人的第 i 条腿第 j 个连杆上建立杆件坐标系$\{L_{ij}\}$，在机器人的质心处建立惯性中心坐标系$\{C\}$。在初始时刻，$\{C\}$和$\{P\}$的对应坐标轴相互平行。

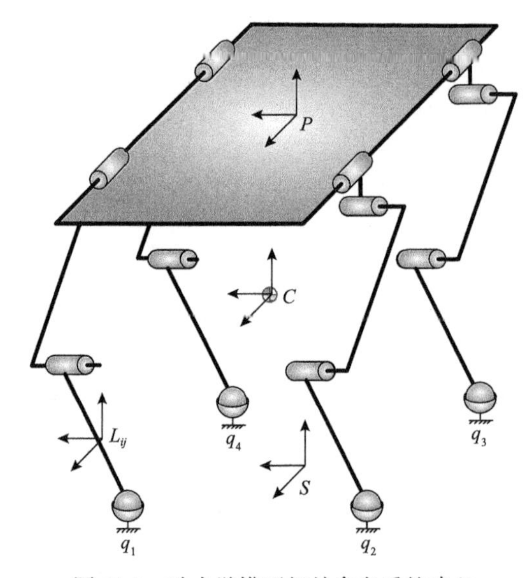

图 10.1　动力学模型相关参考系的建立

由于四足机器人在行走过程中受到的外力只有重力和地面接触力，若将机器人系统看成一个整体，由牛顿欧拉定律可以得到系统的动力学方程为

$$\frac{\mathrm{d}}{\mathrm{d}t}(\boldsymbol{M}_C^S \boldsymbol{V}_C^S) = \boldsymbol{F}^S + \boldsymbol{G}^S \tag{10.13}$$

其中，$\boldsymbol{M}_C^S \in \mathbb{R}^{6\times6}$ 表示机器人本体的惯性矩阵，上标表示该物理量的测量坐标系(下同)；$\boldsymbol{V}_C^S \in \mathrm{se}(3)$ 表示惯性中心坐标系$\{C\}$中的广义速度；$\boldsymbol{F}^S \in \mathbb{R}^6$ 表示地面对机器人的六维力旋量；$\boldsymbol{G}^S \in \mathbb{R}^6$ 表示系统所受的重力旋量。

将式(10.13)中的各物理量转换到坐标系$\{C\}$中，可得

$$\boldsymbol{M}_C^S = \mathrm{Ad}_{g_C^{-1}}^{\mathrm{T}} \boldsymbol{M}_C^C \mathrm{Ad}_{g_C^{-1}} \tag{10.14}$$

$$\boldsymbol{V}_C^S = \mathrm{Ad}_{\boldsymbol{g}_C} \boldsymbol{V}_C^C \tag{10.15}$$

$$\boldsymbol{F}^S = \mathrm{Ad}_{\boldsymbol{g}_C^{-1}}^{\mathrm{T}} \boldsymbol{F}^C \tag{10.16}$$

$$\boldsymbol{G}^S = \mathrm{Ad}_{\boldsymbol{g}_C^{-1}}^{\mathrm{T}} \boldsymbol{G}^C \tag{10.17}$$

将式(10.14)～式(10.17)代入式(10.13)，整理得

$$\boldsymbol{M}_C^C \dot{\boldsymbol{V}}_C^C + \dot{\boldsymbol{M}}_C^C \boldsymbol{V}_C^C - \mathrm{ad}_{\boldsymbol{V}_C^C}^{\mathrm{T}} \boldsymbol{M}_C^C \boldsymbol{V}_C^C = \boldsymbol{F}^C + \boldsymbol{G}^C \tag{10.18}$$

其中，ad 表示李代数元素的伴随算子，对于任意一个李代数元素 $\boldsymbol{\xi} = [\boldsymbol{v}^{\mathrm{T}} \quad \boldsymbol{\omega}^{\mathrm{T}}]^{\mathrm{T}}$，$\mathrm{ad}_{\xi}$ 定义为

$$\mathrm{ad}_{\xi} = \begin{bmatrix} \hat{\boldsymbol{\omega}} & \hat{\boldsymbol{v}} \\ 0 & \hat{\boldsymbol{\omega}} \end{bmatrix} \tag{10.19}$$

式(10.18)给出了惯性中心坐标系$\{C\}$中的广义速度$\boldsymbol{V}_C^C$及广义加速度$\dot{\boldsymbol{V}}_C^C$和所受外力之间的关系，这里称为基于惯性中心的动力学方程。要确定式(10.18)的完整数学形式，还需要对惯性中心的惯性矩阵$\boldsymbol{M}_C^C$及其导数$\dot{\boldsymbol{M}}_C^C$进行计算。根据惯性中心的定义，$\boldsymbol{M}_C^C$等于机器人系统所有刚体惯性矩阵之和，即

$$\boldsymbol{M}_C^C = \boldsymbol{M}_P^C + \sum_{i=1}^{4}\sum_{j=1}^{3} \boldsymbol{M}_{L_{ij}}^C \tag{10.20}$$

其中，$\boldsymbol{M}_P^C \in \mathbb{R}^{6\times 6}$为机器人本体的惯性矩阵，表示第 i 条腿上第 j 个连杆的惯性矩阵。将$\boldsymbol{M}_C^C$的测量坐标系转换到本体坐标系$\{P\}$中，有

$$\boldsymbol{M}_C^C = \mathrm{Ad}_{\boldsymbol{g}_{PC}}^{\mathrm{T}} \boldsymbol{M}_C^P \mathrm{Ad}_{\boldsymbol{g}_{PC}} \tag{10.21}$$

其中，$\boldsymbol{g}_{PC} \in \mathrm{SE}(3)$表示坐标系$\{C\}$相对于坐标系$\{P\}$的齐次变换矩阵。由于惯性中心的惯性矩阵等于机器人系统所有刚体惯性矩阵之和，有

$$\boldsymbol{M}_C^P = \boldsymbol{M}_P^P + \sum_{i=1}^{4}\sum_{j=1}^{3} \boldsymbol{M}_{L_{ij}}^P \tag{10.22}$$

其中，$\boldsymbol{M}_P^P \in \mathbb{R}^{6\times 6}$表示机器人本体的惯性矩阵；$\boldsymbol{M}_{L_{ij}}^P \in \mathbb{R}^{6\times 6}$表示第 i 条腿上第 j 个连杆的惯性矩阵。

将$\boldsymbol{M}_{L_{ij}}^P$的测量坐标系转换到杆件坐标系$\{L_{ij}\}$中，有

$$\boldsymbol{M}_{L_{ij}}^{P} = \mathrm{Ad}_{\boldsymbol{g}_{PL_{ij}}^{-1}}^{\mathrm{T}} \boldsymbol{M}_{L_{ij}}^{L_{ij}} \mathrm{Ad}_{\boldsymbol{g}_{PL_{ij}}^{-1}} \tag{10.23}$$

其中，$\boldsymbol{g}_{PL_{ij}} \in SE(3)$ 表示从坐标系 $\{L_{ij}\}$ 到坐标系 $\{P\}$ 的齐次变换矩阵。因为惯性矩阵 $\boldsymbol{M}_P^P$ 和 $\boldsymbol{M}_{L_{ij}}^{L_{ij}}$ 都是常量，$\boldsymbol{g}_{PL_{ij}}$ 可以通过指数积公式写成关于关节角度 $\boldsymbol{\theta}$ 的函数，所以 $\boldsymbol{M}_C^C$ 是关于 $\boldsymbol{\theta}$ 和 $\boldsymbol{g}_{PC}$ 的函数，记作 $\boldsymbol{M}_C^C = \boldsymbol{M}_C^C(\boldsymbol{\theta}, \boldsymbol{g}_{PC})$。

对式(10.21)求导，可以得到 $\boldsymbol{M}_C^C$ 的导数为

$$\dot{\boldsymbol{M}}_C^C = \mathrm{ad}_{\boldsymbol{V}_{PC}^C}^{\mathrm{T}} \boldsymbol{M}_C^C + \mathrm{Ad}_{\boldsymbol{g}_{PC}}^{\mathrm{T}} \dot{\boldsymbol{M}}_C^P \mathrm{Ad}_{\boldsymbol{g}_{PC}} + \boldsymbol{M}_C^C \mathrm{ad}_{\boldsymbol{V}_{PC}^C} \tag{10.24}$$

对式(10.22)求导，可以得到 $\boldsymbol{M}_C^P$ 的导数为

$$\dot{\boldsymbol{M}}_C^P = -\sum_{i=1}^{4}\sum_{j=1}^{3}(\mathrm{ad}_{\boldsymbol{V}_{PL_{ij}}^P}^{\mathrm{T}} \boldsymbol{M}_{ij}^P + \boldsymbol{M}_{ij}^P \mathrm{ad}_{\boldsymbol{V}_{PL_{ij}}^P}) \tag{10.25}$$

其中，$\boldsymbol{V}_{PL_{ij}}^P \in se(3)$ 表示坐标系 $\{L_{ij}\}$ 相对于坐标系 $\{P\}$ 的广义速度。由式(10.24)和式(10.25)可以看出，$\dot{\boldsymbol{M}}_C^C$ 是关于 $\boldsymbol{\theta}$、$\dot{\boldsymbol{\theta}}$ 和 $\boldsymbol{g}_{PC}$ 的函数，记作 $\dot{\boldsymbol{M}}_C^C = \dot{\boldsymbol{M}}_C^C(\boldsymbol{\theta},\ \dot{\boldsymbol{\theta}},\ \boldsymbol{g}_{PC})$。

根据惯性中心的定义，坐标系 $\{C\}$ 相对于坐标系 $\{P\}$ 的广义速度为

$$\boldsymbol{V}_{PC}^P = (\boldsymbol{M}_C^P)^{-1}\left(\sum_{i=1}^{4}\sum_{j=1}^{3}\boldsymbol{M}_{L_{ij}}^P \boldsymbol{V}_{PL_{ij}}^P\right) \tag{10.26}$$

利用雅可比矩阵，$\boldsymbol{V}_{PL_{ij}}^P$ 可以写为关节角 $\boldsymbol{\theta}$ 和关节角速度 $\dot{\boldsymbol{\theta}}$ 的函数，如果已知或者测量出 $\boldsymbol{\theta}$ 和 $\dot{\boldsymbol{\theta}}$，利用 10.1 节的方法可以计算出 $\boldsymbol{g}_{PC} \in SE(3)$ 及其指数坐标 $\boldsymbol{a}_{PC} \in \mathbb{R}^6$，从而进一步求出 $\boldsymbol{M}_C^C(\boldsymbol{\theta}, \boldsymbol{g}_{PC})$ 和 $\dot{\boldsymbol{M}}_C^C(\boldsymbol{\theta}, \dot{\boldsymbol{\theta}}, \boldsymbol{g}_{PC})$。

10.2　基于惯性中心的动力学在四足机器人动态行走控制中的应用

10.2.1　摆动腿控制

四足机器人在行走时，各条腿不断在支撑相和摆动相之间切换。对处于两种不同状态的腿部关节分别采用不同的控制方法。摆动腿可以看成一个简单的三关节串联机械臂，为简化控制算法和提高控制效率，采用基于串联机器人运动学的 PD 位置控制方法。

假设足端的期望位置为 $\boldsymbol{q}_{\mathrm{d}} \in \mathbb{R}^3$，实际位置为 $\boldsymbol{q} \in \mathbb{R}^3$，定义足端运动误差为

$$\tilde{\boldsymbol{q}} = \boldsymbol{q}_{\mathrm{d}} - \boldsymbol{q} \tag{10.27}$$

根据 PD 控制规律，可令摆动腿的关节力矩 $\boldsymbol{\tau}_{\mathrm{sw}} \in \mathbb{R}^3$ 为

$$\boldsymbol{\tau}_{\mathrm{sw}} = \boldsymbol{J}_{\mathrm{sw}}^{\mathrm{T}} (\boldsymbol{K}_{\mathrm{P}}\tilde{\boldsymbol{q}} + \boldsymbol{K}_{\mathrm{D}}\dot{\tilde{\boldsymbol{q}}}) + \boldsymbol{\tau}_{\mathrm{g}} + \boldsymbol{\tau}_{\mathrm{a}} \tag{10.28}$$

其中，$\boldsymbol{J}_{\mathrm{sw}} \in \mathbb{R}^{3\times 3}$ 表示摆动腿的雅可比矩阵；$K_{\mathrm{P}} \in \mathbb{R}$ 和 $K_{\mathrm{D}} \in \mathbb{R}$ 分别表示比例系数和微分系数；$\boldsymbol{\tau}_{\mathrm{g}} \in \mathbb{R}^3$ 表示重力补偿力矩；$\boldsymbol{\tau}_{\mathrm{a}} \in \mathbb{R}^3$ 表示惯性力补偿力矩。

因为重力和惯性力可以看成作用在腿部质心上，根据虚功原理可得

$$(\boldsymbol{\tau}_{\mathrm{g}} + \boldsymbol{\tau}_{\mathrm{a}})^{\mathrm{T}} \delta\boldsymbol{\theta}_{\mathrm{sw}} + m(\boldsymbol{g}_P - \boldsymbol{a}_P)^{\mathrm{T}} \delta\overline{\boldsymbol{x}}_{\mathrm{sw}}^P = \boldsymbol{0} \tag{10.29}$$

其中，$\delta\boldsymbol{\theta}_{\mathrm{sw}} \in \mathbb{R}^3$ 表示摆动腿关节角度的虚位移；$\delta\overline{\boldsymbol{x}}_{\mathrm{sw}}^P \in \mathbb{R}^3$ 表示摆动腿质心的虚位移；$m \in \mathbb{R}$ 表示腿部的质量；$\boldsymbol{g}_P \in \mathbb{R}^3$ 表示重力加速度；$\boldsymbol{a}_P \in \mathbb{R}^3$ 表示质心处的牵连加速度与科氏加速度的和向量。

在空间坐标系 $\{P\}$ 中，质心 $\boldsymbol{x}_C^P$ 处的牵连加速度与科氏加速度之和为

$$\begin{bmatrix} \boldsymbol{a}_P \\ 0 \end{bmatrix} = \left[(\hat{\boldsymbol{V}}_P^P)^2 + \hat{\dot{\boldsymbol{V}}}_P^P \right] \begin{bmatrix} \overline{\boldsymbol{x}}_{\mathrm{sw}}^P \\ 1 \end{bmatrix} + 2\hat{\boldsymbol{V}}_P^P \begin{bmatrix} \dot{\overline{\boldsymbol{x}}}_{\mathrm{sw}}^P \\ 0 \end{bmatrix} \tag{10.30}$$

利用单腿质心运动学模型，摆动腿的质心坐标 $\overline{\boldsymbol{x}}_{\mathrm{sw}}^P$ 可以写成关节角度 $\boldsymbol{\theta}_{\mathrm{sw}}$ 的函数，即

$$\overline{\boldsymbol{x}}_{\mathrm{sw}}^P = \overline{\boldsymbol{x}}_{\mathrm{sw}}^P(\boldsymbol{\theta}_{\mathrm{sw}}) \tag{10.31}$$

利用质心雅可比矩阵 $\overline{\boldsymbol{J}}_{\mathrm{sw}}$，质心运动速度 $\dot{\overline{\boldsymbol{x}}}_{\mathrm{sw}}^P$ 可以用关节角速度 $\dot{\boldsymbol{\theta}}_{\mathrm{sw}}$ 表示：

$$\dot{\overline{\boldsymbol{x}}}_{\mathrm{sw}}^P = \overline{\boldsymbol{J}}_{\mathrm{sw}} \dot{\boldsymbol{\theta}}_{\mathrm{sw}} \tag{10.32}$$

将式(10.31)和式(10.32)代入式(10.30)可得

$$\begin{bmatrix} \boldsymbol{a}^P \\ 0 \end{bmatrix} = \left[(\hat{\boldsymbol{V}}_P^P)^2 + \hat{\dot{\boldsymbol{V}}}_P^P \right] \begin{bmatrix} \overline{\boldsymbol{x}}_{\mathrm{sw}}^P(\boldsymbol{\theta}_{\mathrm{sw}}) \\ 1 \end{bmatrix} + 2\hat{\boldsymbol{V}}_P^P \begin{bmatrix} \overline{\boldsymbol{J}}_{\mathrm{sw}} \\ 0 \end{bmatrix} \dot{\boldsymbol{\theta}}_{\mathrm{sw}} \tag{10.33}$$

可以在机器人本体上安装惯性测量单元(inertia measurement unit，IMU)测量本体广义速度 $\boldsymbol{V}_P^P$ 和广义加速度 $\dot{\boldsymbol{V}}_P^P$，在腿部关节上安装编码器测量关节角度 $\boldsymbol{\theta}_{\mathrm{sw}}$ 和转速 $\dot{\boldsymbol{\theta}}_{\mathrm{sw}}$，利用式(10.33)可以求出加速度 $\boldsymbol{a}_P$。

由式(10.32)还可以得到 $\delta\boldsymbol{\theta}_{\mathrm{sw}}$ 和 $\delta\overline{\boldsymbol{x}}_{\mathrm{sw}}^P$ 的关系为

$$\delta\bar{\boldsymbol{x}}_{\mathrm{sw}}^{P}=\bar{\boldsymbol{J}}_{\mathrm{sw}}\delta\boldsymbol{\theta}_{\mathrm{sw}} \tag{10.34}$$

将式(10.34)代入式(10.29)得

$$(\boldsymbol{\tau}_{\mathrm{g}}+\boldsymbol{\tau}_{\mathrm{a}})^{\mathrm{T}}\delta\boldsymbol{\theta}_{\mathrm{sw}}+\boldsymbol{m}(\boldsymbol{g}^{P}-\boldsymbol{a}^{P})^{\mathrm{T}}\bar{\boldsymbol{J}}_{\mathrm{sw}}\delta\boldsymbol{\theta}_{\mathrm{sw}}=\boldsymbol{0} \tag{10.35}$$

由于虚位移 $\delta\boldsymbol{\theta}_{\mathrm{sw}}$ 的任意性，可得

$$\boldsymbol{\tau}_{\mathrm{g}}+\boldsymbol{\tau}_{\mathrm{a}}=\boldsymbol{m}\bar{\boldsymbol{J}}_{\mathrm{sw}}^{\mathrm{T}}(\boldsymbol{a}^{P}-\boldsymbol{g}^{P}) \tag{10.36}$$

得到关节力矩为

$$\boldsymbol{\tau}_{\mathrm{sw}}=\boldsymbol{J}_{\mathrm{sw}}^{\mathrm{T}}(K_{\mathrm{P}}\tilde{\boldsymbol{q}}+K_{\mathrm{D}}\dot{\tilde{\boldsymbol{q}}})+\boldsymbol{m}\bar{\boldsymbol{J}}_{\mathrm{sw}}^{\mathrm{T}}(\boldsymbol{a}^{P}-\boldsymbol{g}^{P}) \tag{10.37}$$

在实际控制摆动腿运动时，可以改变 K_{P} 和 K_{D} 的值来调节控制系统的刚度和阻尼，以达到理想的控制效果。摆动腿的力矩控制框图如图 10.2 所示。

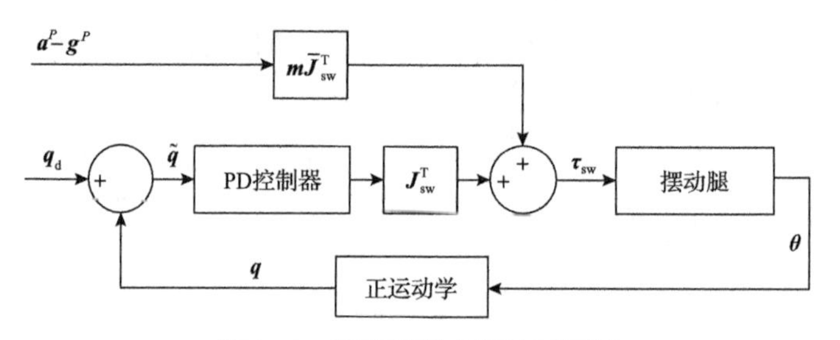

图 10.2 摆动腿的力矩控制框图

10.2.2 支撑腿控制

对于支撑腿的力矩控制，本节提出一种基于惯性中心动力学模型的控制方法。由于惯性中心动力学模型建立了惯性中心的运动和外力之间的关系，需要使用的广义坐标比一般的动力学模型更少，在控制系统中对应的状态变量也更少，缩小了控制系统的规模，提高了运算效率。另外，在控制惯性中心运动时，采用了基于指数坐标的轨迹跟踪法，将惯性中心的平移和转动作为一个整体进行控制，使得机器人的运动更加平滑自然。基于惯性中心动力学模型的控制方法由两个控制环组成，外环为位姿控制环，内环为力控制环。

1. 位姿控制环

位姿控制环的输入是惯性中心的期望运动轨迹和实际运动轨迹，输出是惯性中心的参考加速度，同时也是力控制环的输入。位姿控制环的控制目标是让实际运动轨迹能够跟随期望运动轨迹。

惯性中心的位姿可以用特殊欧氏群 SE(3) 中的元素来表示。因为 SE(3) 是三

维欧氏空间 $\mathbb{R}^3$ 和特殊正交群 SO(3) 半直积，在 SE(3) 中进行轨迹跟踪需要同时控制元素的平移和转动。一种最常用的位姿控制方法是在 $\mathbb{R}^3$ 和 SO(3) 中分别定义运动误差，然后根据运动误差对平移和转动分别进行控制。根据不同的参数化方法，特殊正交群 SO(3) 中的误差有不同的定义，如四元数法、姿态角法等。第二种方法是利用指数坐标直接在 SE(3) 中定义运动误差，将平移和转动作为一个整体来控制，通过最小化指数坐标的误差来达到轨迹跟踪的目的。这里采用第二种方法，比第一种方法更符合特殊欧氏群 SE(3) 的几何特性。

假设惯性中心坐标系 $\{C\}$ 的期望运动轨迹为 $\boldsymbol{g}_{\mathrm{d}} \in \mathrm{SE}(3)$，$\boldsymbol{g}_{\mathrm{d}}$ 是关于时间 t 的函数，即 $\boldsymbol{g}_{\mathrm{d}} = \boldsymbol{g}_{\mathrm{d}}(t)$，实际运动轨迹为 $\boldsymbol{g}_C \in \mathrm{SE}(3)$。定义运动位姿误差为

$$\boldsymbol{g}_{\mathrm{e}} = \boldsymbol{g}_C \boldsymbol{g}_{\mathrm{d}}^{-1} \tag{10.38}$$

用 $\boldsymbol{a}_{\mathrm{e}} \in \mathbb{R}^6$ 表示 $\boldsymbol{g}_{\mathrm{e}}$ 的指数坐标，则 $\boldsymbol{a}_{\mathrm{e}}$ 满足：

$$\boldsymbol{g}_{\mathrm{e}} = \mathrm{e}^{\boldsymbol{a}_{\mathrm{e}}} \tag{10.39}$$

为了使实际运动轨迹能够跟随期望运动轨迹，这里设计一个如下所示的关于指数坐标 $\boldsymbol{a}_{\mathrm{e}}$ 的 PD 控制规律：

$$\ddot{\boldsymbol{a}}_{\mathrm{e}} + k_{\mathrm{d}}\dot{\boldsymbol{a}}_{\mathrm{e}} + k_{\mathrm{p}}\boldsymbol{a}_{\mathrm{e}} = \boldsymbol{0} \tag{10.40}$$

其中，$k_{\mathrm{p}} \in \mathbb{R}^+$ 为比例系数；$k_{\mathrm{d}} \in \mathbb{R}^+$ 为微分系数。k_{p} 和 k_{d} 都是正实数，式(10.40)的特征根必然具有非负实部，按照此规律 $\boldsymbol{a}_{\mathrm{e}}$ 将收敛于零，对应的误差位姿也将趋向于单位阵。

由式(10.40)求出误差指数坐标二阶导数为

$$\ddot{\boldsymbol{a}}_{\mathrm{e}} = -k_{\mathrm{d}}\dot{\boldsymbol{a}}_{\mathrm{e}} - k_{\mathrm{p}}\boldsymbol{a}_{\mathrm{e}} \tag{10.41}$$

为了使该 PD 控制律作用于机器人的惯性中心，还需要建立惯性中心广义加速度 $\dot{\boldsymbol{V}}_C^C$ 和误差指数坐标二阶导数 $\ddot{\boldsymbol{a}}_{\mathrm{e}}$ 之间的联系。

对式(10.41)求导，可以得到 $\boldsymbol{g}_{\mathrm{e}}$ 的广义物体速度为

$$\boldsymbol{V}_{\mathrm{e}} = \mathrm{Ad}_{\boldsymbol{g}_{\mathrm{d}}}(\boldsymbol{V}_C^C - \boldsymbol{V}_{\mathrm{d}}^C) \tag{10.42}$$

$\boldsymbol{V}_{\mathrm{e}}$ 可以写成指数坐标 $\boldsymbol{a}_{\mathrm{e}}$ 及其导数 $\dot{\boldsymbol{a}}_{\mathrm{e}}$ 的函数：

$$\boldsymbol{V}_{\mathrm{e}} = \mathrm{dexp}_{-\boldsymbol{a}_{\mathrm{e}}}\dot{\boldsymbol{a}}_{\mathrm{e}} \tag{10.43}$$

对式(10.43)求导，可得 $\boldsymbol{g}_{\mathrm{e}}$ 的广义物体加速度为

$$\dot{\boldsymbol{V}}_{\mathrm{e}}=\left(\frac{\mathrm{d}}{\mathrm{d}t}\mathrm{dexp}_{-\boldsymbol{a}_{\mathrm{e}}}\right)\dot{\boldsymbol{a}}_{\mathrm{e}}+\mathrm{dexp}_{-\boldsymbol{a}_{\mathrm{e}}}\ddot{\boldsymbol{a}}_{\mathrm{e}} \tag{10.44}$$

另外，对式(10.42)求导可得

$$\dot{\boldsymbol{V}}_{\mathrm{e}}=\mathrm{Ad}_{\boldsymbol{g}_{\mathrm{d}}}(\dot{\boldsymbol{V}}_C^C-\dot{\boldsymbol{V}}_{\mathrm{d}}^C+\mathrm{ad}_{\boldsymbol{V}_{\mathrm{d}}^C}\boldsymbol{V}_C^C) \tag{10.45}$$

联立式(10.44)和式(10.45)，可解出$\dot{\boldsymbol{V}}_{\mathrm{e}}$为

$$\dot{\boldsymbol{V}}_C^C=\dot{\boldsymbol{V}}_{\mathrm{d}}^C-\mathrm{ad}_{\boldsymbol{V}_{\mathrm{d}}^C}\boldsymbol{V}_C^C+\mathrm{Ad}_{\boldsymbol{g}_{\mathrm{d}}^{-1}}\left[\left(\frac{\mathrm{d}}{\mathrm{d}t}\mathrm{dexp}_{-\boldsymbol{a}_{\mathrm{e}}}\right)\dot{\boldsymbol{a}}_{\mathrm{e}}+\mathrm{dexp}_{-\boldsymbol{a}_{\mathrm{e}}}\ddot{\boldsymbol{a}}_{\mathrm{e}}\right] \tag{10.46}$$

可以将由式(10.46)确定的惯性中心加速度$\dot{\boldsymbol{V}}_C^C$作为参考加速度$\dot{\boldsymbol{V}}_{\mathrm{ref}}^C$，即

$$\dot{\boldsymbol{V}}_{\mathrm{ref}}^C=\dot{\boldsymbol{V}}_{\mathrm{d}}^C-\mathrm{ad}_{\boldsymbol{V}_{\mathrm{d}}^C}\boldsymbol{V}_C^C+\mathrm{Ad}_{\boldsymbol{g}_{\mathrm{d}}^{-1}}\left[\left(\frac{\mathrm{d}}{\mathrm{d}t}\mathrm{dexp}_{-\boldsymbol{a}_{\mathrm{e}}}\right)\dot{\boldsymbol{a}}_{\mathrm{e}}+\mathrm{dexp}_{-\boldsymbol{a}_{\mathrm{e}}}\ddot{\boldsymbol{a}}_{\mathrm{e}}\right] \tag{10.47}$$

当惯性中心以参考加速度$\dot{\boldsymbol{V}}_{\mathrm{ref}}^C$运动时，实际运动轨迹将跟随给定轨迹。

图 10.3 是SE(3) 上的两种位姿控制方法的对比。运动的初始位姿为$\boldsymbol{g}_0=\boldsymbol{I}_{4\times4}$，终点位姿为

$$\boldsymbol{g}_{\mathrm{T}}=\begin{bmatrix}0&1&0&1\\-1&0&0&0.5\\0&0&1&0\\0&0&0&1\end{bmatrix}$$

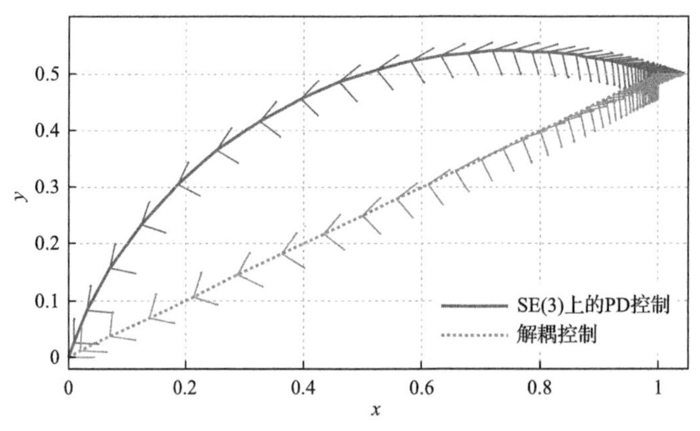

图 10.3　位姿整体控制和分别控制的运动轨迹

两种控制方法都使用相同的比例系数$k_{\mathrm{p}}=5$和微分系数$k_{\mathrm{d}}=5$。用平移和转动解耦控制方法得到的轨迹用虚线表示，用平移和转动整体控制方法得到的轨迹用实线表示。可以看出实线轨迹坐标系沿一条弧线轨迹运动到终点，轨迹切线方向

与坐标轴的夹角变化很小，说明坐标系的平移和转动是同步进行的，运动平滑自然。而虚线轨迹坐标系则沿一条直线运动到终点，平移和转动没有任何联系。

图 10.4 是两种位姿控制方法的广义加速度对比，用向量的模数来衡量加速度的大小，在运动过程中平移转动整体控制的加速度模数明显小于分别控制的加速度模数。根据牛顿第二定律，物体加速度和所受外力成正比，加速度越小说明所需的控制力越小，控制效率也越高。

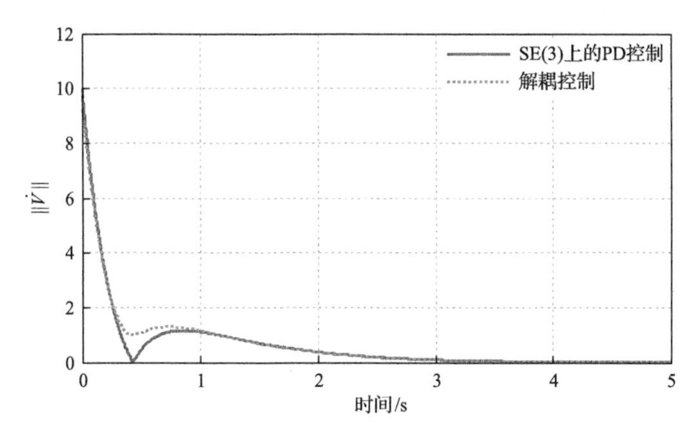

图 10.4　两种位姿控制方法的加速度模数

规定惯性中心坐标系$\{C\}$的坐标轴初始方向与本体坐标系$\{P\}$平行。随着机器人的运动，这种平行关系会发生改变，这将直接导致一个问题：如果控制惯性中心坐标系$\{C\}$沿给定轨迹运动，机器人本体坐标系$\{P\}$的方向会随机变化，不可控制。为了同时控制机器人质心的运动和机器人本体的方向，在机器人质心处再建立一个坐标系$\{E\}$，该坐标系的原点与质心重合，方向与本体坐标系$\{P\}$平行，这里称坐标系$\{E\}$为虚拟本体坐标系，在图 10.5 中用虚线坐标系表示。

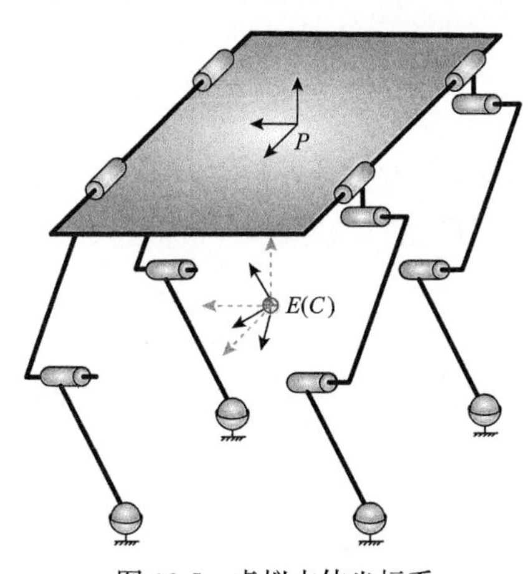

图 10.5　虚拟本体坐标系

虚拟本体坐标系 $\{E\}$ 的位姿 $\boldsymbol{g}_E \in \mathrm{SE}(3)$ 和惯性中心坐标系 $\{C\}$ 的位姿惯性中心 $\boldsymbol{g}_C$ 的关系为

$$\boldsymbol{g}_C = \boldsymbol{g}_E \cdot \boldsymbol{g}_{EC} \tag{10.48}$$

其中，$\boldsymbol{g}_{EC}$ 表示从 $\{C\}$ 到 $\{E\}$ 的齐次变换，满足：

$$\boldsymbol{g}_{EC} = \begin{bmatrix} \mathrm{e}^{\hat{\boldsymbol{\varepsilon}}_{PC}} & 0 \\ 0 & 1 \end{bmatrix} \tag{10.49}$$

如果给定虚拟本体坐标系的轨迹为 $\boldsymbol{g}_E = \boldsymbol{g}_E(t)$ ，那么惯性中心坐标系 $\{C\}$ 的期望运动轨迹 $\boldsymbol{g}_\mathrm{d}$ 为

$$\boldsymbol{g}_\mathrm{d} = \boldsymbol{g}_E \cdot \boldsymbol{g}_{EC} \tag{10.50}$$

对 $\boldsymbol{g}_\mathrm{d}$ 求一阶导数和二阶导数可以得到惯性中心坐标系 $\{C\}$ 的期望广义速度 $\boldsymbol{V}_\mathrm{d}^C$ 和广义加速度 $\dot{\boldsymbol{V}}_\mathrm{d}^C$ ，为

$$\boldsymbol{V}_\mathrm{d}^C = \mathrm{Ad}_{\boldsymbol{g}_{EC}^{-1}} \boldsymbol{V}_E^E + \boldsymbol{V}_{EC}^C \tag{10.51}$$

$$\dot{\boldsymbol{V}}_\mathrm{d}^C = \mathrm{Ad}_{\boldsymbol{g}_{EC}^{-1}} \dot{\boldsymbol{V}}_E^E + \dot{\boldsymbol{V}}_{EC}^C - \mathrm{ad}_{\boldsymbol{V}_{EC}^C} \mathrm{Ad}_{\boldsymbol{g}_{EC}^{-1}} \boldsymbol{V}_E^E \tag{10.52}$$

$\boldsymbol{V}_E^E$ 和 $\dot{\boldsymbol{V}}_E^E$ 可以通过对 $\boldsymbol{g}_E$ 求一阶导数和二阶导数计算得到；$\boldsymbol{V}_{EC}^C$ 可以通过测量关节角度和转速间接得到；$\dot{\boldsymbol{V}}_{EC}^C$ 可以对 $\boldsymbol{V}_{EC}^C$ 进行伪微分运算得到近似值，该伪微分器的传递函数如下：

$$G(r) = \frac{r_\mathrm{r}^2 s}{s^2 + 2\delta\omega_\mathrm{c} + \omega_\mathrm{c}^2} \tag{10.53}$$

其中，$\omega_\mathrm{c} = 50$ 为截止频率；$\delta = 1.414$ 为阻尼因子。

通过式(10.51)和式(10.52)可以求出 $\boldsymbol{V}_\mathrm{d}^C$ 和 $\dot{\boldsymbol{V}}_\mathrm{d}^C$ 。再将 $\boldsymbol{V}_\mathrm{d}^C$ 和 $\dot{\boldsymbol{V}}_\mathrm{d}^C$ 代入式(10.47)求出 $\dot{\boldsymbol{V}}_\mathrm{ref}^C$ ，作为位姿控制环的输出和力控制环的输入。位姿控制环的控制框图如图 10.6 所示。

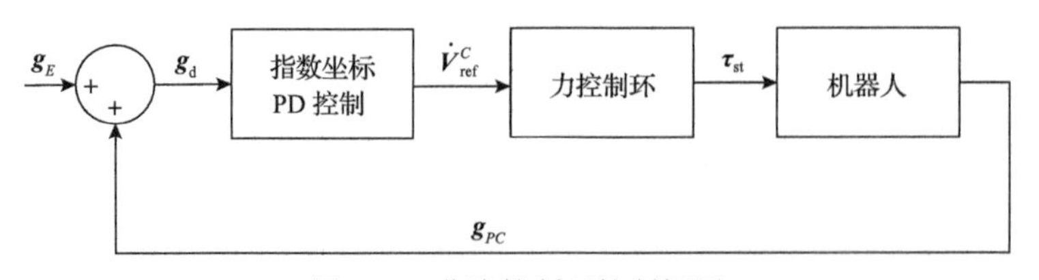

图 10.6　位姿控制环控制框图

2. 力控制环

力控制环的输入是惯性中心的参考加速度，输出是各个支撑腿的关节力矩。力控制环的控制目标是通过控制支撑腿力矩使得机器人的惯性中心以给定的参考加速度运动。惯性中心以给定的参考加速度 $\dot{\boldsymbol{V}}_{\text{ref}}^{C}$ 运动，根据惯性中心的动力学方程可得期望的参考外力 $\boldsymbol{F}_{\text{ref}}^{C} \in \mathbb{R}^6$ 为

$$\boldsymbol{F}_{\text{ref}}^{C} = \boldsymbol{M}_{C}^{C}\dot{\boldsymbol{V}}_{\text{ref}}^{C} + \dot{\boldsymbol{M}}_{C}^{C}\boldsymbol{V}_{C}^{C} - \text{ad}_{\boldsymbol{V}_{C}^{C}}^{\text{T}}\boldsymbol{M}_{C}^{C}\boldsymbol{V}_{C}^{C} - \boldsymbol{G}^{C} \tag{10.54}$$

将 $\boldsymbol{F}_{\text{ref}}^{C}$ 转换到本体坐标系 $\{P\}$ 下可得

$$\boldsymbol{F}_{\text{ref}}^{P} = \text{Ad}_{\boldsymbol{g}_{PC}^{-1}}^{\text{T}}\boldsymbol{F}_{\text{ref}}^{C} \tag{10.55}$$

参考虚拟模型控制(virtual model control)法的思想，可以将 $\boldsymbol{F}_{\text{ref}}^{P}$ 当成作用在机器人惯性中心上的虚拟力(virtual force)。因为 $\boldsymbol{F}_{\text{ref}}^{P}$ 由所有支撑腿接触力的合力来实现，所以有

$$\boldsymbol{F}_{\text{ref}}^{P} = \begin{bmatrix} \boldsymbol{F}_1^P \\ \boldsymbol{q}_1 \times \boldsymbol{F}_1^P \end{bmatrix} + \begin{bmatrix} \boldsymbol{F}_2^P \\ \boldsymbol{q}_2 \times \boldsymbol{F}_2^P \end{bmatrix} + \cdots + \begin{bmatrix} \boldsymbol{F}_n^P \\ \boldsymbol{q}_n \times \boldsymbol{F}_n^P \end{bmatrix} \tag{10.56}$$

其中，$n \in \mathbb{N}$ 为支撑腿的数量；$\boldsymbol{q}_i \in \mathbb{R}^3\ (i=1,2,\cdots,n)$ 为第 i 条支撑腿的立足点在坐标系 $\{P\}$ 中的位置，$\boldsymbol{F}_i^P \in \mathbb{R}^3\ (i=1,2,\cdots,n)$ 为第 i 条支撑腿的接触力。

将式(10.56)写成矩阵形式可得

$$\boldsymbol{A}\boldsymbol{x} = \boldsymbol{b} \tag{10.57}$$

其中，

$$\boldsymbol{A} = \begin{bmatrix} \boldsymbol{I} & \boldsymbol{I} & \cdots & \boldsymbol{I} \\ \hat{\boldsymbol{q}}_1 & \hat{\boldsymbol{q}}_2 & \cdots & \hat{\boldsymbol{q}}_n \end{bmatrix}, \quad \boldsymbol{x} = \begin{bmatrix} \boldsymbol{F}_1^P \\ \boldsymbol{F}_2^P \\ \vdots \\ \boldsymbol{F}_n^P \end{bmatrix}, \quad \boldsymbol{b} = \boldsymbol{F}_{\text{ref}}^{P}$$

式(10.57)可以看成关于腿部接触力向量 $\boldsymbol{x}$ 的线性方程，方程解的情况取决于 $\boldsymbol{x}$ 的维数 n_x、$\boldsymbol{b}$ 的维数 n_b 与矩阵 $\boldsymbol{A}$ 的秩 $\text{rank}(\boldsymbol{A})$ 之间的关系。这里引入过约束和欠约束的概念来描述三者之间的关系。若 x 的维数 n_x 大于矩阵 $\boldsymbol{A}$ 的秩 $\text{rank}(\boldsymbol{A})$，则机器人是一个过约束系统；若 $\boldsymbol{b}$ 的维数 n_b 大于矩阵 $\boldsymbol{A}$ 的秩 $\text{rank}(\boldsymbol{A})$，则机器人

是一个欠约束系统。

当$3 \leqslant n \leqslant 4$时，$\mathrm{rank}(\boldsymbol{A})=6$，$n_x=3n>\mathrm{rank}(\boldsymbol{A})$，$n_b=6=\mathrm{rank}(\boldsymbol{A})$，此时机器人是一个过约束系统。方程(10.57)必定有解且其解不唯一，足地接触力存在$n_x-\mathrm{rank}(\boldsymbol{A})=3n-6$个方向上无法确定的内力，如图 10.7(a)中双箭头线所示。当$n=2$时，$\mathrm{rank}(\boldsymbol{A})=5$，$n_x=6>\mathrm{rank}(\boldsymbol{A})$，$n_b=6>\mathrm{rank}(\boldsymbol{A})$，此时机器人既是一个过约束系统又是一个欠约束系统，此时方程(10.57)无解，足地接触力存在$n_x-\mathrm{rank}(\boldsymbol{A})=1$个方向上无法确定的内力，如图 10.7(b)中双箭头线所示。当$n=1$时，$\mathrm{rank}(\boldsymbol{A})=3$，$n_x=3=\mathrm{rank}(\boldsymbol{A})$，$n_b=6>\mathrm{rank}(\boldsymbol{A})$，此时机器人也是一个欠驱动系统，此时方程(10.57)无解，如图 10.7(c)所示。

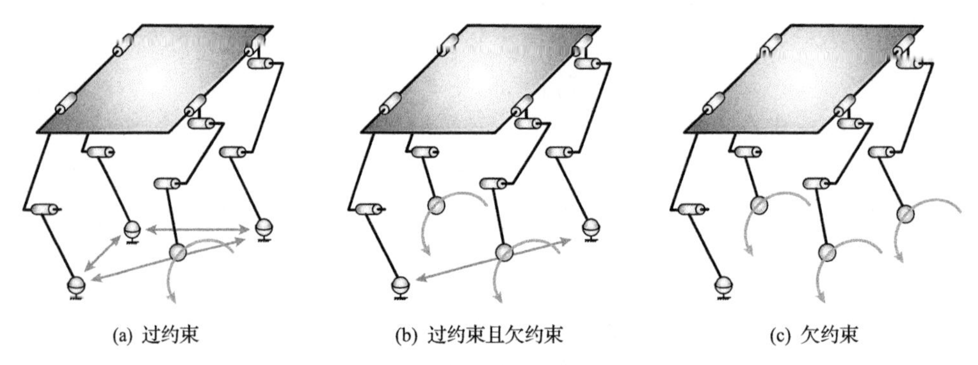

(a) 过约束　　(b) 过约束且欠约束　　(c) 欠约束

图 10.7　不同数目支撑腿的足地约束

为了在不同的约束条件下都能解算出一组合理的足地接触力$\{\boldsymbol{F}_i^P\}$，将方程(10.57)的求解问题转换为一个二次型最优化问题，用最优化问题的解来近似代替方程(10.57)的解。

构造二次规划问题如下：

$$J=\min\,(\boldsymbol{Ax}-\boldsymbol{b})^{\mathrm{T}}\boldsymbol{S}(\boldsymbol{Ax}-\boldsymbol{b})+\boldsymbol{x}^{\mathrm{T}}\boldsymbol{Wx} \tag{10.58}$$

$$\text{s.t.}\quad \boldsymbol{F}_{i,z}^S \geqslant \boldsymbol{F}_{\min,z}^S \tag{10.59}$$

$$-\frac{\sqrt{2}}{2}\mu\boldsymbol{F}_{i,z}^S \leqslant \boldsymbol{F}_{i,x}^S \leqslant \frac{\sqrt{2}}{2}\mu\boldsymbol{F}_{i,z}^S \tag{10.60}$$

$$-\frac{\sqrt{2}}{2}\mu\boldsymbol{F}_{i,z}^S \leqslant \boldsymbol{F}_{i,y}^S \leqslant \frac{\sqrt{2}}{2}\mu\boldsymbol{F}_{i,z}^S \tag{10.61}$$

其中，$\boldsymbol{S}\in\mathbb{R}^{6\times6}$和$\boldsymbol{W}\in\mathbb{R}^{3n\times3n}$为两个权重矩阵；$\boldsymbol{F}_{i,x}^S$、$\boldsymbol{F}_{i,y}^S$、$\boldsymbol{F}_{i,z}^S\in\mathbb{R}$ 分别为空间坐标系$\{S\}$下第i条支撑腿与地面的接触力$\boldsymbol{F}_i^S$沿x、y、z方向的分量（$\boldsymbol{F}_i^S\in\mathbb{R}^3$）；

$\boldsymbol{F}_{\min,z}^{S} \in \mathbb{R}^{+}$ 为接触力沿 z 轴方向分量的最小值；$\mu \in \mathbb{R}^{+}$ 为地面最大静摩擦系数。$\boldsymbol{F}_{i}^{S}$ 与 $\boldsymbol{F}_{i}^{P}$ 满足的线性关系为 $\boldsymbol{F}_{i}^{S}=\boldsymbol{R}_{P}\boldsymbol{F}_{i}^{P}$，$\boldsymbol{R}_{P} \in \mathrm{SO}(3)$ 为本体的转动矩阵。

目标函数的第一项 $(\boldsymbol{Ax}-\boldsymbol{b})^{\mathrm{T}}\boldsymbol{S}(\boldsymbol{Ax}-\boldsymbol{b})$ 是主要优化目标，矩阵 $\boldsymbol{S}$ 用来调整目标函数中力和力矩的权重比例，可以写成一个对角阵的形式，即 $\boldsymbol{S}=\operatorname{diag}(s_1, s_2,\cdots,s_6)$，其中 $s_i \in \mathbb{R}^{+}$。根据不同的步态可以对 $\boldsymbol{S}$ 进行不同的取值，以达到理想的控制效果。例如，在静态行走时，对机器人质心的位置精度要求较高，可以增大 s_1、s_2、s_3 以增加控制力的权重；在动态行走时，对机器人本体姿态的要求较高，可以增大 s_4、s_5、s_6 以增加控制力矩的权重。目标函数的第二项 $\boldsymbol{x}^{\mathrm{T}}\boldsymbol{W}\boldsymbol{x}$ 的作用是限制接触力向量 $\boldsymbol{x}$ 的大小，避免出现过大的接触力。矩阵 $\boldsymbol{W}$ 可以选择一个行列式远远小于 $\boldsymbol{S}$ 的实数对角阵。第一个约束条件是为了保证支撑腿始终与地面接触。第二和第三个约束是保证实际的摩擦力小于最大静摩擦力，这里使用了一个正方形来代替摩擦圆，如图 10.8 所示。显然，满足约束(10.60)和(10.61)的地面摩擦力必定在摩擦圆内部，足与地面不会发生相对滑动。虽然损失了一部分运动性能，但是将非线性约束变成线性约束，提高了最优化问题的求解效率。求解带线性约束的二次规划方法有拉格朗日法、有效集法和路径跟踪法等。这里采用路径跟踪法进行二次规划问题求解，路径跟踪法每次的搜索方向都是近似最优方向，它通过引入中心路径的概念，将求最优解转化为中心路径问题。

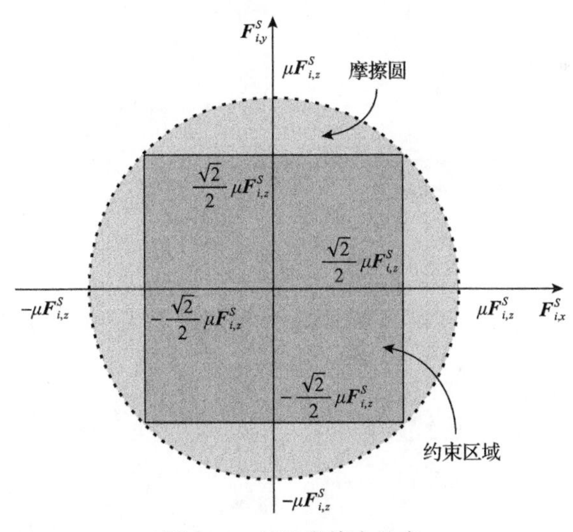

图 10.8　足地摩擦力约束

求解二次规划问题得出足地接触力 $\boldsymbol{F}_{i}^{P}$ 后，代入公式 $\boldsymbol{\tau}_{\mathrm{st},i}=-\boldsymbol{J}_{i}^{\mathrm{T}}\boldsymbol{F}_{i}^{P}$ 求出对应支撑腿的关节力矩，其中 $\boldsymbol{J}_{i}$ 表示第 i 条支撑腿的雅可比矩阵。力控制环的控制框图如图 10.9 所示。

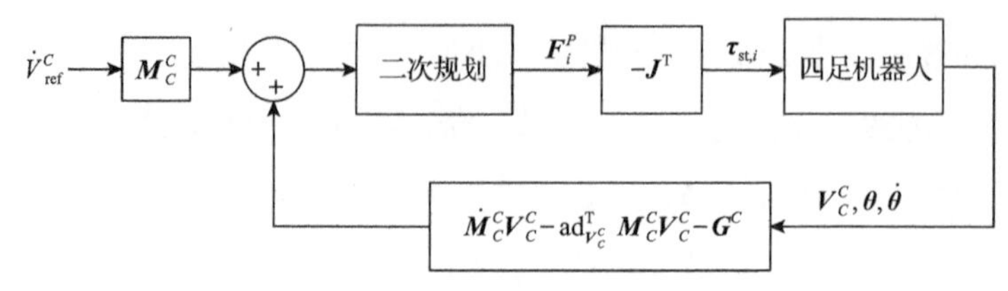

图 10.9　力控制环控制框图

本章提出的基于惯性中心的动力学控制方法相对于完整的动力学控制方法，具有以下特点：

(1) 仅使用惯性中心的 6 个指数坐标作为控制变量，降低了控制系统的维数，提高了模型的计算效率。

(2) 将机器人腿部的动态响应集中于惯性中心，并借鉴了虚拟模型控制法的思想，在避免求解关节加速度的同时也具有较好的动态特性。

(3) 引入了在 SE(3) 上的 PD 控制法，能够将机器人的平移和转动结合在一起控制，运动轨迹更平滑自然。

(4) 直接控制机器人质心的运动，有利于保证机器人行走的稳定性。

图 10.10 为机器人用 Trot 步态一个步态周期的运动过程。图 10.10(a) 表示抬

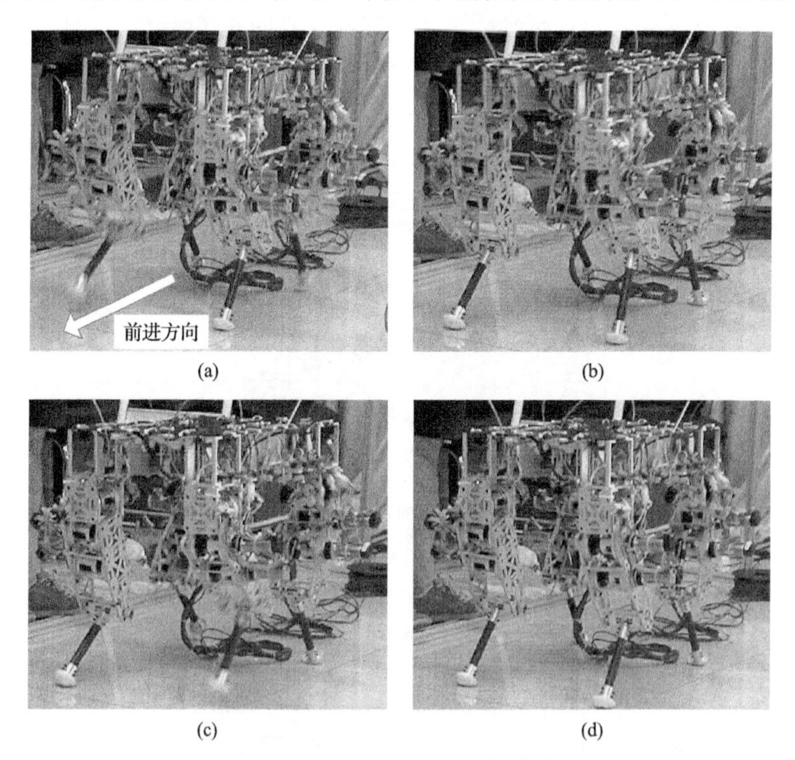

图 10.10　Trot 步态实验单周期运动过程

起腿 1 和腿 3，质心开始移动；图 10.10(b)表示腿 1 和腿 3 摆腿完成后，四腿支撑，质心继续移动；图 10.10(c)表示抬起腿 2 和腿 4；图 10.10(d)表示腿 2 和腿 4 摆腿完成后，四腿支撑，完成一个周期。四足机器人在行走过程中相当稳定，实验结果表明机器人成功实现了腿式 Trot 步态行走。

10.3　基于惯性中心的动力学在四足被动轮滑机器人控制中的验证

轮滑步态具有不同于足行步态的连续性和离散性，其机身的实际运动轨迹在平面内是一个 S 形曲线。仿人轮滑运动规划算法如图 10.11 所示，基于期望曲线的运动轨迹，首先根据仿人同侧轮滑步态的特征将期望轨迹离散化，分解成多段可行的直线或者圆弧。由于期望轨迹需要结合图像等，具体的路径规划就不再详细讨论。在这里将轨迹的基本单元分成三种典型的离散化运动(直线、左转弯、右转弯)，主要讨论机器人的三种典型运动。轮滑步态离散化运动的设计与足行运动的基本相同，根据机器人期望的速度和机器人运动的周期进行离散化，并设计每段轨迹的轨迹规划。

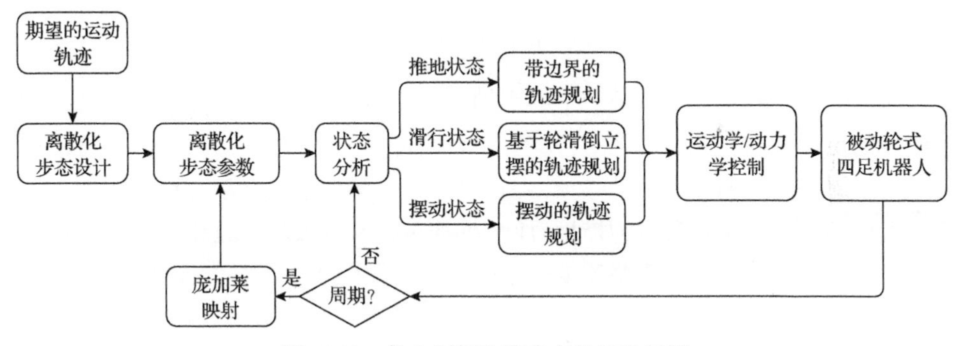

图 10.11　仿人同侧轮滑步态的运动规划

在获得离散化步态设计后(即得到步态的步序)，就需要设计离散化步态的参数。因为轮滑步态的滑行状态是不能直接控制的，所以无法精准地控制机器人机身轮滑运动的轨迹。在该运动规划方法下，引入模糊控制的概念，将庞加莱映射 PC(·) 应用于离散化步态的设计中。利用庞加莱映射描述机器人在每次周期结束后的状态，通过状态的误差来反馈设计下一个周期步态参数。

庞加莱映射 $\boldsymbol{s}^{k+1}=\mathrm{PC}(\boldsymbol{s}^{k})$ 表示两次连续的庞加莱截面的交点，这个离散的映射函数可以围绕一个代表周期轨道的不动点进行线性化。

在仿人同侧轮滑步态中，庞加莱截面可以表示为一个周期结束时机身中心的平面运动状态：

$$\boldsymbol{s}=\{\gamma,\dot{x},y\} \tag{10.62}$$

其中,一个周期结束的瞬时定义为当机器人进入左腿推地阶段或者右腿推地阶段,如图 10.12 所示,其中 $\dot{x}$ 表示机身坐标系下沿着 x 轴方向的速度,γ 表示机身绝对坐标系下的偏航角,y 的物理意义在不同运动中不同:在直线前进运动中表示机器人机身在绝对坐标系下沿着直线垂直方向的位置;在左转弯/右转弯运动中表示机器人机身绝对坐标系下的转弯半径。

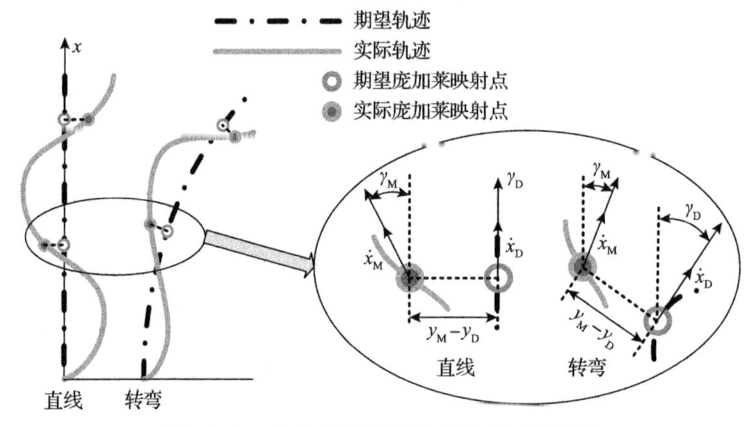

图 10.12　仿人同侧轮滑步态的庞加莱映射

假设机器人机身期望轨迹产生的庞加莱映射为 $\boldsymbol{s}_{\mathrm{D}}=\{\dot{x}_{\mathrm{D}},y_{\mathrm{D}},\gamma_{\mathrm{D}}\}$,机身实际轨迹产生的庞加莱映射为 $\boldsymbol{s}_{\mathrm{M}}=\{\dot{x}_{\mathrm{M}},y_{\mathrm{M}},\gamma_{\mathrm{M}}\}$。通过机身期望和实际的庞加莱映射得到下一个周期步态的各个运动参数,保证机器人在整体上的运动与期望运动一致。机器人周期步态的主要参数为推地时间、推地步长和等效轮滑倒立摆的侧倾角度。基于人体动态轮滑运动的策略和庞加莱映射,离散化步态参数的设计可以表示为

$$\begin{cases} t_{\mathrm{pus}}=t_{\mathrm{pus}}^{0}+K_{\mathrm{s}y}(y_{\mathrm{D}}-y_{\mathrm{M}}) \\ L_{\mathrm{push}}=L_{\mathrm{push}}^{0}+K_{\mathrm{s}x}(\dot{x}_{\mathrm{D}}-\dot{x}_{\mathrm{M}}) \\ \alpha_{\mathrm{D}}=\alpha_{\mathrm{D}}^{0}+K_{\mathrm{s}\gamma}(\gamma_{\mathrm{D}}-\gamma_{\mathrm{M}}) \end{cases} \tag{10.63}$$

其中,t_{pus}^{0}、L_{push}^{0}、α_{D}^{0} 分别表示初始期望的推地时间、推地步长和等效轮滑倒立摆的侧倾角度;t_{pus}、L_{push}、α_{D} 分别表示下一个周期的推地时间、推地步长和等效轮滑倒立摆的侧倾角度;$K_{\mathrm{s}x}$、$K_{\mathrm{s}y}$、$K_{\mathrm{s}\gamma}$ 为定常系数,这些定常系数在庞加莱映射的误差范围内通过经验获得,在设计离散化步态参数结果部分增加一个上下限,保证机器人具有一定的边界稳定性。

基于人体动态轮滑策略的分析，利用推地距离来宏观控制机器人的前进运动的速度(推地距离受推地速度和机构工作空间的限制)，左腿和右腿推地时间差来消除直线前进运动过程中的侧向误差。在四足机器人轮滑转弯运动中，利用被动轮的侧倾角(轮滑倒立摆等效侧倾角)和两条支撑腿的协调去控制等效转弯半径。哺乳动物四足机器人被动轮的偏航角与侧倾角呈线性关系，因此通过腿部运动控制被动轮的侧倾角来调节机器人的转弯半径。

通过庞加莱映射得到当前周期的步态参数后，就需要规划机器人机身、支撑腿和摆动腿的轨迹。为了更好地描述机器人轨迹，这里的运动规划均基于滑行状态一侧的被动轮坐标系下的描述，所以在轨迹产生阶段，主要需要规划三个部分：机身运动、推地状态腿运动和摆动状态腿运动。

10.3.1　机身的运动轨迹规划

机身的运动轨迹规划可以分为两种状态：四条腿分支支撑状态和两条腿分支支撑状态。

机身的两条腿分支支撑状态是一个欠驱动的状态，利用轮滑倒立摆进行规划。机器人机身相对于滑行状态的被动轮的运动可以表达为图 10.13，其中 dy_D 表示机身期望沿 y 轴方向的侧向运动距离，$\dot{y}_D$ 表示机器人进入右腿推地阶段的期望侧向速度。

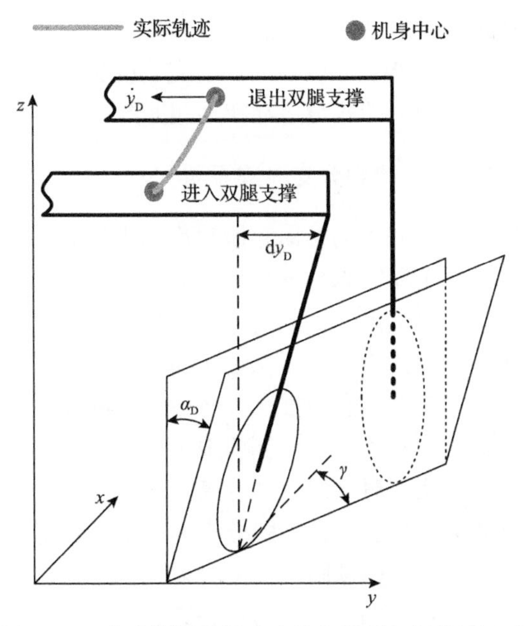

图 10.13　仿人同侧轮滑步态的轮滑倒立摆等效运动

机器人进入双腿支撑阶段时，机身的姿态保持水平且相对于滑行被动轮沿 y 轴的速度控制为零。利用期望的机身高度 z_{D} 和 $\mathrm{d}y_{\mathrm{D}}$，保证机器人在进入两腿支撑阶段时滑行被动轮具有期望的侧倾角。根据被动轮式四足机器人的单腿位姿分析可以得到末端被动轮与单腿侧向运动的距离为线性关系。利用机身在四腿支撑阶段的侧倾距离，可以设计机器人进入双腿支撑阶段的滑行状态的被动轮的初始侧倾角度。

通过该线性关系，机器人期望的侧倾距离可以表示为

$$\mathrm{d}y_{\mathrm{D}} \approx z_{\mathrm{D}} \frac{\sin\alpha_{\mathrm{D}}}{\cos\sigma} \tag{10.64}$$

其中，σ 为单腿初始的安装偏航角。

得到了机器人双腿支撑的初始边界条件后，即可通过轮滑倒立摆设计机器人机身的运动期望轨迹。

因为机身四条腿分支的支撑状态是一个完整驱动的状态，所以可以直接设计机身的运动。此时机器人机身相对于滑行状态的被动轮运动只有一个侧向运动，将机身在右腿推地或者左腿推地阶段沿 y 轴方向的运动等效成一个弹簧模型。机器人轮滑运动的双腿支撑时间可以通过设计的机身进入四腿支撑阶段沿 y 轴期望的线速度和等效弹簧刚度得到。

机器人四腿支撑的侧向运动的等效刚度可以表示为 $m\sqrt{\dot{y}_{\mathrm{D}}/\mathrm{d}y_{\mathrm{D}}}$，其中 m 为机器人的整体质量，在理想的轨迹中，四腿支撑阶段的最后机器人的侧向运动速度应当为零。根据设计的步态特点，机器人的前进速度越快，机器人的推地时间越短，滑行时间越长，这也与人的轮滑运动特性相匹配。

10.3.2 推地状态与摆动状态的腿分支轨迹规划

被动轮式四足机器人腿分支的推地和摆动运动规划对机器人提高轮滑效率至关重要。在理想状态下，机器人腿分支推地方向应该与被动轮的轴线方向平行，但是由于四足机器人是个复杂系统，同时处在推地阶段的腿分支具有两个，它们之间存在着复杂的非完整性约束。为了保证机器人能够稳定地消除机构和运动误差带来的内力，仿人同侧轮滑步态的推地方向均沿着机身的 y 方向。基于矢状面对称的原则，被动轮式四足机器人的同侧前腿和后腿应该具有相同的运动轨迹，且左右腿应该具有关于矢状面对称的运动轨迹。

根据人轮滑实验的数据分析，摆动腿分支的高度应该尽可能低，用以降低由摆动产生的能量消耗；此外，摆动腿分支应当以较快的加速度离开地面，防止地面的摩擦力对机器人滑行状态的干扰。被动轮式四足机器人腿分支的推地和摆动运动规划如图 10.14 所示，图中 H_{swing} 表示最高的抬腿高度。

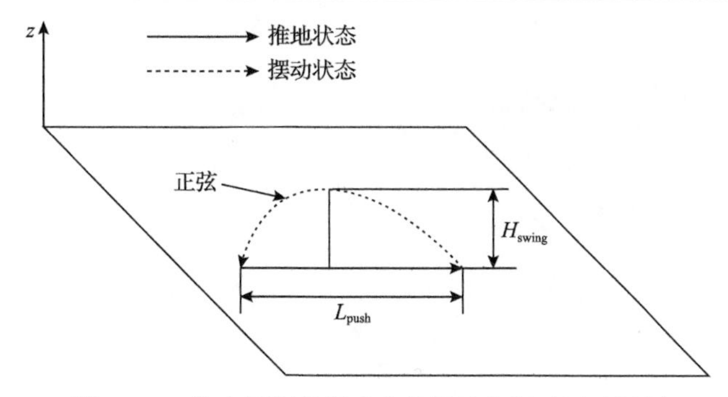

图 10.14　仿人同侧轮滑步态的推地和摆动运动规划

为了保证运动的连续性，机器人推地状态腿分支末端相对于滑动状态腿分支末端的运动轨迹可以表示为

$$y = \frac{L_{push}}{2}\left(1 - \cos\left(\frac{\pi t}{t_{pus}}\right)\right) \tag{10.65}$$

其中，y 为机器人推地状态腿相对于初始位置沿 y 方向的移动距离，可以看到该曲线可以保证在机器人从滑行状态到推地状态左右腿之间的速度差值为零，保证了速度的连续性。

机器人摆动状态腿分支末端相对于滑动状态腿分支末端的运动轨迹可以表示为

$$\begin{cases} y = L_{push}\left(\dfrac{t}{t_{swi}} - \sin\left(\dfrac{2\pi t}{t_{swi}}\right)\right) \\ z = \dfrac{H_{swing}}{2}\left(1 - \cos\left(\dfrac{2\pi t}{t_{swi}}\right)\right) \end{cases} \tag{10.66}$$

其中，y 和 z 分别为机器人摆动状态腿相对于初始位置沿 y 和 z 方向的移动距离。摆动腿分支末端的运动轨迹是典型的摆线的一种变形，典型摆线的优势在于它具有较好的边界条件。

在得到了期望的机身中心，以及推地状态的腿分支和摆动状态的腿分支期望运动轨迹后，将机身的轨迹代入运动学或者动力学控制器进行控制，最后实现仿人同侧动态轮滑步态。

利用 MATLAB 和 Simulink 联合仿真验证设计的被动轮式四足机器人的仿人同侧轮滑步态的可行性。这里仿真使用的被动轮式四足机器人如图 10.15 所示，其结构等效参数如表 10.1 所示。

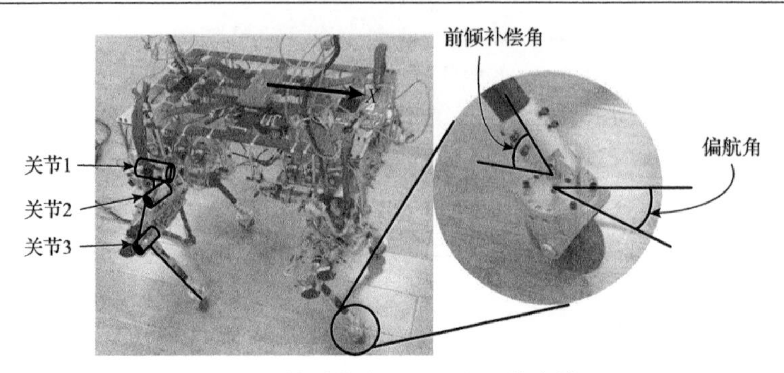

图 10.15　被动轮式四足机器人仿真模型

表 10.1　被动轮式四足机器人的结构等效参数

机器人参数	数值
机身宽度	0.324m
机身长度	0.488m
单腿第一段等效长度	0.70m
单腿第二段等效长度	0.200m
单腿第三段等效长度	0.200m
机器人整体质量	0.30kg
被动轮半径	0.38m

首先对被动轮式四足机器人的同侧轮滑步态可行性进行验证，步态的步长和机身的侧向摆动的期望值均设计为 0.05m。同侧轮滑步态的四个步态周期阶段(RPP、RBP、LPP、LBP)的期望时间分别为 0.2s、0.3s、0.2s、0.3s，所以直线前进运动和转弯运动的周期时间分别为 1s 和 0.5s。机器人单腿被动轮结构的初始偏航角绝对值设置为 20°(左右对称)。

被动轮式四足机器人的腿分支初始偏航角是动态轮滑步态的关键。所以下面对仿人的同侧轮滑步态在不同初始角度下的运动特性进行仿真分析。

1. 直线运动在不同初始偏航角下的仿真

在仿人同侧轮滑步态的直线前进运动中，被动轮式四足机器人的机身中心的前进速度仿真结果如图 10.16 所示(F 代表前腿，H 代表后腿，F10H10 代表前后腿的被动轮初始偏航角分别为 10°和 10°)。

在设计机器人腿分支被动轮的初始偏航角范围时，参考人的轮滑单腿被动轮的偏航角度，设计为 10°～30°。在仿真过程中，机器人从静止站立状态，逐渐移动到速度平稳的状态。在直线前进的加速度阶段，初始偏航角越小，机身的加速度越小。特别地，当初始偏航角为 0°时，单腿的被动轮处在一个奇异位形，在理

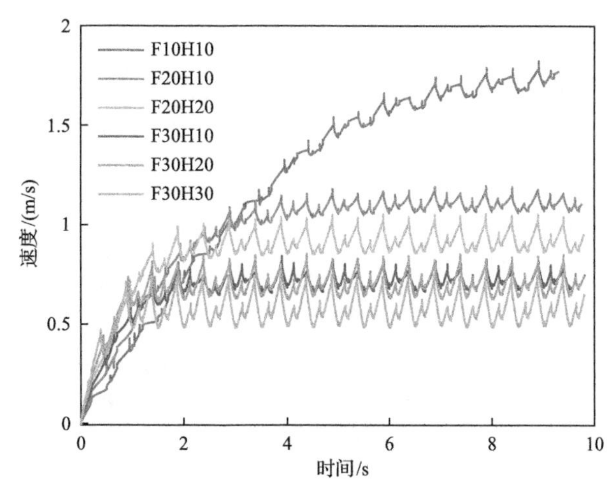

图 10.16　仿人同侧轮滑步态在不同初始偏航角条件下的直线运动速度

论上同侧轮滑步态加速度为零。通过实验数据可以看出，初始偏航角越小，机身在直线前进运动中的最大速度越大。特别地，当初始偏航角为 0°时，单腿的被动轮处在一个奇异位形，在理论上同侧轮滑步态最大速度为无穷大。

在右腿回摆或左腿回摆阶段，由于被动轮轴承的摩擦力，机器人的机身速度在逐渐降低。在右腿推地或左腿推地阶段，由于被动轮推动机器人运动，机器人的机身速度在逐渐增加。

在直线前进运动中，当机器人的机身速度达到稳定值时，单腿被动轮的初始偏航角越小，机器人的机身速度变化幅度越小。当前后腿被动轮的初始偏航角不同时，机器人理论上在双腿支撑阶段实现微小圆弧运动，基于矢状面对称原则，机器人的整体仍然能够实现稳定的直线前进运动。当前后腿被动轮的初始偏航角不同时，机器人机身的稳定滑行速度接近于其前后腿初始偏航角相同条件下的速度。根据仿真结果的最大稳定速度和加速度的特点，当被动轮式四足机器人需要滑行较长时间时选择单腿被动轮具有较小的初始偏航角，当四足机器人需要滑行较短距离时选择单腿被动轮具有较大的初始偏航角。

2. 转弯运动在不同初始偏航角下的仿真

在仿人同侧轮滑步态的转弯运动中，被动轮式四足机器人的机身中心的平面运动仿真结果如图 10.17 所示(基于矢状面对称，仅针对右转弯进行仿真，其中 F 代表前腿，H 代表后腿，F10H10 代表前后腿的被动轮初始偏航角分别为 10°和 10°，R 为等效的圆弧半径)。

由仿真结果可以看出，当机器人的单腿被动轮的初始偏航角减小时，仿人同侧轮滑步态的转弯半径增大，转弯能力减小。由于不同实验的仿真时间是相同的，可以从圆弧的长度判断出当机器人的单腿被动轮的初始偏航角减小时，仿人同侧

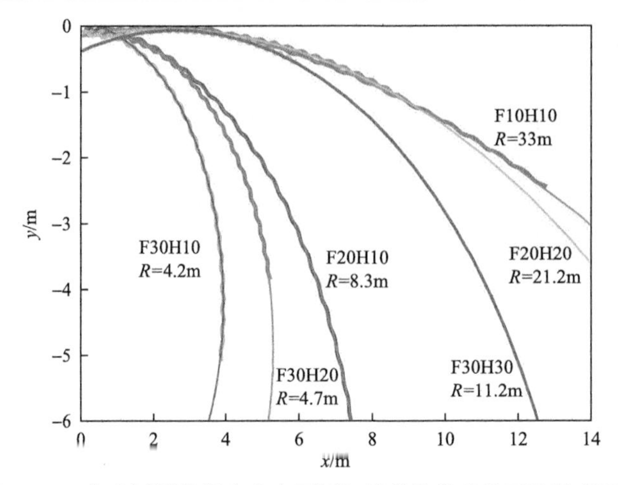

图 10.17　仿人同侧轮滑步态在不同初始偏航角条件下的转弯运动

轮滑步态的速度加快。当机器人的前腿被动轮的初始偏航角与后腿被动轮的初始偏航角相同时，由等效的轮滑倒立摆侧倾角决定的转弯步态的能力较弱。

根据之前研究的人类轮滑步态，四个支撑被动轮结构产生的摩擦阻力过大，无法实现小半径的转弯步态。在人类轮滑过程中，两条腿的协同工作在小半径转弯步态中起着重要作用。由于四足机器人灵活度远不如人，其利用两侧的支撑腿被动轮协同工作难度较大。但是可以利用同侧的两条支撑腿的协同工作来实现小半径的转弯运动，同时由于矢状对称运动，也可以实现直线前进运动。当机器人的前后腿被动轮的初始偏航角差值增大时，机器人的转弯半径减小，转弯能力增加。在设计单腿被动轮的初始偏航角时，为了获得较小的转弯半径，前肢和后肢之间的初始偏航角差值必须足够大。同侧轮滑步态的直线前进运动和转弯运动机身轨迹如图 10.18 所示，在实际样机中的实验效果如图 10.19 所示。

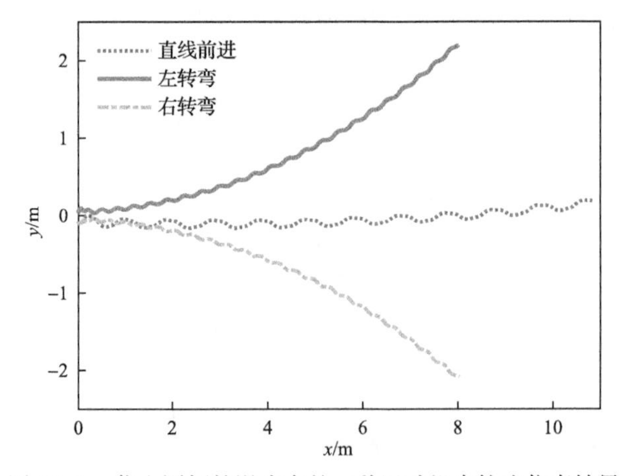

图 10.18　仿人同侧轮滑步态的三种运动机身轨迹仿真结果

 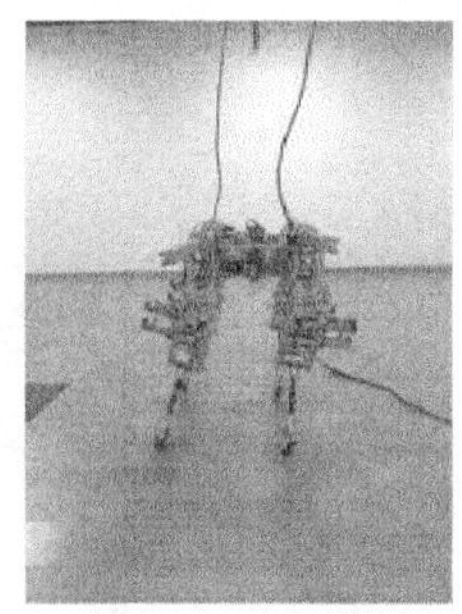  

图 10.19　四足被动轮滑机器人轮滑实验

四足机器人的身体中心在仿人同侧轮滑步态中，模仿人类轮滑运动特点，实现直线前进和转弯运动(包括左转弯和右转弯)。与典型的“葫芦”步态相比，被动轮式四足机器人的同侧动态轮滑步态更接近于人类轮滑的一般运动。利用被动轮式四足机器人单腿的末端被动轮式姿态分析结果(在滑行状态的被动轮可以基本保持偏航角度不变)，该机器人的单腿分支末端满足人类轮滑运动的特征。在实验中，机器人从双腿支撑阶段转变成四腿支撑阶段是一个变化的过程，且很难在被动轮末端增加足地力传感器，只能通过关节电流近似估计，导致机器人在触地过程中产生较大的冲击，消耗了轮滑滑行的惯性力，这是在运动学过程中轮滑效果无法提升的一个重要原因。在仿人同侧动态轮滑步态中，机器人的稳定滑行速度可以达到 0.4m/s，而对于具有相同步长和周期的四足机器人，对角小跑步态速度为 0.1m/s，大大提高了机器人的移动速度。

第 11 章　多足机器人自适应步态控制技术

为了应对星球探测中的极端恶劣天气导致机器人局部缺失地图的特殊境况，进一步解决多足机器人动态控制的实时性和奇异性问题，同时提高机器人在星球探测过程中的适应性，本章设计一个用于多足机器人自适应步态规划的虚拟支撑平面，介绍一种仅依靠机身惯性测量单元和足底力传感器感知的多足机器人自适应步态。在行走过程中，足式机器人满足静态稳定至少需要三条支撑腿，以此为基础可以设计多足机器人的自适应步态。基于机身惯性测量单元姿态估计和足端力反馈的多足机器人自适应步态控制技术，能够在不需要视觉、采用最小化硬件与计算成本的条件下实现机器人在复杂地形环境的自适应动态稳定行走。

11.1　自适应步态设计

自适应步态的整体运动规划框图如图 11.1 所示。机器人的步态参数主要包括机身的理想高度 H_0、期望的移动速度 $\boldsymbol{v}_0$ 和最大步长 $L_{\max}$。步态参数可以根据境

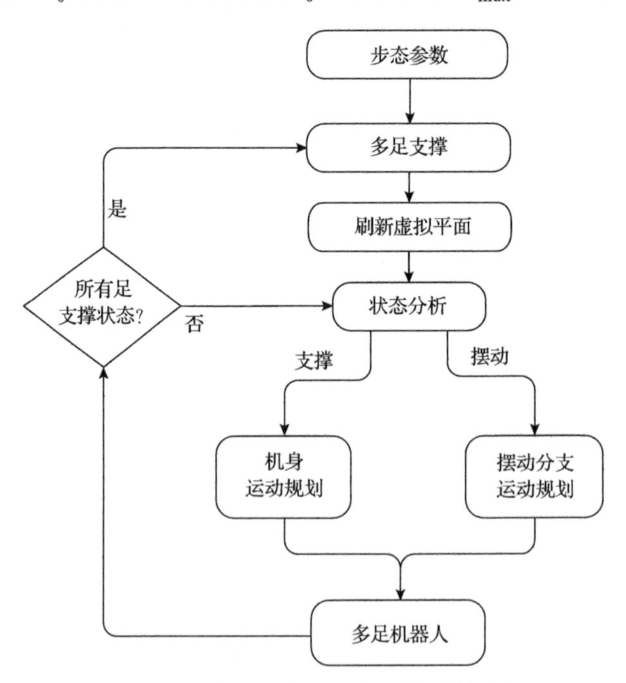

图 11.1　自适应步态整体运动规划框图

况实时修改，并在下一个多足支撑状态开始生效。多足支撑状态是切换所有分支摆动相和支撑相的一个关键过渡状态。在多足支撑阶段，机器人根据之前所有分支的状态和稳定裕度设计所有分支下一阶段的状态，并设计机器人下一阶段的稳定支撑多边形和机身期望位姿。机器人根据设计的下一阶段的支撑分支刷新虚拟支撑平面用于计算机身轨迹和摆动分支轨迹。状态分析模块将腿分支分为支撑相和摆动相进行运动规划。处于支撑相的分支在规划完机身轨迹后，利用机身的逆运动学来求解关节期望轨迹。处于摆动相的分支直接利用摆动分支的运动规划求解关节期望轨迹。当摆动相的所有腿分支全部触地进入支撑相后，机器人进入多足支撑状态；当摆动相存在无法搜索到的支撑状态时，返回先前状态重新进行运动规划。

11.2　虚拟支撑平面

在缺失全局地图的条件下，机器人可以通过惯性传感器获取机身的姿态，并通过关节传感器获取所有立足点相对于机身的位置。为了保证机器人运动的连续性和稳定性，本节设计一个虚拟支撑平面用于描述机器人的稳定性和运动规划，在后续的机身规划都是基于该虚拟支撑平面进行描述的。虚拟支撑平面可以表示为图 11.2。

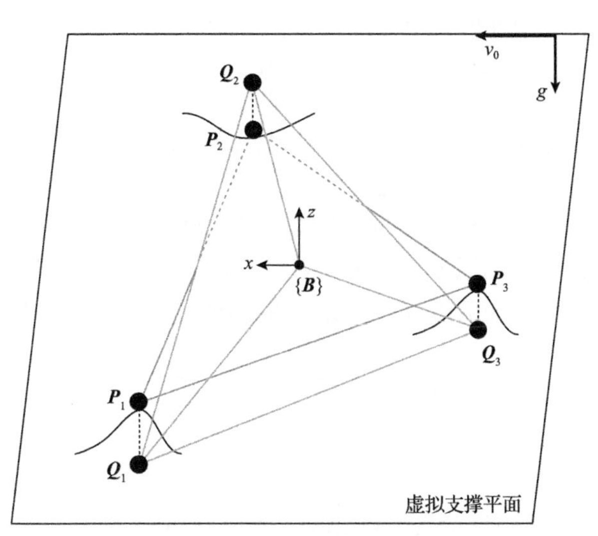

图 11.2　虚拟支撑平面

假设星球的重力加速度为 g，垂直于重力方向的平面定义为水平面，期望机身的前进速度为 v_0。在行走过程中，尽可能减少机器人腿分支的支撑时间并且保证机器人的稳定性，每次规划机器人移动过程中至少具有三条支撑相分支。假设机器人下一阶段设计的三条支撑分支当前的立足点位置分别为 $\boldsymbol{P}_1$、$\boldsymbol{P}_2$、$\boldsymbol{P}_3$。虚拟支撑平面可以定义为一个平行于水平面并且高度为立足点高度的平均值的平面。机器人下一阶段设计的三条支撑分支立足点在虚拟支撑平面的投影点分别为 $\boldsymbol{Q}_1$、$\boldsymbol{Q}_2$、$\boldsymbol{Q}_3$。由于地形复杂且不平整，为了建立运动的参照以更好地保证机器人运动的连续性，基于当前虚拟支撑平面建立一个固定的虚拟坐标系 $\{B\}$。虚拟坐标系 $\{B\}$ 的原点建立在三个立足点的投影 ($\boldsymbol{Q}_1$、$\boldsymbol{Q}_2$、$\boldsymbol{Q}_3$) 形成的支撑三角形的内心 (到三条边的距离相等)，x 轴平行于期望运动方向，z 轴平行于重力且方向相反。机器人可以基于新坐标系 $\{B\}$ 刷新当前机器人机身的位置和所有立足点的位置，可以表示为

$$\boldsymbol{P}_C^B = -\boldsymbol{R}_C E(\boldsymbol{P}_{fC}^i) \tag{11.1}$$

$$\boldsymbol{P}_{fB}^i = \boldsymbol{R}_C \boldsymbol{P}_{fC}^i + \boldsymbol{P}_C^B \tag{11.2}$$

其中，$\boldsymbol{P}_C^B$ 表示在虚拟坐标系下机身的位置；$\boldsymbol{R}_C$ 表示机身姿态；$E(\cdot)$ 表示均值运算 (这里取三条支撑腿的均值)；$\boldsymbol{P}_{fC}^i$ 和 $\boldsymbol{P}_{fB}^i$ 分别表示在机身坐标系和虚拟坐标系下第 i 条分支末端的位置。

11.3　基于指数映射在 SE(3) 空间的机身轨迹规划

指数映射描述机器人运动是一种完备的描述方法，相对于传统的欧拉角，可以避免产生无法描述奇异位形。在机身运动规划中，将机器人的机身位姿利用指数映射进行描述，并在 SE(3) 空间进行运动规划。

在指数坐标系下表示机器人的位姿，不仅能避开奇异性，还能将位姿映射成六维欧氏空间，便于使用插补算法来规划机身轨迹。基于该机器人机构工作空间分析，用三次曲线进行插值规划，机身在指数坐标系下的运动可以表示为

$$\begin{aligned}
\boldsymbol{\xi} &= \xi_0 + \dot{\xi}_0 t + \boldsymbol{a}_2 t^2 + \boldsymbol{a}_3 t^3, \quad t \in [0, T] \\
\boldsymbol{a}_2 &= \frac{3}{T^2}(\xi_1 - \xi_0) - \frac{2}{T}\dot{\xi}_0 - \frac{1}{T}\dot{\xi}_1 \\
\boldsymbol{a}_3 &= -\frac{2}{T^3}(\xi_1 - \xi_0) + \frac{1}{T^2}(\dot{\xi}_1 + \dot{\xi}_0)
\end{aligned} \tag{11.3}$$

其中，$\xi_i (i=0,1)$ 为位姿的指数坐标；$\dot{\xi}_i (i=0,1)$ 为位姿的指数坐标的一阶导数；T 为步态周期。

假设在虚拟坐标系 $\{B\}$ 下，机身的初始位姿可以表示为

$$\xi_0 = \log(\boldsymbol{G}_0) \tag{11.4}$$

其中，ξ_0 为初始位姿的指数坐标；$\boldsymbol{G}_0$ 为初始位姿的变换矩阵；$\log(\cdot)$ 为指数映射的反运算(对数运算)。

$$
\begin{aligned}
\log(\boldsymbol{G}) = &\frac{1}{8}\csc^3\frac{\theta}{2}\sec\frac{\theta}{2}[(\theta\cos(2\theta)-\sin\theta)\boldsymbol{I}_4 \\
&-(\theta\cos\theta+2\theta\cos(2\theta)-\sin\theta-\sin(2\theta))\boldsymbol{G} \\
&+(2\theta\cos\theta+\theta\cos(2\theta)-\sin\theta-\sin(2\theta))\boldsymbol{G}^2 \\
&-(\theta\cos\theta-\sin\theta)\boldsymbol{G}^3] \\
\mathrm{Tr}(\boldsymbol{G}) = &2(1+\cos\theta),\quad -\pi<\theta<\pi
\end{aligned}
\tag{11.5}
$$

为了保证每条支撑腿工作空间相近，机身期望的姿态平行于真实立足点形成的支撑平面，机身期望的位置在虚拟支撑平面的投影与虚拟坐标系 $\{B\}$ 的原点重合，则机身期望位姿的指数坐标可以表示为

$$
\xi_1=\log(\boldsymbol{G}_1),\quad \boldsymbol{G}_1=\begin{bmatrix}\boldsymbol{R}_1 & \boldsymbol{P}_1\\ \boldsymbol{0} & \boldsymbol{1}\end{bmatrix} \tag{11.6}
$$

其中，ξ_1 为机身期望位姿的指数坐标；$\boldsymbol{G}_1$ 为期望位姿的变换矩阵；$\boldsymbol{P}_1=[0\quad 0\quad H_{\mathrm{b}}]^{\mathrm{T}}$ 和 $\boldsymbol{R}_1$ 分别为机身期望的位置和姿态。

$\dot{\xi}$ 为指数映射的导数，可以利用速度旋量求解：

$$
\dot{\xi}=\left\{I_6-\frac{1}{2}\boldsymbol{Z}+\left[\frac{2}{\theta^2}+\frac{\theta+3\sin\theta}{4\theta(\cos\theta-1)}\right]\boldsymbol{Z}^2+\left[\frac{1}{\theta^4}+\frac{\theta+\sin\theta}{4\theta^3(\cos\theta-1)}\right]\boldsymbol{Z}^4\right\}\xi_{\mathrm{d}} \tag{11.7}
$$

其中，$\boldsymbol{Z}=\mathrm{ad}(\xi)$；$\xi_{\mathrm{d}}$ 为满足 $\frac{\mathrm{d}}{\mathrm{d}t}\mathrm{e}^z=\mathrm{ad}(\xi_{\mathrm{d}})\mathrm{e}^z$ 的李代数元素。由此可规划出机身在虚拟坐标系 $\{B\}$ 下的期望位姿及其速度的旋量。

为了提高机身姿态控制的实时性，并避免奇异位形带来的不确定性，提出一种基于指数映射的机器人机身姿态控制方法，机身姿态整体控制流程如图 11.3 所示。

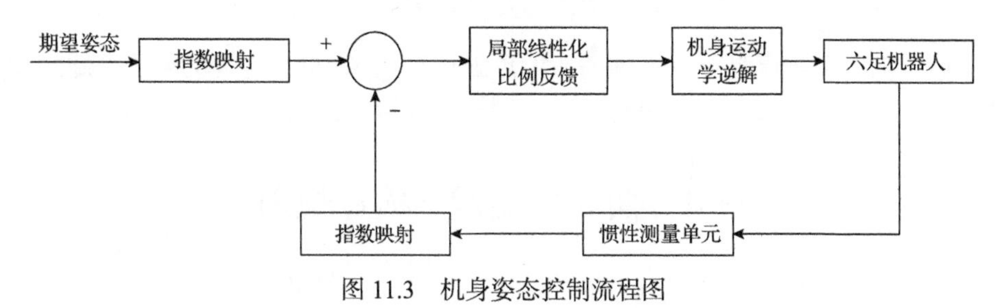

图 11.3　机身姿态控制流程图

根据机器人的指数映射，假设机器人的期望指数映射及其导数为 ξ_{d} 和 $\dot{\xi}_{\mathrm{d}}$，实

际的指数映射及其导数为 ξ_{b} 和 $\dot{\xi}_{\mathrm{b}}$。为了简化姿态控制，在差值规划的基础上，对机器人的姿态进行局部线性化的比例控制：

$$\xi_{\mathrm{c}}^{\mathrm{now}}=\xi_{\mathrm{c}}^{\mathrm{old}}+[K_{\mathrm{P}}(\xi_{\mathrm{d}}-\xi_{\mathrm{b}})+K_{\mathrm{D}}(\dot{\xi}_{\mathrm{d}}-\dot{\xi}_{\mathrm{b}})]\mathrm{d}t \tag{11.8}$$

其中，$\xi_{\mathrm{c}}^{\mathrm{now}}$ 为机器人的当前差值参考姿态；$\xi_{\mathrm{c}}^{\mathrm{old}}$ 为机器人上一次差值的参考姿态；$\mathrm{d}t$ 为差值时间；K_{P} 为位置误差的比例项；K_{D} 为速度误差的比例项；$\xi_{\mathrm{d}}-\xi_{\mathrm{b}}$ 为位置误差；$\dot{\xi}_{\mathrm{d}}-\dot{\xi}_{\mathrm{b}}$ 为速度误差。在指数空间上，对机器人的姿态进行了局部线性化，利用比例微分控制器，保证机器人的姿态维持在期望的状态。

在已知机器人的当前参考姿态后，利用机器人运动学逆解，可以求解机器人的关节参考角度，从而控制机器人。利用机器人的机身运动学，将机器人的期望位姿和足末端位置映射成为基于各自单腿坐标系下的位置，原理如图 11.4 所示。

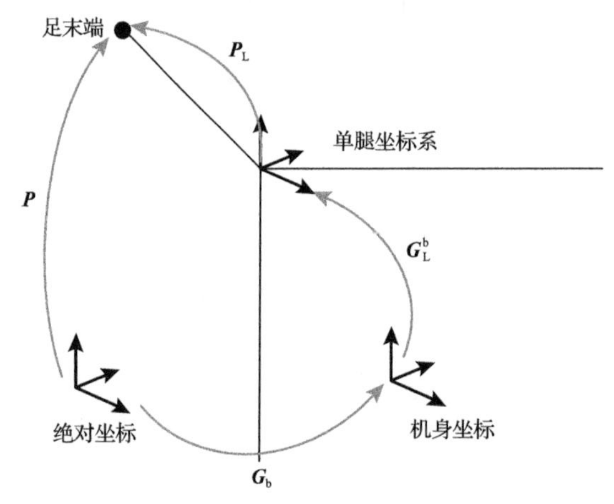

图 11.4　足末端位姿映射

已知机器人机身的期望运动位姿为 $\boldsymbol{G}_{\mathrm{b}}$，足末端的实际的轨迹为 $\boldsymbol{P}$，单腿相对于机身坐标系的位姿为 $\boldsymbol{G}_{\mathrm{L}}^{\mathrm{b}}$，则在单腿坐标系下足末端的位置表示为

$$\boldsymbol{P}_{\mathrm{L}}=(\boldsymbol{G}_{\mathrm{b}}\boldsymbol{G}_{\mathrm{L}}^{\mathrm{b}})^{-1}\boldsymbol{P} \tag{11.9}$$

通过该运动学模型可以得到期望的单腿运动状态。根据得到的期望单腿运动，进行单腿运动学逆解，可以得到用于控制机器人运动的各个关节的角度。

11.4　摆动分支运动轨迹规划

在虚拟坐标系 $\{B\}$ 下，为了更好地利用摆动分支的工作空间来适应地形，使用一种简单的轨迹搜索算法来实现摆动分支的运动规划。每条摆动分支使用相同的运动规划方法，单腿的摆动轨迹示意图如图 11.5 所示，可以将其分为三个阶段。

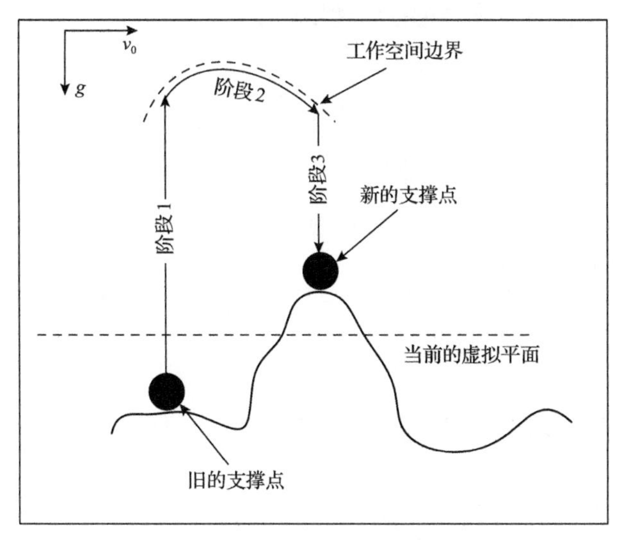

图 11.5　摆动分支的运动规划

阶段 1：摆动分支的末端从旧的支撑点出发，平行于重力方向向上移动，直到到达工作边界(实际应用中，给出一定的稳定边界距离)。

阶段 2：该阶段的主要目的是摆动分支末端向前移动。该阶段需要考虑两个因素：工作空间和是否接触地面。为了能够最大限度地利用摆动腿的工作空间及降低运动规划的复杂性，将摆动分支末端的运动空间网格化进行搜索，具体的搜索算法如图 11.6 所示。阶段 2 停止并进入阶段 3 的边界条件为分支末端水平移动的距离到达最大步长 $L_{\max}$ 或者碰撞到地面(分支末端存在接触力)。

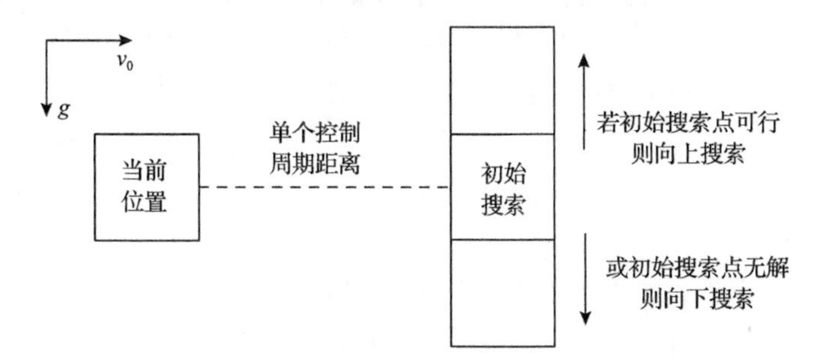

图 11.6　阶段 2 的搜索算法

阶段 3：摆动分支末端从阶段 2 最后的位置竖直向下寻找新的支撑点。摆动分支末端以一个恒定向下的速度(大小为 v_{fz0})进行搜索：当机器人摆动分支末端的力传感器检测到力时，开始判定是否接触到地面；当机器人到达工作空间边界时，该分支结束摆动阶段。

机器人利用阻抗模型来判定分支末端是否接触到地面，当分支末端力传感器存在反馈力时，摆动分支末端的搜索速度如下：

$$v_{\mathrm{fz}} = v_{\mathrm{fz}0}\left(1 - \frac{F}{F_{\mathrm{s}0}}\right) \tag{11.10}$$

其中，v_{fz} 为搜索速度；F 为当前分支末端力的绝对值；$F_{\mathrm{s}0}$ 为判定足地接触的阈值，一般设为稳定站立地面的支撑力。当 $F \geqslant F_{\mathrm{s}0}$ 时，分支末端的位置为新的支撑点，该分支结束摆动阶段。

在地形局部高度落差不超过单腿支撑下机身的最大工作空间范围时，机器人可以使用该自适应步态进行探索性行走。

11.5　在多模式六足机器人和四足机器人中的验证

本节建立一个如图 11.7 所示的六足机器人仿真环境，对该机器人的自适应步态运动规划进行仿真验证。惯性测量单元可以测量机身的姿态和重力方向，每个分支末端安装的一维力传感器可以测量足地之间的接触力，机器人和地面之间的接触使用经典的碰撞模型。

自适应步态的仿真在高低不平的地形上进行，在未知地形且没有导航定位的条件下，机器人利用该自适应步态进行探索性行走。机器人的机身期望高度设计为 0.3m，最大步长为 0.1m。自适应步态的仿真示意图如图 11.8 所示(一次六足支撑状态到下一次六足支撑状态)。

图 11.8(a)表示机器人在一个六足支撑状态并且确定了新的支撑平面。机器人将以该支撑平面作为基准，刷新机器人的虚拟支撑平面。机器人根据新的虚拟支撑平面，可以重新规划新的期望姿态，该姿态平行于三个立足点形成的支撑平面。从图 11.8(a)到(b)，机器人机身的位姿在指数坐标下进行规划，同时机器人的三条摆动分支依照设计的运动规划寻找可行的立足点。当机器人机身稳定到达期望位姿并且三个摆动分支寻找到稳定的支撑点后，进入图 11.8(c)即机器人的下一个六足支撑状态。

在虚拟坐标系下，机器人的机身位姿指数坐标如图 11.9 所示。从图中可以看出机器人机身的位姿变化分为三个阶段：刷新虚拟支撑平面阶段、指数坐标系下的运动规划阶段、等待三条摆动腿寻找稳定支撑点阶段。机身位姿在指数坐标系下的运动规划阶段是连续平稳的，利用指数坐标的运动规划，减少了机器人机身由于速度突变带来的惯性力，使得机器人的运动更加平稳。此外，机器人在指数坐标系下，不仅可以使用三次曲线进行拟合运动规划，也可以使用其他曲线进行拟合。

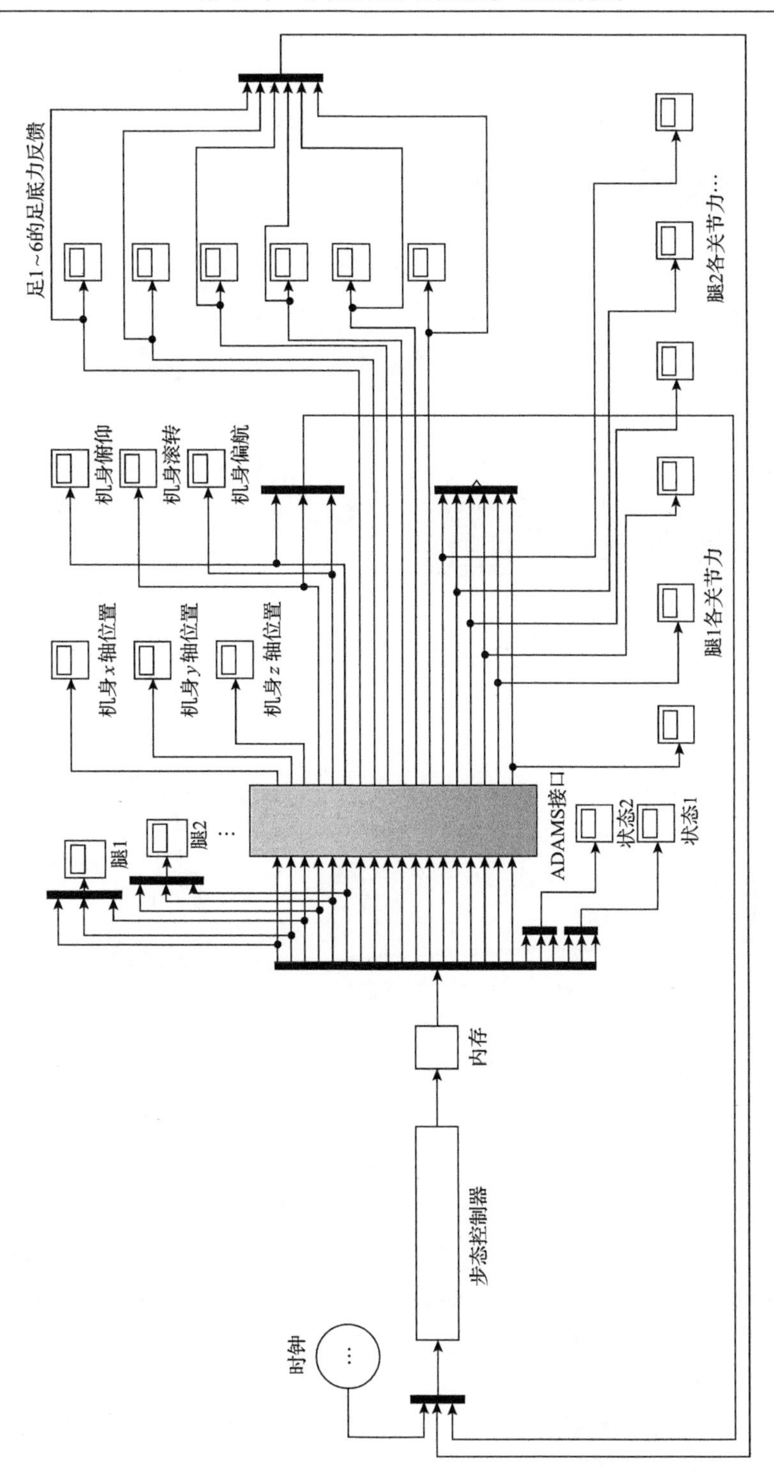

图 11.7　自适应步态仿真环境

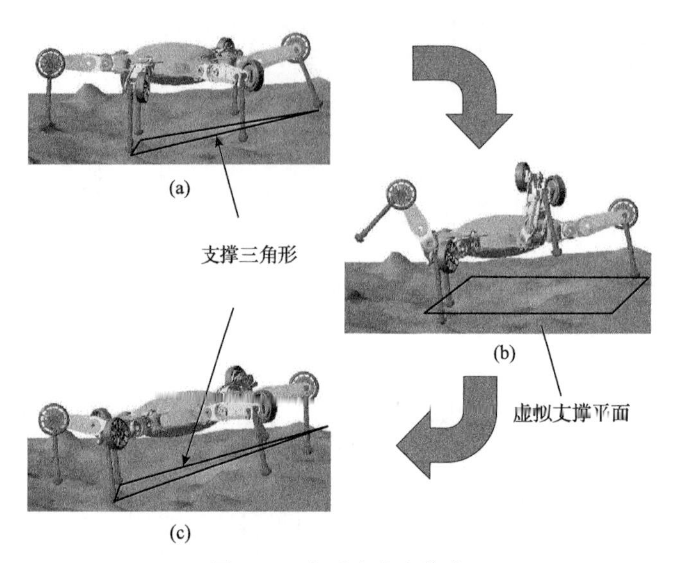

图 11.8　自适应步态仿真

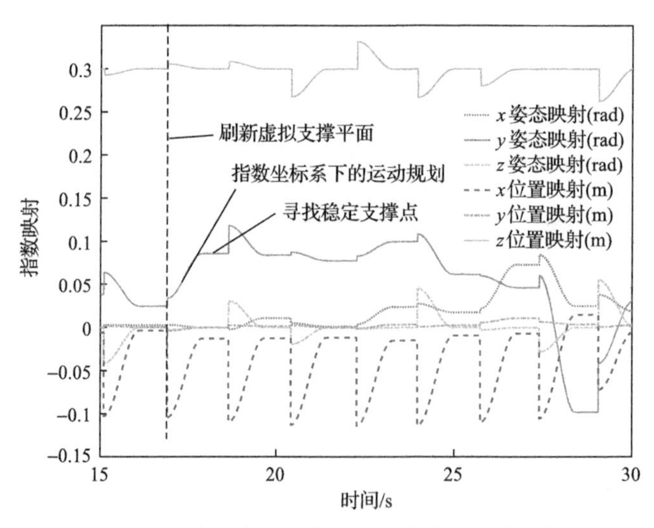

图 11.9　自适应步态仿真的机身位姿指数映射

在虚拟坐标系下，机器人足末端的高度如图 11.10 所示。机器人立足点高度在一定程度上能够体现地形的起伏变化，通过立足点的位置，可以建立简单的地形离散图，来记录当前地形的离散特征。

作者团队研制了一台六足机器人用于验证所提出的自适应步态的可行性，机器人可以在不依靠先验地图信息的基础上在崎岖的地形上行走，如图 11.11 所示，障碍物高 0.1m，轮行无法通过。

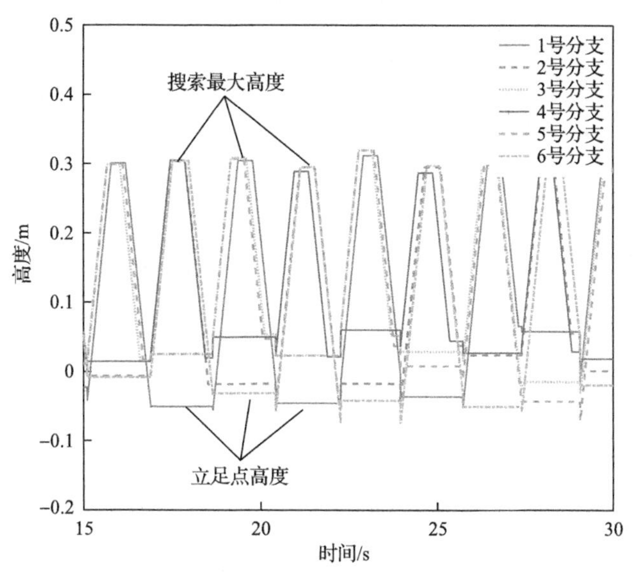

图 11.10　自适应步态仿真的足末端高度

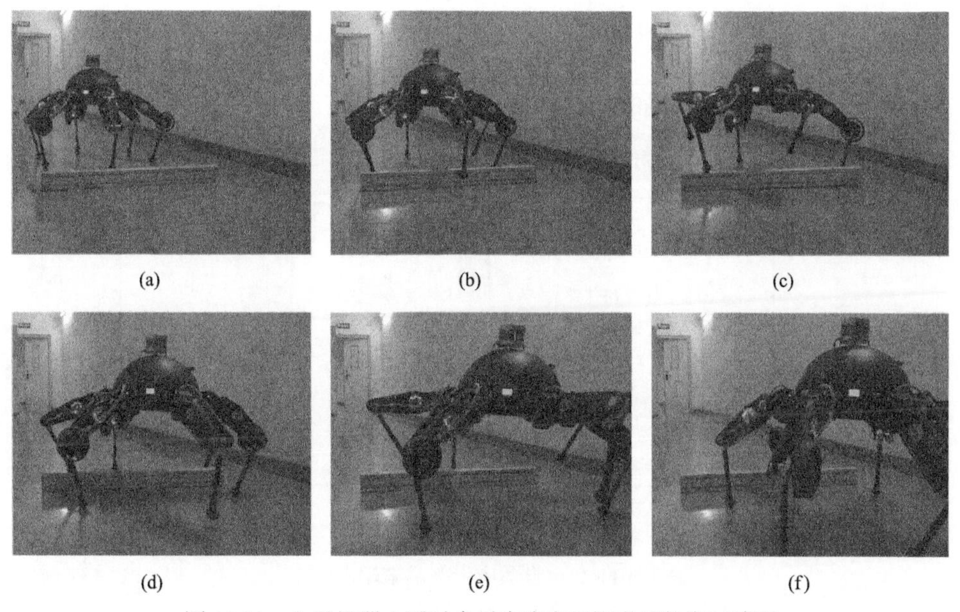

图 11.11　六足机器人通过自适应步态无视觉导航穿过障碍

该六足机器人应用该自适应步态跨越障碍的关节角度变化如图 11.12 所示，从关节角度变化曲线可以看出整个运动过程角度连续，没有突变。

机器人的立足点在空间中的位置变化会在一定程度上反映出地形的崎岖特征，若立足点足够密集，则可以建立地形图。该六足机器人应用自适应步态通过崎岖地形时的立足点高度变化如图 11.13 所示，从图中可以看出地形的起伏高度差在 0.1m 左右，与实际实验场景一致。

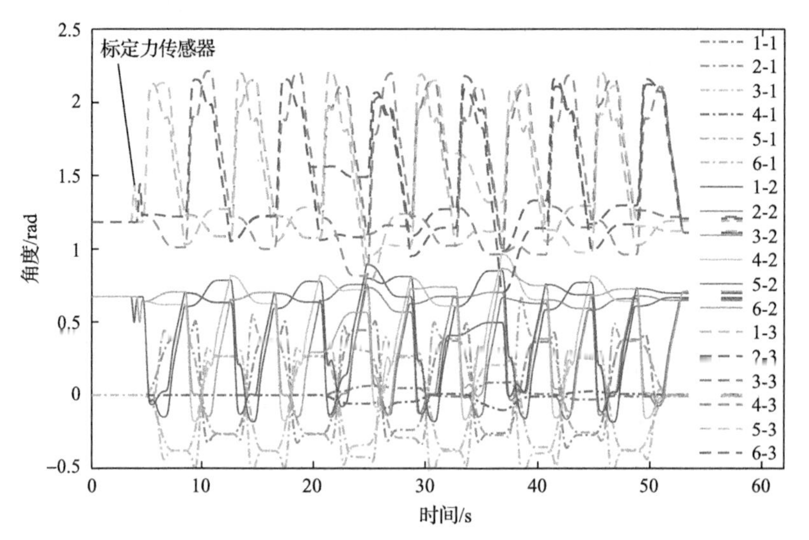

图 11.12　自适应步态关节角度变化

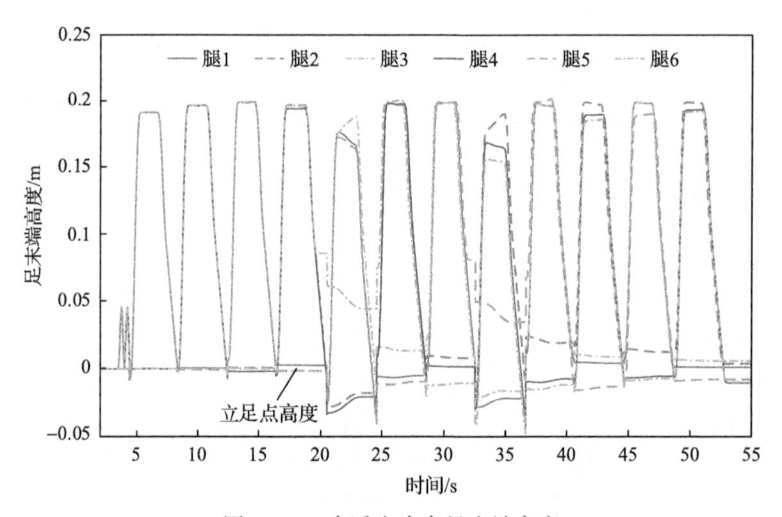

图 11.13　自适应步态足末端高度

如图 11.14 和图 11.15 所示，以该步态为基础，扩展研制了一台六足机器人和一台四足机器人样机，将足端力反馈和机身惯性测量单元姿态估计的多足机器人自适应控制技术应用到四足机器人和六足机器人中。机器人可不依靠视觉和导航穿越复杂地形，降低了机器人的硬件成本，减轻了机身质量，同时可提高机器人的实时性与稳定性。

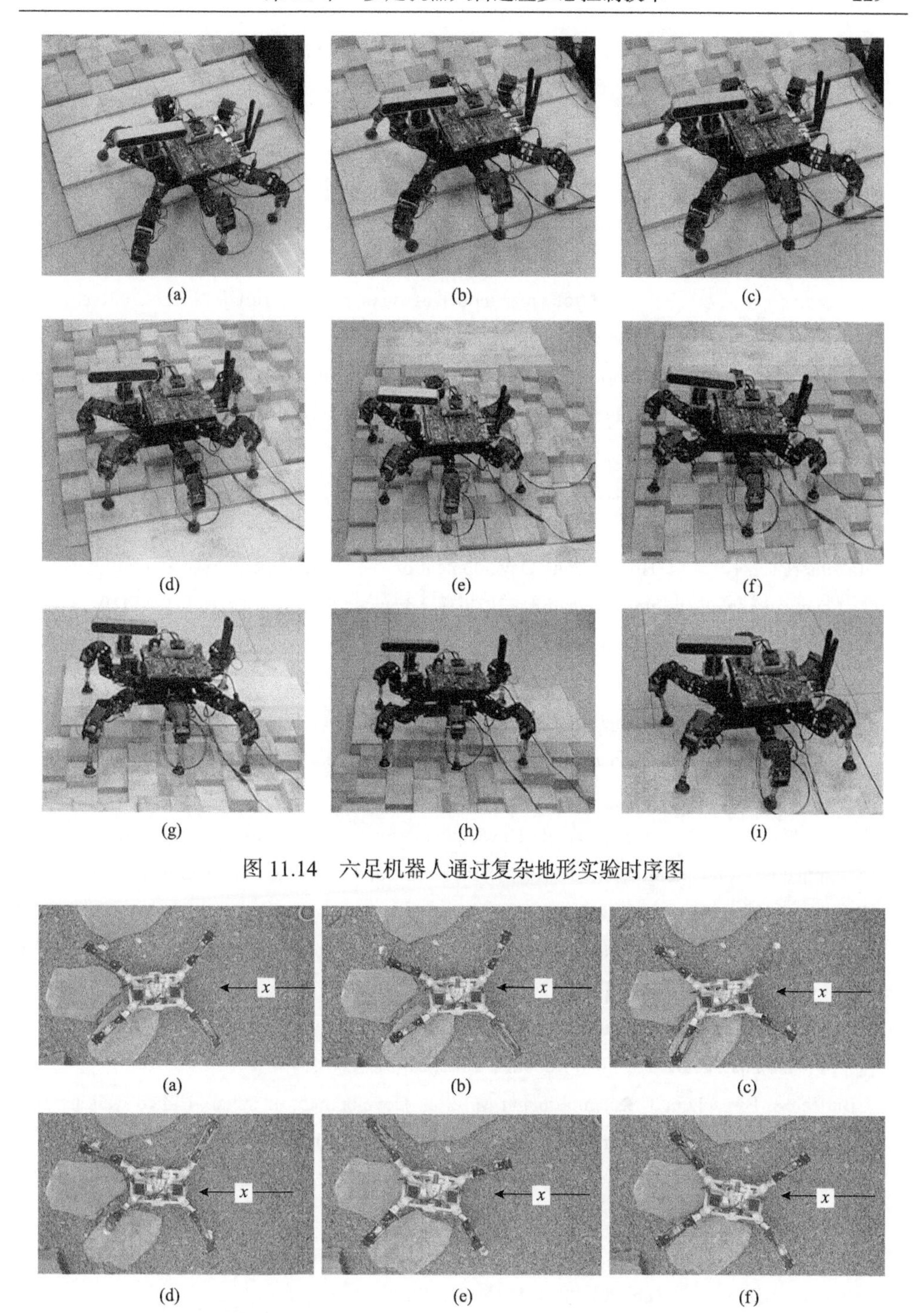

图 11.14　六足机器人通过复杂地形实验时序图

(a) (b) (c)
(d) (e) (f)

图 11.15　四足机器人通过自适应步态无视觉导航穿过复杂地形实验时序图

参 考 文 献

[1] Abad S A, Herzig N, Sadati S M H, et al. Significance of the compliance of the joints on the dynamic slip resistance of a bioinspired hoof[J]. IEEE Transactions on Robotics, 2019, 35(6): 1450-1463.

[2] Choomuang R. Distributed control on a model of mars rover spirit[C]. IEEE Conference on Robotics, Automation and Mechatronics, 2008: 1-7.

[3] Fuchs M, Borst C, Robuffo Giordano P, et al. Rollin'Justin—design considerations and realization of a mobile platform for a humanoid upper body[C]. IEEE International Conference on Robotics and Automation, 2009: 4131-4137.

[4] 王剑, 王挺, 姚辰, 等. 一种新的反恐防暴机器人受限操作方法[J]. 科学通报, 2013, 58(S2): 91-96.

[5] Takemori T, Miyake M, Hirai T, et al. Development of the multifunctional rescue robot FUHGA2 and evaluation at the world robot summit 2018[J]. Advanced Robotics, 2020, 34(2): 119-131.

[6] Boston Dynamics. https://www.bostondynamics.com/products/spot[2023-06-10].

[7] Sleiman J P, Farshidian F, Minniti M V, et al. A unified MPC framework for whole-body dynamic locomotion and manipulation[J]. IEEE Robotics and Automation Letters, 2021, 6(3): 4688-4695.

[8] Zielinska T, Heng J. Mechanical design of multifunctional quadruped[J]. Mechanism and Machine Theory, 2003, 38(5): 463-478.

[9] Takahashi Y, Arai T, Mae Y, et al. Development of multi-limb robot with omnidirectional manipulability and mobility[C]. IEEE/RSJ International Conference on Intelligent Robots and Systems, 2000: 2012-2017.

[10] Kennedy B, Agazarian H, Cheng Y, et al. LEMUR: Legged excursion mechanical utility rover[J]. Autonomous Robots, 2001, 11(3): 201-205.

[11] Wilcox B H, Litwin T, Biesiadecki J, et al. ATHLETE: A cargo handling and manipulation robot for the moon[J]. Journal of Field Robotics, 2007, 24(5): 421-434.

[12] Bartsch S, Birnschein T, Röemmermann M, et al. Development of the six-legged walking and climbing robot SpaceClimber[J]. Journal of Field Robotics, 2012, 29(3): 506-532.

[13] McGhee R B, Frank A A. On the stability properties of quadruped creeping gaits[J]. Mathematical Biosciences, 1968, 3: 331-351.

[14] Vukobratović M, Borovac B. Zero-moment point—Thirty five years of its life[J]. International Journal of Humanoid Robotics, 2004, 1(1): 157-173.

[15] Pongas D, Mistry M, Schaal S. A robust quadruped walking gait for traversing rough terrain[C]. IEEE International Conference on Robotics and Automation, 2007: 1474-1479.

[16] Seok S, Wang A, Chuah M Y, et al. Design principles for highly efficient quadrupeds and implementation on the mit cheetah robot[C]. IEEE International Conference on Robotics and Automation, 2013: 3307-3312.

[17] Hutter M, Sommer H, Gehring C, et al. Quadrupedal locomotion using hierarchical operational space control[J]. The International Journal of Robotics Research, 2014, 33(8): 1047-1062.

[18] Raibert M, Chepponis M, Brown H. Running on four legs as though they were one[J]. IEEE Journal on Robotics and Automation, 1986, 2(2): 70-82.

[19] Kimura H, Fukuoka Y, Cohen A H. Adaptive dynamic walking of a quadruped robot on natural ground based on biological concepts[J].The International Journal of Robotics Research, 2007, 26(5): 475-490.

[20] Hwangbo J, Lee J, Dosovitskiy A, et al. Learning agile and dynamic motor skills for legged robots[J]. Science Robotics, 2019, 4(26): 1-13.

[21] Fukuoka Y, Kimura H, Cohen A H. Adaptive dynamic walking of a quadruped robot on irregular terrain based on biological concepts[J].The International Journal of Robotics Research, 2003, 22(3-4): 187-202.

[22] 彭赛金. 基于动物承载机理的六足机器人结构仿生设计与运动分析[D]. 北京: 北京航空航天大学, 2015.

[23] Peng S J, Ding X L. Revealing the mechanism of high loading capacity of the horse in leg structure[J]. Chinese Science Bulletin, 2014, 59(21): 2625-2637.

[24] Zhong Y H, Wang R X, Feng H S, et al. Analysis and research of quadruped robot's legs: A comprehensive review[J]. International Journal of Advanced Robotic Systems, 2019, 16(3): 1729881419844148.

[25] 张建斌, 宋荣贵, 陈伟海, 等. 基于运动灵活性的蟑螂机器人机构参数优化[J]. 北京航空航天大学学报, 2010, 36 (5): 513-517.

[26] 邓宗全, 刘逸群, 高海波, 等. 液压驱动六足机器人步行腿节段长度比例研究[J]. 机器人, 2014, 36(5): 544-551.

[27] 张群. 山羊山地攀爬行走的运动机理及足式机器人仿生设计[D]. 北京: 北京航空航天大学, 2017.

[28] Zi P J, Xu K, Tian Y B, et al. A mechanical adhesive gripper inspired by beetle claw for a rock climbing robot[J]. Mechanism and Machine Theory, 2023, 181: 105168.

[29] He J, Gao F. Mechanism, actuation, perception, and control of highly dynamic multilegged robots: A review[J].Chines Journal of Mechnical Engineering, 2020, 33(1): 1-30.

[30] 陈浩. 四足被动轮腿式机器人的设计与运动控制的研究[D]. 北京: 北京航空航天大学, 2015.

[31] Wang Z Y, Ding X L, Rovetta A, et al. Mobility analysis of the typical gait of a radial symmetrical six-legged robot[J]. Mechatronics, 2011, 21 (7) : 1133-1146.

[32] Preumont A, Alexandre P, Ghuys D. Gait analysis and implementation of a six leg walking machine[C]. The 5th International Conference on Advanced Robotics' Robots in Unstructured Environments, 1991: 941-945.

[33] Yang J M, Kim J H. Fault-tolerant locomotion of the hexapod robot[J]. IEEE Transactions on Systems, Man, and Cybernetics, Part B (Cybernetics), 1998, 28 (1) : 109-116.

[34] Xu K, Ding X. Gait analysis of a radial symmetrical hexapod robot based on parallel mechanisms[J]. Chines Journal of Mechnical Engineering, 2014, 27 (5) : 867-879.

[35] Xu K, Ding X. Typical gait analysis of a six-legged robot in the context of metamorphic mechanism theory[J]. Chines Journal of Mechnical Engineering, 2013, 26 (4) : 771-783.

[36] Craig J J. Introduction to Robotics[M]. Cambridge: Pearson Education, 2006.

[37] Song S M, Waldron K J. An analytical approach for gait study and its applications on wave gaits[J]. The International Journal of Robotics Research, 1987, 6 (2) : 60-71.

[38] Zhang C D, Song S M. Stability analysis of wave-crab gaits of a quadruped[J]. Journal of Robotic Systems, 1990, 7 (2) : 243-276.

[39] Chestnutt J. Navigation planning for legged robots[D]. Pittsburgh: Carnegie Mellon University, 2007.

[40] Belter D. Adaptive foothold selection for a hexapod robot walking on rough terrain[C]. The 7th Workshop on Advanced Control and Diagnosis, 2009: 1-6.

[41] Ferguson D, Stentz A. Anytime RRTs[C]. IEEE/RSJ International Conference on Intelligent Robots and Systems, 2006: 5369-5375.

[42] Xu K, Chen H, Mueller A, et al. Kinematics of the center of mass for robotic mechanisms based on lie group theory[J]. Mechanism and Machine Theory, 2022, 175: 104933.

[43] Selig J M. Geometric Fundamentals of Robotics[M]. 2nd ed. New York: Springer, 2005.

[44] Kalakrishnan M, Buchli J, Pastor P, et al. Learning, planning, and control for quadruped locomotion over challenging terrain[J]. The International Journal of Robotics Research, 2011, 30 (2) : 236-258.

[45] Shkolnik A, Tedrake R. Inverse kinematics for a point-foot quadruped robot with dynamic redundancy resolution[C]. IEEE International Conference on Robotics and Automation, 2007: 4331-4336.

[46] Ding X L, Yang F. Study on hexapod robot manipulation using legs[J]. Robotica, 2016, 34 (2) : 468-481.

[47] Nagy P V, Desa S, Whittaker W L. Energy-based stability measures for reliable locomotion of statically stable walkers: Theory and application[J]. The International Journal of Robotics Research, 1994, 13(3): 272-287.

[48] Hirose S, Tsukagoshi H, Yoneda K. Normalized energy stability margin and its contour of walking vehicles on rough terrain[C]. IEEE International Conference on Robotics and Automation, 2001: 181-186.

[49] Chen J W, Xu K, Ding X L. Roller-skating of mammalian quadrupedal robot with passive wheels inspired by human[J]. IEEE/ASME Transactions on Mechatronics, 2021, 26(3): 1624-1634.

[50] Ding X, Chen H. Dynamic modeling and locomotion control for quadruped robots based on center of inertia on SE(3)[J]. Journal of Dynamic Systems, Measurement, and Control, 2016, 138(1): 011004.

[51] Papadopoulos E G. On the dynamics and control of space manipulators[D]. Cambridge: Massachusetts Institute of Technology, 1990.